U0476318

现代微生物资源与应用探究

郝鲁江◎著

中国水利水电出版社
www.waterpub.com.cn
·北京·

内 容 提 要

微生物是一个重要的资源库，开发潜力巨大，广泛应用于农业、工业、医药、食品及环保等各个领域。本书从微生物肥料、土壤微生物、微生物农药、海洋微生物以及工业微生物等方面来介绍微生物资源的应用，系统化、基础化、时代化、新颖化是本书的特点。

本书可作为生物学及相关专业本科学生的教材，也适合高等院校学生扩充知识面和了解学科前沿的需要，是一本对微生物较全面的应用介绍方面的书籍。

图书在版编目（CIP）数据

现代微生物资源与应用探究 / 郝鲁江著. -- 北京 : 中国水利水电出版社, 2018.7
ISBN 978-7-5170-6611-8

Ⅰ. ①现… Ⅱ. ①郝… Ⅲ. ①微生物－生物资源－研究 Ⅳ. ①Q938

中国版本图书馆CIP数据核字(2018)第149044号

责任编辑：陈 洁　　　　封面设计：王 伟

书 名	现代微生物资源与应用探究 XIANDAI WEISHENGWU ZIYUAN YU YINGYONG TANJIU
作 者	郝鲁江 著
出版发行	中国水利水电出版社 （北京市海淀区玉渊潭南路1号D座 100038） 网址：www.waterpub.com.cn E-mail：mchannel@263.net(万水) sales@waterpub.com.cn 电话：(010)68367658(营销中心)、82562819(万水)
经 售	全国各地新华书店和相关出版物销售网点
排 版	北京万水电子信息有限公司
印 刷	三河市同力彩印有限公司
规 格	170mm×240mm 16开本 12.5印张 234千字
版 次	2018年8月第1版 2018年8月第1次印刷
印 数	0001—2000册
定 价	50.00元

前　　言

微生物是地球生态系统中最重要的分解者，也是开发潜力很大的资源库。微生物在无公害产品的生产开发、污染物的降解、资源的再生利用、生态环境的保护等方面都发挥着重要作用。当今人类所面临的诸如环境污染、资源短缺、生态破坏、健康危害等许多重大问题，都有可能从微生物资源的开发研究中寻找到解决方法，它将对人类社会的持续发展产生重要影响。正因为如此，发达国家自20世纪80年代以来在环境有益微生物的开发与应用研究领域投入了大量的人力、物力，并且取得了许多成果。发达国家在微生物技术的产品化、产业化方面的发展也十分迅速，取得了巨大的经济、环境和社会效益。

本书主要研究的是微生物资源的种类和分布、微生物资源与环境的关系，以及资源的合理开发、应用和有效保护等。它既与微生物学、生物化学、分子生物学、发酵工程学相关，又与生态学、生物统计学、环境生物学等多门现代生物科学相关，是一门新兴学科。

全书共六章，各章均有基础理论、基本概念和应用研究等内容。本书主要内容包括：现代微生物资源基础理论探究、微生物肥料在生态农业工程建设中的作用、土壤微生物资源的管理与应用技术、微生物农药的研究与应用的新进展、海洋微生物资源的开发与应用研究、工业微生物的研究与工程应用等。本书旨在介绍微生物丰富的资源、广泛的应用和巨大的开发价值，拓宽读者的知识面，提高读者应用知识解决实际问题的能力，让读者对与自己紧密联系的生活常识和环境能在理论和实践上有科学的认识，以便更好地保护我们的生存环境和提高自身的生活质量。

本书语言上深入浅出，内容上通俗易懂，科学性强，是一本可供研究院所、高等院校师生参考的学术著作。但由于撰写时间仓促以及作者水平与经验不足等原因，本书可能存在不妥之处，敬请同行与广大读者给予谅解并指正。

本书的出版得到了齐鲁工业大学2016年专业核心课程（群）项目：《生物技术专业核心课程群》（项目代码：2016H07）的资助，在此谢过。

齐鲁工业大学（山东省科学院）

郝鲁江

2018年1月

目　录

第一章　现代微生物资源基础理论探究

进入到21世纪以后，全球资源环境问题日益尖锐，寻求可持续发展道路迫在眉睫。要实现我国在21世纪中叶人均国民生产总值达到中等发达国家水平的第三步战略目标，关键在于保证自然资源的可持续供给和生态环境的良性循环。

第一节　微生物资源的定义

微生物资源首先是指微生物本身的资源，有些微生物自身能够发酵产生生理性物质，如细菌、放射菌、酵母菌、霉菌等，如图1-1所示；其次是指微生物发酵工厂的下脚料——废渣、废水等。微生物资源是一类现实和潜在用途很大的可再生资源，不仅在维持生态平衡方面发挥了巨大作用，而且广泛应用于农业、工业、医药、食品及环保等各个领域。当今微生物生产已与动植物生产并列成为生物产业的三大支柱之一。

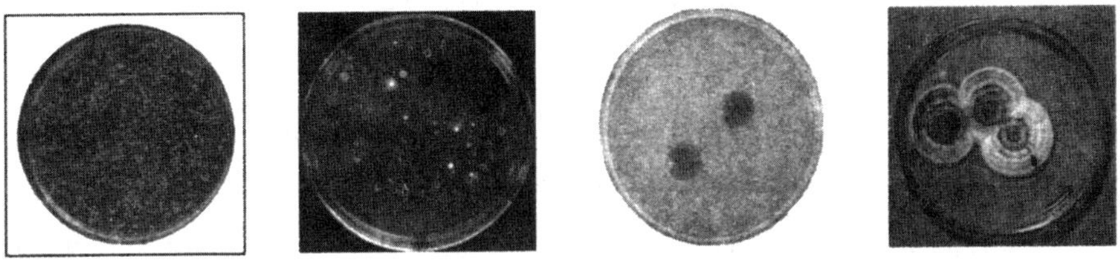

细菌　　放线菌　　酵母菌　　霉菌

图1-1　四大类微生物菌落特征比较

第二节　微生物资源的种类与分布

一、对微生物的认识

微生物是一类天然资源。自从有了人类，人们就天天跟微生物打交道，但人类发现微生物的历史却较短，仅300多年而已。微生物的发现与显微镜的发明密切相关。微生物与人类关系密切,它既能造福于人类也能给人类带来毁灭性的灾难。

微生物的形体极小,种源丰富,代谢类型极其多样,生长繁殖速度惊人。在动植物不可能生长的地方都有微生物分布,作为一类资源,它既可提供极为多样化的产品,又适于在人工控制条件下进行大规模生产,而不受气候等因素的影响。

微生物资源的开发潜力大,生产性能优越,应用前景广阔。微生物既可看作是光合能量的初级固定者,也可看作是引发所有天然和合成有机分子产生化学变化的系统。微生物产品覆盖制药、农业、食品、化学、化妆品、环境、能源等许多领域,具有巨大的商业价值和社会效益。

二、微生物资源的特性

微生物是地球上最古老的生物之一,没有微生物的存在,地球上的生命将不复存在。虽然微生物在为人类提供了大量的未开发资源方面起着重要的作用,但是它们中的一些成员又是人类的天敌,如鼠疫杆菌、霍乱弧菌等。人类的干扰虽然没有对微生物造成大幅度的影响,但是其中一些物种处于濒危状态,一些处于特殊生境的真菌物种已被其他种类取代。因此,人类对微生物资源的认识将对整个生物圈的保护有着非常重要的意义。

(一)物种多样性

生物多样性(biodiversity)是生物及其与环境形成的生态复合体以及与此相关的各种生态过程的总和,它包括数以千百万计的动物、植物、微生物和它们所拥有的基因以及它们与生存环境形成的复杂的生态系统。在生物多样性中,物种多样性是最基本的内容,掌握现存物种数及其分布状况是评价生物多样性的基础。

目前由于研究手段的限制,许多微生物不能分离培养,我们对这类微生物的了解仅仅只是皮毛。1992 年 Bull 等根据全球不完全统计得到的数据见表 1－1。微生物的多样性为人类了解生命起源和生物进化提供了依据。美国、日本和欧洲微生物种株保有的基础情况见表 1－2。

表 1－1　地球上不同类群的微生物资源

类群	已知种	估计种	已知种占的比例/(%)
病毒	5 000	130 000	4
细菌	4 760	40 000	12
真菌	69 000	1 500 000	5
藻类	40 000	60 000	67

表 1－2　美国、欧洲、日本微生物种株保有数

国别	微生物种株保有数	DNA 解析比例/(%)
美国	约 71 000	60
欧洲	约 64 000	30
日本	约 8 000	10

(二)代谢类型多样性

微生物的代谢多样性是其他生物不可比拟的。原核微生物具有多种多样的代谢方式和生理功能,可适应各种生态环境并以不同的生活方式与其他生物相互作用,构成了丰富多彩的生态体系。在物质转化过程中,细菌无论在元素的代谢还是产物的代谢过程中都具有多种多样的途径。例如,放线菌是重要的抗菌素生产菌,已有的 1 000 多种抗菌素中约 2/3 产自放线菌。真菌是生产工业酶制剂的主要资源。酵母菌是良好的食品与蛋白质的原料,如图 1－2 所示。

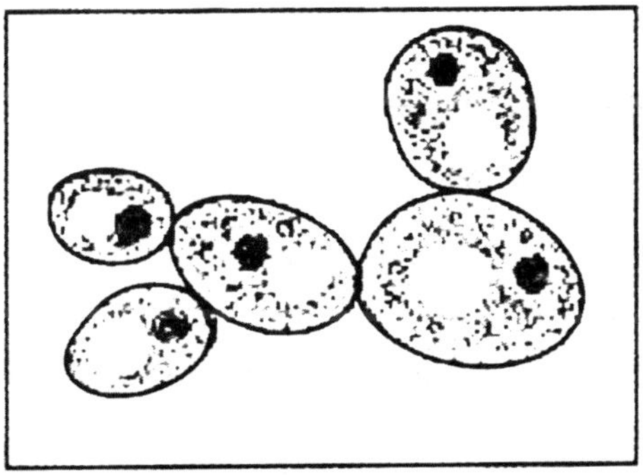

图 1－2　用于酿酒、制面包、单细胞生产的酵母菌

（三）生态系统多样性

地球上每一角落都是不同的微生物生态系统，按照大环境的不同可以将它们分为几类：陆生（土壤）微生物生态系统、水生微生物生态系统、大气微生物生态系统、根系微生物生态系统、人体生物微生态系统。这里重点介绍后两者。根系微生物离开了根系微生物系统就不可能生长繁殖，如菌根菌。研究根系微生物生态系统，对于保护和开发森林资源，提高牧草产量，提高农业粮食产量，甚至在环境污染治理方面都具有重要意义。人体的微生物生态系统则仅仅表现在人体体表及体内存在的微生物。皮肤表面平均每平方厘米有 10 万个细菌；口腔细菌种类超过 500 种；肠道微生物总量可达 100 万亿个，粪便干重的 1/3 都是细菌，每克粪便的细菌总数为 1 000 亿个。

三、微生物资源的重点研究领域

（一）微生物分子生态学研究意义

微生物分子生态学研究微生物与环境之间的分子生态关系，体现了环境造就生物、生物改造和修饰环境的基本原理。其核心是外界环境因子对微生物产生的环境分子生态效应和微生物对环境适应的遗传分子生态效应。微生物在机体内环境的分子生态现象体现在它们之间的信息交流。

（二）利用现代生物技术改造菌种

深入了解微生物的组成结构、代谢过程、遗传表达等内容，可充分利用微生物资源。运用原生质融合技术和基因工程技术构建高效工程菌，为环境污染治理开辟了广阔前景。将降解污染物的质粒转入极端环境微生物中，具有很高的实际应用价值。另外，应用的安全问题一直是现代生物技术的重要障碍，尚需进一步完善解决。

（三）完善微生物环境保护应用技术

发展完善各种微生物环境保护应用技术都要以提高效率、降低成本为原则。从微生物的角度，分离、筛选和驯化高效降解菌，利用微生物共代谢作用、多菌种协同作用降解难降解污染物；从技术角度，开发实用新技术，进行传统技术改造，实现现代技术与传统技术的结合；从工艺角度，构建高效反应器，优化运行条件，探索新工艺、新方法等。

(四)微生物制剂的产业化

微生物制剂是利用微生物菌体、细胞组成成分或代谢产物制成的产品。在现代生物技术迅猛发展的今天,微生物制剂已渗透到人类社会的各个领域,从工业到农业,从医疗保健到环境保护,微生物制剂的应用领域日益扩大。目前最具市场应用前景的是有效微生物群制剂和微生物絮凝剂,菌体蛋白、酶制剂、微生物农药、微生物表面活性剂等也已产业化或正逐步实现产业化。

(五)极端微生物的研究

地球上存在着各种不同的、强烈抑制一般生物生长的极端环境(extreme-environment)。在极端环境中生长,并通常需要这种极端环境才能正常生长的微生物被统称为极端微生物。极端环境涵盖了物理极端(如温度、辐射、压力、磁场、空间、时间等)、化学极端(如干燥、盐度、酸碱度、重金属浓度、氧化还原电位等)和生物极端(如营养、种群密度、生物链因素等),如高温(200～300 ℃)、高盐(15%～20%或饱和盐溶液)、高酸(pH<1)、高碱(pH>10)、高压(>1.013×10^{8} Pa)、寡营养等。微生物适应异常环境是自然选择的结果。

四、微生物资源研究的基本方法

(一)单一菌种分离鉴定

1.样品采集

为了筛选到所需的某一种微生物,采样最好在富含该微生物特定营养基质的场所进行。例如,分泌纤维素酶和半纤维素酶的微生物,多数存在于森林土壤的枯枝落叶层、腐木以及农业堆肥中;在油田地区的土壤中,能利用碳氢化合物的微生物种类比较丰富;在盐碱土壤中容易分离到嗜盐微生物;在热泉中容易分离到嗜热微生物等。

(1)土壤采样。蔬菜地和耕作过的农田中,细菌和放线菌较多;在植物残体丰富的地方,如森林枯枝落叶层或某些沼泽土中,真菌数量较多;好氧微生物主要分布于通气好、水分含量适宜的土壤表层;厌氧微生物则存在于潮湿或积水的土壤中;细菌或放线菌在中性偏碱的土壤中居多;真菌则在偏酸的土壤中较为丰富。土壤植被对微生物群落结构和分布有很大影响。一般在豆科植物生长的土壤中,根瘤菌较多;在果园土壤中,酵母菌较多。细菌是土壤微生物中数量最大、种类最多、功能多样的类群。土壤细菌以异养型和无芽孢细菌占优势，它们大都是中温型、需氧或兼性厌氧菌。在土壤的不同深度上，微生物的分布也呈现很大的差异：一般真菌多生活在地表层，细菌和放线菌可延伸到较深处生长。从含鸟粪的土壤中分离出了谷氨酸产生菌；庆大霉素产生菌意外地从湖底陈年沉积土中被发现；从生长着稀疏低矮小松树的酸性贫瘠土壤中获得了单环β-内酰胺产生菌。

采样地点选好后，除去表土，取离地面5～20 cm深处的土样约10 g，盛入事先灭过菌的牛皮纸袋等容器中，并记录样品编号、采集地点、时间等。若暂时不能分离使用，应置冰箱中保存。

(2)水体采样。采样点设在湖泊中心与沿岸的具有代表性的水域，在采集江、河、湖、水库等地表水时，可将采样瓶底部直接穿入水中距水面10～15 cm处，瓶口朝水流方向，使水样灌入瓶内。采好水样后迅速盖上瓶盖。在一定深度采水样时，可以用采水器。在采废水时，一般要在废水入口处，按一定距离及有代表性的出口地点分别设采样点；同时，还要在没有污染的上游水域采样选择作为对照。

(3)气体采样。空气中的微生物数量一般相当低，而且易受局部的冲击或气流活动的影响。空气样品采集有下面两种方法：①自然沉降法，即利用微生物气溶胶粒子受重力作用沉降到敞开的营养琼脂平板上，然后进行菌落计数；②使用过滤阻留式采样器，目前主要应用微孔滤膜采样器。

2.纯化分离的应用

纯化分离在生产实践和科研工作中，一般都需要纯种微生物。通过富集培养，只能使需要分离的微生物在数量上占优势，提高筛选成功的概率，但其中目的菌株往往还可能是不纯的，因此需要进一步进行纯种分离。纯化分离的方法主要有平皿划线分离法、稀释分离法和单细胞分离法等。

(二)群落微生物分析方法

近年来，现代分子生物学技术在微生物多样性研究上的应用克服了微生物培养技术的限制，能对样品进行较客观的分析，较精确地揭示微生物种类和遗传的多样性，即通过检测样品中微生物特定的DNA或RNA片段来判断某种微生物存在与否。自从Muyzer等首次报道了16S rDNA应用后，该技术已成为环境样品微生物多样性研究的重要工具。

第三节 微生物资源的开发与利用简述

我国在环境有益微生物开发研究中，虽已得到不少高效菌种，但无论是数量、质量还是高效菌种的应用技术，都远远跟不上实际的需求，跟国外也存在不少差距。获取高效菌种是开发应用环境有益微生物并进一步实现产业化的基础，是该领域研究和开发工作的源头，也是产业化发展的核心与关键。通过富集、筛选、纯化、诱变、基因重组、细胞融合等多种手段，建立环境有益微生物菌种库，不仅能使分散的资源和成果集中起来，有利于这些成果的完善、提高和更快地应用、推广，而且可以加大环境有益微生物资源开发的力度，加快高效菌种获取的速度，并有利于一菌多用或多菌组合等应用技术的开发，使菌种库成为资源库，成为该领域产业化发展的龙头。

第二章 微生物肥料在生态农业工程建设中的作用

肥料是农作物的"粮食",在作物增产和农民增收中发挥着重要作用。但是若施用肥料不当,则会造成农产品的品质下降、耕地质量退化等不良现象。为了改善这一现象,微生物肥料由此产生。它具有增加肥效、减少化肥使用量、改良土壤结构等作用,具有较高经济效益、生态效益和社会效益。

第一节 生态农业的兴起

一、生态农业的基本概念

生态农业是一种小型农业,其生态上能自我维持、低输入,有经济活力,在环境、伦理道德、审美、人文社会等方面不引起大的或长远不可接受的变化。按资源科技和资源生态学定义,生态农业是遵循生态经济学原理和生态规律发展的农业生产模式。

二、国内外生态农业发展情况

(一)国外

1991 年 6 月 21 日,欧盟颁发了《关于生态农业及相应农产品生产的规定》。该规定明确引导农民要自觉保护环境,并实行生态印章制度,改变生产经营方式,减少环境污染。

英国积极实施"永久农业"[1],注重本地能源与资源的循环,节省能源,耕种当地土地,监控当地环境,重视绿色构建及规划,重视社区发展及教育,积极发展当地经济。

美国推行精确农业。精确农业是质量效益型农业,以优质高效为目标,重视农产品的质量,追求以最少的投入获得优质的高产出和高效益。美国还积极推广应用喷灌、地面灌溉及滴灌等多种节水灌溉方式,真正做到了按需

[1] 所谓"永久农业"是指在节约资源和不破坏环境的基础上生产食物,其主要特征是通过元素的有效配置达到有利关系的最大化。

灌溉、精量灌溉。

所谓活力有机农业，简单地说就是在整个农业生产过程中不使用化肥、农药、激素和转基因的农业生产方式。有机农业生产的方法已在奥地利得到普及，如在畜禽生产上，奶牛放牧，猪在干草上睡觉，饲料基本上都来自农场自身生产的有机物，禁止使用任何促进体重增加的化学物质和抗生物质。奥地利政府对有机农业积极扶持，对使用有机方法进行生产的农场与农户，不仅给以经济补贴，而且进行宣传，积极鼓励发展有机农业，有机农产品价格高于普通农产品。

（二）国内

随着人们的实践和经验积累，我国生态农业的复合系统不仅类型增加，而且功能和稳定性也逐步增强。目前我国重点研究和实施的生态农业系统主要有农林复合型模式、农牧渔综合种养型模式、农业生态恢复型以及畜禽粪便利用型模式等。其中畜禽粪便利用型最为主要，该模式是将畜禽粪便通过一定的技术处理实现资源化，在种植、养殖等之间进行循环利用，是农业可持续发展的重要保证。

第二节　复合微生物肥料的研发

复合微生物肥料（compound microdial fertilezers）是由特定微生物与营养物质复合而成，能提高农产品产量或改善农产品品质的活体微生物制品。其中的营养物质指的是有机肥料和无机肥料（化肥）。因此复合微生物肥料的生产原料包括微生物肥料、有机肥料、化肥三大部分和辅料。复合微生物肥料的生产工厂一般自行生产有机肥料和微生物肥料（菌剂），外购化肥和辅料，剂型分为颗粒剂、粉剂和液体。这里仅介绍前两种。

一、复合微生物肥料的标准剂型

（一）颗粒剂

颗粒剂采用挤压式造粒、圆盘造粒或转鼓造粒方式制造。其中，圆盘造粒或转鼓造粒的投资大、场地大、能耗大，但易于播撒，外观漂亮，商品性强，在造粒时烘干工艺中高温容易杀死菌剂中有益微生物，温度低又不容易烘干，其原工艺流程如图 2－1 所示。因此，温度控制十分重要。

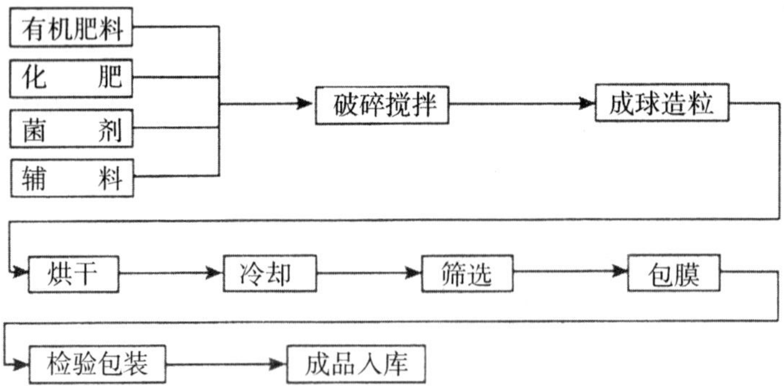

图 2-1　原工艺流程图

乌栽新等人研究出一种造粒后喷菌剂再包装的新工艺，以免菌剂中有益微生物在造粒时死亡。新工艺流程如图 2-2 所示。

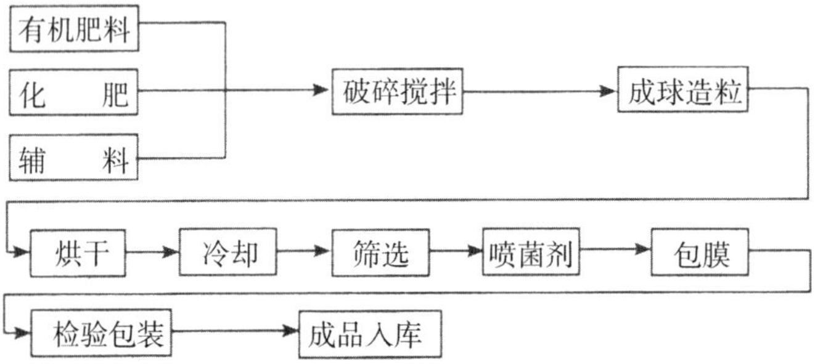

图 2-2　新工艺流程图

(二)粉剂

粉剂的生产工艺是将有机肥料、化肥、辅料按比例投料，搅拌均匀装袋入库。粉剂产品应松散。粉剂由于生产工艺简单，投资较颗粒剂少，但商品性较差。

二、配方

(一)颗粒剂配方

颗粒剂配方中包括有机肥、化肥、菌剂和膨润土四部分，有时在拌料时加入水。下面为三种配方及其计算。

1.第一种配方

产品要求 $N+P_2O_5+K_2O \geqslant 6.0\%$，有机质不小于 15.0%，有效活菌数不小于 12×10^7 个/g，有效期 2 年。原料中有机肥检验结果为N 1.99%，P_2O_5 4.98%，K_2O 3.02%，有机质 52.98%，水分 17%，pH 值 7.9，重金属离子含量符合要求。过磷酸钙中 $P_2O_5 \geqslant 12.0\%$，钙镁磷肥中 $P_2O_5 \geqslant 12.0\%$。尿素中

$N \geqslant 46\%$，磷酸一铵中 $N \geqslant 11.0\%$，$P_2O_5 \geqslant 44.0\%$，硫酸钾中 $K_2O \geqslant 50.0\%$。菌剂中活菌数为 4.6×10^9 个/g，其中枯草芽孢杆菌为 4.25×10^9 个/g，胶冻样芽孢杆菌为 3.5×10^8 个/g，芽孢数占总活菌数均超过 95%。膨润土 pH 值为 5.2，水 pH 值为 6.3。

以下配方能满足产品要求：有机肥 80%，过磷酸钙 10%，菌剂 1%，膨润土 9%，水适量。造粒后若用 0.2%的矿物质包膜外观更佳。

造粒后成品（折干）质量分析结果如下：

$N = 1.99\% \times 80\% = 1.60\%$

$P_2O_5 = 4.98\% \times 80\% + 12.0\% \times 10\% = 5.18\%$

$K_2O = 3.02\% \times 80\% = 2.42\%$

$N + P_2O_5 + K_2O = 1.60\% + 5.18\% + 2.42\% = 9.2\% > 6.0\%$

由于造粒和贮藏过程中养分有所损失，主要是氮有所损失，因此，总养分逐步下降，但在两年之内能确保在 6%以上。

有机质：$52.98\% \times 80\% = 42.38\% > 15.0\%$；

枯草芽孢杆菌数：42.5 亿个/g×1%＝4.25×10^7 个/g；

胶冻状芽孢杆菌数：3.5 亿个/g×1%＝3.5×10^6 个/g；

有效活菌数：4.25×10^7 个/g＋3.5×10^6 个/g＝4.6×10^7 个/g＞2×10^7 个/g。

由于造粒和贮藏过程中有效活菌会有死亡，因此有效活菌数会逐步减少。但由于死亡的主要是营养体不是芽孢，芽孢的抗逆性很强不易死亡，因此，总活菌数中 95%以上的芽孢在两年有效期内绝大部分能存活，能确保有效活菌数大于 2×10^7 个/g。

2.第二种配方

产品要求 $N + P_2O_5 + K_2O \geqslant 18.0\%$，有机质不小于 15.0%，有效活菌数不小于 2×10^7 个/g，有效期两年。原料中比第一种配方增加了化肥，减少了有机肥，以满足总养分 18.0%以上的要求。为了确保总养分在有效期内达到 18.0%以上的要求，将化肥中的总养分保持在 18.0%以上，有机肥中的总养分不计在内，因此，在造粒和贮藏过程中总养分有所损失，特别是氮有所损失，也能确保总养分在 18.0%以上。化肥中除过磷酸钙以外，常用的有尿素、硫酸铵、钙镁磷肥、磷酸一铵、磷酸二铵、硫酸钾等。如作物不忌氯，还可用氯化钾、氯化铵等，以降低生产成本。

这种产品的配方很多，现仅举一例。

有机肥 40%，尿素 14%，过磷酸钙 10%，钙镁磷肥 10%，磷酸一铵 8%，硫酸钾 10%，菌剂 1%，膨润土 7%，造粒后成品质量分析计算（折干）结果如下：

有机肥中：

$N=1.99\%\times40\%=0.80\%$

$P_2O_5=4.98\%\times40\%=1.99\%$

$K_2O=3.02\%\times40\%=1.21\%$

化肥中：

$N=46\%\times14\%+11\%\times8\%=7.32\%$

$P_2O_5=12\%\times10\%+12\%\times10\%+44\%\times8\%=5.92\%$

$K_2O=50\%\times10\%=5\%$

N、P_2O_5、K_2O 的总含量分别为：

$N=0.80\%+7.32\%=8.12\%$

$P_2O_5=1.99\%+5.92\%=7.91\%$

$K_2O=1.1\%+5\%=6.1\%$

有机肥中总养分含量为 $N+P_2O_5+K_2O=0.80\%+1.9\%+1.21\%=4\%$。化肥中总养分含量为 $N+P_2O_5+K_2O=7.32\%+5.92\%+5\%=18.24\%>18.0\%$。造粒后的成品总养分为有机肥总养分+化肥总养分=4%+18.24%=22.0%，有机质 52.98%×40%=21.19%>15.0%。有效活菌数同上例。

3.第三种配方

番茄专用肥，这种配方的特点是提高了 K_2O 的含量，减少了 P_2O_5 的含量。

根据番茄对硼的需求量大的特点，加入了硼砂。产品要求 $N+P_2O_5+K_2O\geqslant18.0\%$，有机质不小于 15.0%，有效活菌数不小于 2×10^7 个/g，有效期两年。具体配方如下：有机肥 45%，尿素 15%，磷酸一铵 5%，过磷酸钙 5%，钙镁磷肥 10%，硫酸钾 14%，硼砂 0.5%，菌剂 1%，膨润土 4.5%。造粒后成品质量分析计算(折干)结果如下：

有机肥中：

$N=1.99\%\times45\%=0.90\%$

$P_2O_5=4.98\%\times45\%=2.24\%$

$K_2O=3.02\%\times45\%=1.36\%$

化肥中：

$N=46\%\times15\%+11\%\times5\%=7.45\%$

$P_2O_5=44\%\times5\%+12\%\times5\%+12\%\times10\%-4\%$

$K_2O=50\%\times14\%=7.0\%$

N、P_2O_5、K_2O 的总含量分别为：

$N=0.90\%+7.45\%=8.35\%$

P_2O_5 = 2.24% + 4.0% = 6.24%

K_2O = 1.36% + 7% = 8.36%

有机肥中总养分含量为 0.90% + 2.24% + 1.36% = 4.5%，化肥中总养分含量为 7.45% + 4.0% + 7% = 18.45% > 18.0%。造粒后的成品总养分为有机肥总养分含量 + 化肥总养分含量 = 4.5% + 18.45% = 22.95%，有机质 52.98% × 45% = 23.84% > 15%。在上述计算中，菌剂和膨润土中含有的养分未计入，造粒中养分的损耗也未计入。有效活菌数同上例。

(二)粉剂配方

粉剂的配方中原料包括有机肥、化肥和菌剂。

原料中有机肥检验结果为 N1.97%，P_2O_5 3.68%，K_2O 2.28%，有机质 48.6%，水分 15%，pH 值为 7.5，重金属离子砷(As)、汞(Hg)、铅(Pb)、镉(Cd)、铬(Cr)含量符合要求。化肥和菌剂同颗粒剂。

1.第一种配方

产品要求 N + P_2O_5 + K_2O ≥ 6.0%，有机质不小于 15.0%，有效活菌数不小于 2×10^7 个/g，有效期两年。配方如下：有机肥 80%，过磷酸钙 10%，钙镁磷肥 9%，菌剂 1%。由于有机肥中养分含量不够高，因此增加了钙镁磷肥，除增加磷外，还加入了钙、镁、硅等，使其中微量元素和有益元素硅增加，特别对水稻、蔬菜等对硅需求量大的作物有利。成品中养分和有机质计算结果如下：

N = 80% × 1.97% = 1.58%

P_2O_5 = 80% × 3.68% + 12% × 10% + 12% × 9% = 5.22%

K_2O = 80% × 2.28% = 1.82%

总养分为 1.58% + 5.22% + 1.82% = 8.62% > 6.0%，有机质 48.6% × 80% = 38.9% > 15%，有效活菌数同上例。

2.第二种配方

产品要求 N + P_2O_5 + K_2O ≥ 18.0%，有机质不小于 15.0%，有效活菌数不小于 2×10^7 个/g，有效期两年。配方如下：有机肥 47%，尿素 14%，过磷酸钙 10%，钙镁磷肥 10%，磷酸一铵 8%，硫酸钾 10%，菌剂 1%，读者可参照上例自行计算养分和有机质的含量。

(三)通用肥配方

复合微生物肥料要求 N + P_2O_5 + K_2O ≥ 6.0%，因此，通用型复合微生物肥料颗粒剂和粉剂产品养分要求在 6.0%以上，根据需求可阶梯式提高。氮、磷、钾三要素比例合理，并满足有机质、有效活菌数、pH 值、含水量等要求。下面为两种配方及其分析。

1.第一种配方：$N+P_2O_5+K_2O\geqslant 6\%$

在畜禽粪便腐熟发酵后的有机肥中，一般情况下加入10%过磷酸钙和菌剂，总养分、有机质、pH值、活菌数全部指标可达到要求。如总养分偏低，可增加少量钙镁磷肥或其他化肥来提高总养分。这一配方的优点是产品合格、成本较低、操作方便，缺点是氮、磷、钾三者比例失调，高磷、低氮、低钾。因此，添加少量尿素和硫酸钾，能使结构趋向合理，但增加了成本。由于有机肥比例大，因此有机质很多。活菌能被有机肥吸附，有机肥比例大对有效活菌存活有利，对改良土壤和提高农产品质量有利。

2.第二种配方：6-6-6($N-P_2O_5-K_2O$)

由于总养分从6%上升至18%，所以，化肥大量增加，有机肥只占40%左右。氮肥种类有尿素、硫酸铵、氯化铵、磷酸一铵等。磷肥种类有过磷酸钙、钙镁磷肥、磷酸一铵等，钾肥主要为硫酸钾和氯化钾。这一配方不同于复合肥，复合肥只有化肥而没有有机质和有效活菌。也不同于有机无机复混肥，同一配方时复合微生物肥料由于在磷钾再生菌、固氮菌的作用下提高了氮、磷、钾的利用率，因此减少了用量。由于是各种作物都适用的通用肥，因此，N、P_2O_5、K_2O均为6%。在施肥时应根据各种作物对养分的要求不同，视其具体情况补充其他肥料。

(四)专用肥配方

根据作物不同特点和复合微生物肥料特点研制出下列八种专用复合微生物肥料的配方。

1.西瓜、黄瓜、番茄专用肥

西瓜、黄瓜、番茄养分要求高氮、高钾、低磷、增硼。虽然这3种作物对氮、磷、钾三要素及硼的需求并不完全一致，但差距不大，能够求同存异。本配方采用的钾肥为硫酸钾，配方比例为7-4-7-0.5($N-P_2O_5-K_2O-B$)。

2.绿叶菜专用肥

根据绿叶菜高氮低钾的要求，配方为9-5-4($N-P_2O_5-K_2O$)。本配方钾肥为硫酸钾，磷肥为过磷酸钙和钙镁磷肥，用过磷酸钙中和碱性，钙镁磷肥中含有大量的硅，这样既满足了绿叶菜喜欢微酸性土壤，又满足了绿叶菜喜硅的特点，使氮、磷、钾、钙、镁、硫、硅7种大中量元素都较充足。枯草芽孢杆菌能防治番茄叶霉病，因此，磷钾再生菌宜用枯草芽孢杆菌和胶冻样芽孢杆菌搭配。

3.莴苣专用肥

根据莴苣少长叶多长茎的特点，配方中适当降低氮而提高磷、钾。配方为 7－6－5（N－P_2O_5－K_2O）。

4.西兰花专用肥

西兰花专用肥的配方为 7－4－7－1（N－P_2O_5－K_2O－B），同时根据西兰花喜硼的特点，宜加入硼砂或硼酸。有的配方还加入 $MgSO_4$。若在配方中加入了钙镁磷肥，已经补充了镁，加入了硫酸钾和过磷酸钙，又已经补充了硫，因此在配方中不一定加 $MgSO_4$。若用磷酸一铵代替钙镁磷肥，使镁不足，可以加入 $MgSO_4$，使配方变成 7－4－7－1－1（N－P_2O_5－K_2O－B－$MgSO_4$）。

5.草莓专用肥

根据草莓的需肥特性，草莓专用肥的配方为 5－6－7（N－P_2O_5－K_2O）。由于线虫对草莓危害比较严重，枯草芽孢杆菌对线虫有明显的抑制作用，因此，磷钾再生菌宜用枯草芽孢杆菌和胶冻样芽孢杆菌搭配，而两种菌一样用蜡状芽孢杆菌和胶冻样芽孢杆菌搭配。

6.茶叶专用肥

茶叶专用肥的配方为 8－5－5－0.5（N－P_2O_5－K_2O－Zn），这一配方有利于茶叶的生长，但对茶树幼苗长高效果不显著。

7.茭白专用肥

茭白对氮和钾都有特定要求，茭白喜氮，氮少了茭白长势不好，产量和质量受影响；对钾要求较为严格，钾多则茭白转青而不白嫩，钾太少则影响产量；茭白对磷不敏感，波动范围较大。茭白、藕、水稻等水生作物，枯草芽孢杆菌、蜡状芽孢杆菌和胶冻样芽孢杆菌等好氧菌在水下作用不大，宜更换厌氧菌。茭白不忌氯，因此配方中可适当加入氯化钾，以降低成本。茭白专用肥的配方为 10－5－3（N－P_2O_5－K_2O）。

8.水稻专用肥

水稻专用肥的配方为 9－5－4（N－P_2O_5－K_2O）。水稻是典型的喜硅作物，因此要增大含硅丰富的钙镁磷肥配比。水稻不忌氯，因此可以适当投放氯化铵和氯化钾，以降低成本，但若后作是忌氯作物，残存氯可能对后作有所影响。

（五）低养分配方

为了降低成本，降低销售价格，乌栽新等人在 18%（N＋P_2O_5＋K_2O）总养分配方的基础上，减少化肥比例，增加有机肥比例，设计了 8 种 12%（N＋P_2O_5＋K_2O）总养分配方的复合微生物肥料，标识为 12%（N＋P_2O_5＋K_2O），实际配方超过 16%（N＋P_2O_5＋K_2O）。由于增加了有机肥的比例而增加了有机质，对芋艿、瓜果类提高质量增加产量有利。

(1)通用肥：4－4－4($N-P_2O_5-K_2O$)。

(2)绿叶菜专用肥：6－3－3($N-P_2O_5-K_2O$)。

(3)莴苣专用肥：5－4－3($N-P_2O_5-K_2O$)。

(4)西兰花专用肥：5－3－4－1($N-P_2O_5-K_2O-B$)。

(5)草莓专用肥：3－4－5($N-P_2O_5-K_2O$)。

(6)茶叶专用肥：6－3－3－0.5($N-P_2O_5-K_2O-Zn$)。

(7)茭白专用肥：7.5－3－2.5($N-P_2O_5-K_2O$)。

(8)水稻专用肥：6－3－3($N-P_2O_5-K_2O$)。

三、简单固体剂型的生产方法

(一)有机物料腐熟剂繁殖盖

应用于有机物料腐熟剂、复合微生物肥料、生物有机肥中微生物繁殖，生产固体剂型，其基本特征是：微生物繁殖盖由两个以上大小不等圈组成，小圈在内、大圈在外，由圆形的金属或塑料圈构成盖骨架，盖骨架最外面的大圈直径较被盖物容器的直径不小于 50 mm。由刚性的不易锈蚀的金属丝编绕将大、小圈构成的盖骨架联结成一平形或馒头形的网状物，网状物的一面罩盖住由数层纱布组成的盖面(以六层纱布组成为最佳)。

(二)胶冻样芽孢杆菌固体发酵及其初步应用

项目组成员金彬采用简单方法繁殖胶冻样芽孢杆菌，生产固体剂型的复合微生物肥料，取得初步成功。

1.实验步骤

该方法的实施步骤按以下程序进行：

(1)称取胶冻样芽孢杆菌的基础培养基备用。基础培养基配方为：

蔗糖：	5.0 g;
磷酸氢二钠(Na_2HPO_4)：	2.0 g;
硫酸镁($MgSO_4\cdot 7H_2O$)：	0.5 g;
碳酸钙($CaCO_3$)：	0.1 g;
氯化铁($FeCl_3$)：	0.005 g;
花岗岩粉：	1.0 g;
水：	1 000 mL;
pH 值：	7.0。

(2)称取木屑、砻糠、沸石粉、贫土各 10 g，分别加入已经准备好的基础培养基中，使其含水量控制在 50%以下。

(3)将 4 种不同比例的原料分别装入 250 mL 的三角瓶内，盖上六层纱布和纸，用细绳扎牢，消毒后冷却，接种，菌种为商品磷钾再生菌，有效活菌数不小于 2×10^{8}个/g 时，种量 2%。

(4)接种后用六层纱布盖瓶口，用手扣瓶使其菌种均匀分布。在 30 ℃恒温箱中培养 2 d 或 20%以上常温培养 3 d。每天扣瓶 1 次，以便通气。

(5)将发酵料倒出三角瓶，计数。计数方法按《硅酸盐细菌肥料》(NY 413—2000)操作。

(6)将木屑 550 g，基础料 450 g，在直径为 26 cm 的高压锅内隔水蒸10 min 消毒，冷却后接入 20 g 商品磷钾再生菌，用有机物料腐熟剂微生物繁殖盖代替三角瓶中的六层纱布进行发酵繁殖，保持常温，3 d后倒出高压锅备用。

最后，将采用以上方法培养获得的磷钾再生菌中的解磷解钾固氮菌胶冻样芽孢杆菌，按适当比例掺入有机肥料中，使有机肥料含有大量的胶冻样芽孢杆菌。

2.实验结果

通过试验，可以得出如下结果：

(1)由于胶冻样芽孢杆菌在含氮的牛肉膏蛋白胨培养基上基本不生长，在含蛋白质丰富的鸡粪肥上完全不生长，因此接种商品磷钾再生菌时，解钾固氮菌胶冻样芽孢杆菌能在无氮的木屑加基础料培养基中生长良好，而枯草芽孢杆菌不能生长。反之，在鸡粪肥加饲料玉米粉培养基中，枯草芽孢杆菌或蜡状芽孢杆菌生长良好，而胶冻样芽孢杆菌不能生长。

(2)基础料加木屑和砻糠胶冻样芽孢杆菌生长繁殖良好，基础料加沸石粉和贫土生长不良。

(3)磷钾再生菌在复合微生物肥料中的比例为 95%∶5%，如磷钾再生菌不小于 2×10^{7}个/g 时，枯草芽孢杆菌不小于 1.9×10^{7}个/g，胶冻样芽孢杆菌不小于 1×10^{6}个/g。因此本实验参照这一比例，定为每克有机肥料加入枯草芽孢杆菌 285 万个，胶冻样芽孢杆菌 15 万个。每吨有机肥料应该加入 5.9×10^{8}个/g 胶冻样芽孢杆菌的发酵料 0.26 kg。

(4)如每亩地施 100 kg 有机肥料，枯草芽孢杆菌可达到 2850 亿个以上，再加上解钾、固氮菌胶冻样芽孢杆菌 150 亿个，磷钾再生菌总数达到每亩地 3000 亿个。

(三)枯草芽孢杆菌固体发酵及其初步应用

有研究者在上述试验的基础上采用简单方法繁殖枯草芽孢杆菌，取得成功。

1.实验步骤

该方法按以下操作程序进行：

（1）称取10 g鸡粪肥（以鸡粪为主要原料的腐熟有机肥）和饲料玉米粉，鸡粪肥和饲料玉米粉的比例分别为5 g∶5 g，7.5 g∶2.5 g，9 g∶1 g（编号为1，2，3），分别加水使其含水量控制在50%以下。

（2）将3种不同比例的原料分别装入500 mL的三角瓶内，盖上六层纱布和纸，用细绳扎牢，消毒后冷却，接种，菌种为商品磷钾再生菌，有效活菌数不小于2×10^8个/g时，种量2%。

（3）接种后用六层纱布盖瓶口，用手扣瓶使其菌种均匀分布。

（4）在30 ℃恒温箱中培养2 d，或20 ℃以上常温培养3 d。每天扣瓶1次，以便通气。

（5）将发酵料倒出三角瓶，计数方法按《磷细菌肥料》（NY 412－2000）操作。

（6）鸡粪肥900 g，饲料玉米粉100 g，在直径为26 cm的高压锅内隔水蒸10 min消毒，冷却后接入20 g商品磷钾再生菌，用有机物料腐熟剂微生物繁殖盖代替三角瓶中的六层纱布进行发酵繁殖，常温下3 d倒出高压锅备用。

最后将采用上述简便方法获得的磷钾再生菌中的解磷菌枯草芽孢杆菌，按适当比例掺入有机肥料中，使有机肥料含有大量的枯草芽孢杆菌，提高肥料的质量。

本方法可操作性强，简单易行，对有机肥料提高质量具有实用价值。

2.实验结果

通过试验可以得出如下结果：

（1）1号、2号配比获得的枯草芽孢杆菌数虽然比3号多，但原料价格显著提高。从综合经济效益考虑，宜采用3号配比。

（2）鸡粪肥0.6元/kg，饲料玉米粉2元/kg，3号成本价为2.96元。若每吨有机肥料加入0.587 kg，可达到每克有机肥料含枯草芽孢杆菌285万个，价格为1.74元（0.587 kg×2.96元/kg＝1.74元）。

（3）如每亩地施100 kg有机肥料，枯草芽孢杆菌可达到2 850亿个以上，再加上解钾、固氮菌胶冻样芽孢杆菌150亿个，磷钾再生菌总数达到每亩地3 000亿个。

四、简单液体剂型的生产方法

乌栽新等采用以下简单方法生产液体剂型取得成功。

（一）具体步骤

取腐熟后的鸡粪有机肥8 kg，麦麸2 kg，豆饼粉1.8 kg，红糖0.5 kg，过磷酸钙0.1 kg，钙镁磷肥0.1 kg，水30 kg，枯草芽孢杆菌菌种1 kg，充分混匀后置于普通水缸类容器或小型水泥地，上盖遮阳网或草苫遮阳。在管理上需注意增氧，每天要搅拌 1～2 次。气温 25 ℃条件下，经 10 d 即可使用。

(二)使用方法

加入胶冻样芽孢杆菌 0.5 kg，效果更佳，也可不加入胶冻样芽孢杆菌，搅拌后过滤，根据作物特性还可适量加入微量元素，兑入清水用于喷施：大棚菜稀释 300 倍，速成蔬菜为 200 倍，果树为 150 倍，其他作物 120 倍左右，草坪花卉等 120 倍。由于胶冻样芽孢杆菌不能在鸡粪肥培养基中繁殖，因此，在枯草芽孢杆菌繁殖后再加入液体中。这一方法成本低廉效果显著，可以作农家肥使用。

第三节　复合微生物肥料的施用

一、复合微生物肥料在蔬菜上的应用

(一)复合微生物肥料在蔬菜生产中的增产作用

复合微生物肥料的主要作用是增加作物产量。在番茄上每亩施用复合微生物肥料 100 kg。比常规施用(每亩施磷酸二铵 50 kg、尿素 30 kg、硫酸钾 10 kg)增加产量 94.8 kg，增产 5.8%。每亩复合微生物肥料投入 140 元，产量 1 743.8 kg，产出 2 092.56 元，投入与产出比为 1∶15.0。而习惯施肥每亩投入 182 元，产量 1 649.0 kg，产出 1 978.8 元，投入与产出比为 1∶10.9。复合微生物肥料比习惯施肥每亩增值 113.76 元。

(二)复合微生物肥料对蔬菜硝酸盐及重金属含量的影响

蔬菜中硝酸盐含量与许多因素有关，施肥是最关键的因素。例如在番茄上施用复合微生物肥料 100 kg/亩，其番茄的硝酸盐含量平均为(135±4.2)mg/kg，而施用 40 kg/亩尿素，则硝酸盐含量增为(379±24.0)mg/kg，两者相差近两倍。单施复合微生物肥料与尿素可降低蔬菜体内硝酸盐含量，用复合微生物肥料与尿素或有机肥配合施用，对降低硝酸盐含量也有明显效果，还能减少蔬菜体内重金属的含量。

三、复合微生物肥料应用实例

项目组在宁波各地对各种作物进行了微生物肥料肥效试验，所用微生物肥料有阿姆斯复合微生物肥料、阿姆斯生物有机肥和绿源复合微生物肥料。绿源复合微生物肥料是非标准型的复合微生物肥料，在畜禽粪便高温堆肥发

酵初期加入5%过磷酸钙调节pH值，增加养分。在发酵结束时加入10%钙镁磷肥和有效活性菌。有效活性菌枯草芽孢杆菌和胶冻样芽孢杆菌达到3×10^{6}个/g，并用非标识袋包装。绿源复合微生物肥料虽然有效活性菌含量低，但采用粉剂剂型在加工过程中活性菌不死亡，具有产品贮存期短、成本低、价格便宜等优点。若每亩施用100 kg绿源复合微生物肥料，有效活性菌达到3×10^{11}个/亩。

（一）通用型复合微生物肥料应用案例——不同有机肥对青菜生长影响的肥效试验

（1）参试品种。甬青2号

（2）定植株行距。20 cm×20 cm

（3）试验设计。4个处理：

1）施阿姆斯生物有机肥160 kg/亩。

2）施阿姆斯复合微生物肥料（总养分不小于18%）80 kg/亩。

3）施绿源复合微生物肥料（总养分不小于8%）400 kg/亩。

4）每亩施20 kg三元复合肥和10 kg尿素，作为对照（CK）。

追肥和水分管理各处理小区均一致。随机区组排列，前后设保护行，3次重复，小区面积12 m^2。

（4）数据考察。采收前一天，调查统计各小区发病情况，测量各小区植株株高和开展度等长势。采收时，各小区测产，并进行方差分析。

（5）成本核算。结合试验结果进行成本核算，对使用有机肥后的投入和收益与对照比较，进行综合评价。

（6）材料与方法。1）供试材料。青梗白菜参试品种“甬青2号”由宁波市农科院蔬菜研究所提供，阿姆斯生物有机肥（有效活菌数不小于2×10^{7}个/g，有机质不小于25%）、阿姆斯复合微生物肥料（有效活菌数不小于2×10^{7}个/g，$N+P_2O_5+K_2O\geqslant18\%$）和绿源复合微生物肥料（有效活菌数不小于$3\times10^{6}$个/g，$N+P_2O_5+K_2O\geqslant8\%$）由宁波市江北绿源有机肥料开发销售中心提供。

2）试验方法。试验在宁波市高新农业技术实验园区的玻璃温室进行。2009年10月25日播种，11月26日定植，株行距20 cm×20 cm，2010年1月13日收获。土壤前作为水稻，试验设4个处理，处理1：每亩施阿姆斯生物有机肥160 kg；处理2：每亩施阿姆斯复合微生物肥料80 kg；处理3：每亩施普通有机肥400 kg；处理4：每亩施20 kg三元复合肥和10 kg尿素，作为对照（CK）。小区面积12 m^2，随机区组排列，前后设保护行，3次重复。生长期间不追肥，灌溉和喷药等管理方法一致。

(7)结果与分析。

1)施用有机肥对青菜生长势的影响。施用不同有机肥对青菜株高、开展度、单株重等有一定影响,见表2-1。其中株高和开展度以处理3(有机肥)最大。单株重以施用阿姆斯生物有机肥最大,为89.30 g,而对照单株重最小,为67.80 g。

表2-1 施用不同有机肥对青菜生长势的影响

处理	株高(cm)	开展度1(cm)	开展度2(cm)	单株重(g)
1	17.99	28.35	23.85	89.30
2	19.33	28.76	23.92	85.50
3	19.83	29.84	26.16	88.30
4(CK)	17.65	29.59	24.65	67.80

2)施用有机肥对青菜产量的影响。试验表明,施用有机肥比单纯施用化肥青菜产量有明显增加,其中较对照增加33.56%,施用阿姆斯生物有机肥较对照增加22.91%,施用阿姆斯复合微生物肥料比对照产量增加16.93%,见表2-2。

表2-2 施用不同有机肥对青菜产量的影响

处理	小区产量(kg)	折合亩产量(kg)	较CK(%)
1	16.16	898.41	22.91
2	15.38	854.69	16.93
3	17.56	976.23	33.56
CK	13.15	730.92	—

3)施用有机肥对青菜抗病性的影响。调查发现,冬季温室内青菜发病以软腐病为主,见表2-3。

表2-3 施用不同有机肥对青菜抗病性的影响

处理	发病率	病情指数
1	1.33a	1.11a
2	1.17a	0.95a
3	1.67a	0.22a
CK	1.83a	0.50a

其中对照发病率最高为1.83%，病情指数最大，为1.50，施用阿姆斯生物有机肥发病率最低，为1.33%，病情指数以处理2最低，为0.95，但各处理对青菜抗病性无显著差异。这可能与前作是水稻(水旱轮作)，加上防虫网室内蚜虫等的较好防治有关。

4)投入产出比较。施用不同有机肥青菜按1.4元/kg，扣除投入肥料成本，处理3净收益最高，对照最低，见表2-4。比对照每亩增加净收益207.43元，增值22.08%。

表2-4 施用不同有机肥对青菜生产收益的影响

处理	产量(kg/亩)	产值(元/亩)	投入成本(元/亩)	净收益(元/亩)
1	898.41	1 257.77	1 82.4	1 075.37
2	854.69	1 196.57	140.8	1 055.77
3	976.23	1 366.72	220	1 146.72
CK	730.92	1 023.29	84	939.29

(8)小结。

施用有机肥，对冬季青菜生产能起到丰产、增收、提高品质和培肥地力的良好效果。本试验结果表明，采用处理3青菜能获得较好的长势和产量，并且净收益最高，比对照增值22.08%，应大力推广。同时，发现施用四种肥料的有机质含量与产量成正比，可见有机质对青菜的影响较大，因此有必要对施用肥料不同的量对青菜生长的影响进行研究。本试验前作是水稻，水旱轮作造成玻璃温室内病原较少，因此本试验没有反映出各处理对青菜抗病性方面的显著差异。施用有机肥后一般青菜品质要比单纯施用化肥品质好，施用有机肥对青菜品质的影响也有待于进一步研究。

(二)复合微生物肥料在甜瓜上的肥效试验

宁波市农业科学院蔬菜研究所为研究甜瓜施肥技术，优化施肥用量，与宁波市江北绿源有机肥料开发销售中心合作，在宁波市高新技术园区进行了复合微生物肥料在甜瓜上的肥效试验。

1.试验设计

本试验为小区对比试验，以甜瓜作为试验作物，以有机肥为对照，绿源复合微生物肥料用量分2个处理，3次重复，每个小区甜瓜植株30株，试验所用肥料都做基肥。处理1为绿源复合微生物肥料300 kg/亩，处理2为绿源复合微生物肥料500 kg/亩，处理3为有机肥(CK)。具体施肥数量见表2-5，施肥时间相同，栽培措施相同。

表 2-5 不同肥料在甜瓜上的试验安排表 单位:kg/亩

处理 \ 肥料名称	有机肥	绿源复合微生物肥料
1	0	300
2	0	500
3	500	0

追肥和水分管理各处理小区均一致。有机肥、绿源复合微生物肥料均由宁波市江北绿源有机肥料开发销售中心提供,甜瓜参试品种甬甜 5 号由宁波市农科院蔬菜研究所提供。N、P_2O_5、K_2O、有机肥、pH、水分以实测数据为准。

2.观察记载

(1)记载甜瓜生长物候期,即播种期、苗期、定植期、花期、采收期。

(2)定植后考察植株性状,结果后考察植株性状,采收后考察果实品质。

(3)每小区调查 10～15 株。

(4)9 个小区单独测产,测算 2 个肥料处理与对照的亩产,并分析比较,见表 2-6。

表 2-6 2 个肥料处理与对照的亩产

处理 2	处理 1	CK
CK	处理 2	处理 1
处理 1	CK	处理 2

3.结果与分析

(1)施用复合微生物肥料对甜瓜植物学性状的影响。处理 1 与处理 2 小区植株叶色较对照浓绿,在叶片长宽、叶柄长、节间长以及茎粗方面均优于对照,结果枝长度处理 1 短于对照,为 17.08 cm,而处理 2 表现较对照长,为 17.9 cm,见表 2-7。

表 2-7 田间植物学调查情况表 单位:cm

处理类别	小区内均值	叶色	株型	叶长	叶宽	叶柄长	节间长	结果枝长	茎粗
处理 1	1	墨绿	开展	22.2	28.97	25.27	46.42	17.1	0.78
	2	墨绿	开展	24.31	28.97	25.02	47.25	17.78	0.75
	3	墨绿	开展	23.44	29.13	26.14	47.03	16.35	0.72
	平均			23.32	28.79	25.48	46.90	17.08	0.75

续表

处理类别	小区内均值	叶色	株型	叶长	叶宽	叶柄长	节间长	结果枝长	茎粗
处理 2	1	墨绿	开展	23.7	28.34	24.3	49.48	17.46	0.81
	2	墨绿	开展	24.22	27.31	25.35	50.32	18.25	0.78
	3	墨绿	开展	25.12	27.97	26.05	48.79	17.98	0.85
	平均			24.35	27.87	25.23	49.53	17.90	0.81
CK	1	深绿	开展	22.05	27.13	25.22	46.35	17.38	0.74
	2	深绿	开展	22.43	26.76	25.46	47.05	18.29	0.69
	3	深绿	开展	21.05	27.45	24.83	45.88	17.54	0.61
	平均			21.84	27.11	25.17	46.43	17.74	0.68

(2)施用复合微生物肥料对甜瓜品质的影响。试验表明,复合微生物肥料的施用对单瓜重量有一定影响,其中处理 1 平均单瓜重为 1.23 kg,处理 2 平均单瓜重为 1.25 kg,对照平均单瓜重为 1.15 kg;处理 1 和处理 2 在果长、种腔长方面优于对照,处理间差异不大;中心糖度方面,处理 1、处理 2 略高于对照,均为 14.9;在果宽、种腔宽、果肉厚、边缘糖等方面表现差异较小,见表 2-8。

表 2-8 果实性状情况表 单位:cm

处理类别	小区内均值	单重	果柄长	果长	果宽	种腔长	种腔宽	果肉厚	中心糖	边缘糖	质地	口感
处理1	1	1.18	8.8	8.8	11.3	10	4.6	2.9	15	11.5	脆	好
	2	1.24	7.5	7.5	13	13	5.5	3.8	14.5	11	脆	好
	3	1.26	6	6	10.7	10.7	5.4	2.7	15.2	10	脆	好
	平均	1.23	7.4	7.4	11.7	11.7	5.2	3.1	14.9	10.8		
处理2	1	1.23	7	7	12	12	5.4	3.3	14.8	11	脆	好
	2	1.25	6.2	6.2	11.6	11.6	5.3	3.2	15	11	脆	好
	3	1.27	7.6	7.6	12.8	12.8	5.7	3.6	15	11.5	脆	好
	平均	1.25	6.9	6.9	12.1	12.1	5.5	3.4	14.9	11.2		
CK	1	1.12	6.1	6.1	11.1	11.1	5.6	2.8	14.5	10	脆	好
	2	1.14	5.3	5.3	12.3	12.3	5.8	3.3	14.8	11.5	脆	好
	3	1.19	7	7	12	12	5.6	3.2	14.5	11	脆	好
	平均	1.15	6.1	6.1	11.8	11.8	5.7	3.1	14.6	10.8		

(3)施用复合微生物肥料对甜瓜产量的影响。试验表明,施用复合微生物肥料比单纯施用有机肥甜瓜产量有明显增加,其中处理 1 较对照增加 6.

9%,其折合亩产量为 1229.7 kg,处理 2 比对照增加 8.6%,其折合亩产量为 1249.1 kg,见表 2-9。

表 2-9 处理间产量情况表

处理类别	小区平均产量(kg)	折合亩产量(kg)	较 CK(%)
复合微生物肥料 1	36.9	1 229.7	6.9
复合微生物肥料 2	37.47	1 249.1	8.6
CK	34.5	1 150	

(4)施用复合微生物肥料对甜瓜抗病性的影响。

除枯萎病发病率各处理间均为零外,在田间蔓枯病、病毒病、白粉病发病率与病情指数方面,处理 1、处理 2 均低于对照。在抗病毒病、白粉病方面,处理组合明显优于对照。处理间,处理 1 在对蔓枯病、病毒病、白粉病的抗性方面表现略优于处理 2,见表 2-10。

表 2-10 田间病害情况表

处理类别	小区	枯萎病发病率	蔓枯病		病毒病		白粉病	
			发病率	病情指数	发病率	病情指数	发病率	病情指数
复合微生物肥料 1	1	0	0	0	0	0	0	0
	2	0	1	1	0	0	0	0
	3	0	1	1	0	0	0	0
	平均		0.67	0.67				
复合微生物肥料 2	1	0	0	0	0	0	0	0
	2	0	0	0	1	1	0	0
	3	0	3	1	0	0	0	0
	平均		1	0.33	0.33	0.33		
CK	1	0	7	2	1	1	0	0
	2	0	5	1	2	1	2	1
	3	0	3	1	1	1	0	0
	平均		5	1.33	1.33	1	0.67	0.33

4.试验总结

施用复合微生物肥料对甜瓜增产、品质提升以及田间抗病性都有较为明显的促进作用。试验结果表明,处理 2 在植株生长势、单果重以及亩产量方面要优于处理 1 和对照,亩产量方面比对照增产 8.6%。试验中随着复合微生物肥料施用量的增加,甜瓜植株生长势和产量成正比关系。由此可见,复合微生物肥料对促进作物生长、提高产量方面效果明显，值得进一步的推广应用。在复合微生物肥料最佳效能以及不同作物间的品质影响方面需要进一步的探索与研究。

(三)复合微生物肥料对蒲瓜生长影响的肥效试验

有研究者在奉化市江口镇剡江蔬菜生产合作社某蔬菜大棚进行了阿姆斯、绿源等多种复合微生物肥料对蒲瓜生长影响的肥效试验。

1.试验设计

本试验为小区对比试验，以蒲瓜作为试验作物在大棚进行，分为四个处理区：①对照(习惯施肥)鸭泥 1 500 kg/亩；②阿姆斯生物有机肥 250 kg/亩；③阿姆斯 6%复合微生物肥料 250 kg/亩；④绿源复合微生物肥料 300 kg/亩；每个处理面积 67 m^2，试验所用肥料都做基肥。为了验证培肥土壤功能，施肥时间相同，其余栽培措施相同。

试验重复 3 次，每次具体施肥种类与数量见表 2-11。

表 2-11 不同肥料在蒲瓜上的试验安排表

处理编号	每次试验施肥用量		
	第一次	第二次	第三次
1	鸭泥 150 kg(CK)	鸭泥 150 kg(CK)	鸭泥 150 kg(CK)
2	阿姆斯生物有机肥 25 kg	阿姆斯生物有机肥 25 kg	阿姆斯生物有机肥 25 kg
3	阿姆斯 6%复合微生物肥料 25 kg	阿姆斯 6%复合微生物肥料 25 kg	阿姆斯 6%复合微生物肥料 25 kg
4	绿源复合微生物肥料 30 kg	绿源复合微生物肥料 30 kg	绿源复合微生物肥料 30 kg

绿源复合微生物肥料、阿姆斯生物有机肥、阿姆斯 6%复合微生物肥料由宁波市江北绿源有机肥料开发销售中心提供，N、P_2O_5、K_2O、有机肥、pH 值、水分以实测数据为准。

2.观察记录

(1)种植前采集试验田耕作层土样 1 kg，以测定养分含量。

(2)记录播种期、苗期、采摘期。

(3)苗期考察 1 次。

(4)每个小区单独测产。

3.材料与方法

(1)材料。对照材料习惯用肥鸭泥,试验材料分别为阿姆斯生物有机肥(有效活菌数不小于 2×10^7 个/g,有机质不小于 25%)、阿姆斯复合微生物肥料(有效活菌数不小于 2×10^7 个/g,有机质不小于 15%,$N-P_2O_5-K_2O\geqslant6\%$)、绿源复合微生物肥料(有效活菌数不小于 3×10^6 个/g,有机质不小于 30%,$N-P_2O_5-K_2O\geqslant6\%$)。

(2)试验方法。供试蒲瓜为甬蒲 1 号。播种期为 2009 年 11 月 7 日,2010 年 2 月 20 日定植,试验小区每组 67 m^2,畦宽(连沟)1.4 m,株行距 80 cm×100 cm。

试验小区田间管理均一致。基肥第 1 组(对照)鸭泥 150 kg,第 2 组阿姆斯生物有机肥 25 kg,第 3 组阿姆斯复合微生物肥料 25 kg,第 4 组绿源复合微生物肥料 30 kg。试验重复做 3 次。3 月 10 日追复合肥,3 月 28 日搭棚追肥,4 月 17 日摘芯、追肥,人工碰花。5 月 3 日起采摘,6 月 18 日采摘完毕。

4.结果与分析

(1)产量。第 1 组对照为 199.9 kg,第 2 组 160.2 kg,减产 39.7 kg,减幅 19.9%。第 3 组为 224.7 kg,增加 24.8 kg,增幅 12.4%,第 4 组为 254.9 kg,增加 55 kg,增产27.5%。

(2)个数和单重。第 1 组共采摘 230 个,平均每个重 869 g,第 2 组 188 个,平均每个重852 g,第 3 组 258 个,平均每个重 871 g,第 4 组 292 个,平均每个重 873 g。

(3)生长势、生育期。生长势和叶色第 3 组和第 4 组明显好于对照,从生育期看,采收始期和采收期基本一致。

5.小结和讨论

从本试验中可以看出,施用阿姆斯复合微生物肥料和含有效活菌数 3×10^6 个/g的绿源复合微生物肥料能使甬蒲 1 号蒲瓜增产。尤其是后者,增产效果明显。阿姆斯生物有机肥造成蒲瓜减产。此类肥料表明含有效活性菌和有机质的量,但未表明 $N-P_2O_5-K_2O$ 含量,因此减产原因是否因 $N-P_2O_5-K_2O$ 不足,特别缺少具有速效性的无机肥需要进一步研究。

(四)复合微生物肥料对西兰花生长影响的肥效试验

有研究者于 2009 年秋,在宁海县绿色城堡蔬菜种植合作社蔬菜基地进行阿姆斯复合微生物肥料对秋种西兰花生长影响的肥效试验。

1.材料与方法

(1)材料。试验肥料由中国人民解放军军事医学科学院研制,北京世纪阿姆斯生物技术有限公司出品,宁波江北绿源有机肥料开发销售中心提供。

该复合微生物肥料有效活菌数大于 2×10^7 个/g，总养分（氮、磷、钾）大于18%。

（2）试验方法。供试秋西兰花品种为优秀，播种期为 2009 年 9 月 26 日，采用 128 孔穴盘基质育苗，10 月 15 日定植，试验小区面积 600 m^2，畦宽（连沟）2.2 m，种植 4 行，株距 55 cm，折算每亩 2 200 株。

试验小区田间管理均一致，阿姆斯复合微生物肥料作基肥每亩施 133 kg，对照基肥每亩施碳酸氢氨 30 kg、过磷酸钙 30 kg。追肥第一次 11 月 5 日每亩施三元复合肥 10 kg、尿素 2.5 kg；第二次 12 月 2 日每亩施三元复合肥 25 kg、尿素 10 kg。

2.结果与分析

（1）株高、生长势、生育期。株高阿姆斯复合微生物肥料 58 cm，比对照 52 cm，增高 6 cm，增幅11.5%；生长势和叶色阿姆斯复合微生物肥料明显好于对照；从生育期看，采收始期和采收期这两个处理基本一致，采收始期和采收期均为 1 月 30 日和 2 月 12 日。

（2）单球重。单球重阿姆斯复合微生物肥料 0.48 kg，比对照 0.43 kg，增加 0.05 kg，增幅 11.6%。

（3）每亩产量、品质。每亩产量阿姆斯复合微生物肥料 1 056 kg，比对照 946 kg，增加 110 kg，增幅 11.6%；这两个处理品质基本一致。

3.小结与讨论

在本试验中可以看出，株高、生长势和叶色阿姆斯复合微生物肥料明显好于对照；生育期基本一致。单球重、每亩产量阿姆斯复合微生物肥料明显好于对照，分别比对照增加 11.6%；而品质则基本一致。从本试验结果来看，该复合微生物肥料今后可扩大到其他蔬菜、瓜果上试用，尤其是大棚蔬菜、瓜果，以验证其增产增收效果，为农业“双增”作出更大的贡献。

（五）生物有机肥在番茄上的肥效试验

宁波市江北绿源有机肥料开发销售中心为研究番茄施肥技术，优化施肥用量，在宁波市农技推广总站指导下与北仑区农技总站合作，该项目部分成员在新碶街道大同蔬菜专业合作社进行了生物有机肥在番茄栽培上的肥效试验。

1.材料与方法

（1）试验地概况。试验地落实在北仑区新碶街道大同蔬菜专业合作社农户林上平处，地貌类型属宁绍水网平原，海拔 3.66 m。试验地土壤为潴育水稻土，耕作层厚度为 16 cm，耕层土壤有机质 39.8 g/kg，全氮 2.82g/kg，有效磷 149 mg/kg，速效钾 219 mg/kg，地力较好，前作为芹菜。

（2）试验材料。试验采用的番茄品种为倍盈，供试肥料为阿姆斯生物有机肥（有效活菌数不小于 2×10^7 个/g，有机质不小于 25%）、6%阿姆斯复合微生物肥（有效活菌数不小于 2×10^7 个/g，$N+P_2O_5+K_2O\geqslant6\%$，有机质不小于 15%）、18%阿姆斯复合微生物肥（有效活菌数不小于 2×10^7 个/g，$N+P_2O_5+K_2O\geqslant18\%$，有机质不小于 15%）、新鲜禽畜粪便以及 17%过磷酸钙。

(3)试验方法。本试验为小区对比试验，以番茄作为试验作物，以习惯施肥为对照，不同品种生物有机肥的 3 个处理，3 次重复，每个小区面积 0.05 亩，试验所用肥料都作基肥。处理 1(CK)为新鲜畜禽粪便 1000 kg/亩＋过磷酸钙 30 kg/亩，处理 2 为生物有机肥 300 kg/亩＋过磷酸钙 30 kg/亩，处理 3 为 6%复合微生物肥 300 kg/亩＋过磷酸钙 30 kg/亩，处理 4 为 18%复合微生物肥 150 kg/亩＋过磷酸钙 30 kg/亩。具体施肥数量见表 2－12，施肥时间相同，其余灌溉、喷药栽培措施相同。

表 2－12　不同有机肥料在番茄上的试验安排表

单位：kg/亩

肥料 处理数量	习惯施肥(CK)	生物有机肥	6%复合微生物肥	18%复合微生物肥
1	畜禽粪便 1000＋30 过磷酸钙			
2		300＋30 过磷酸钙		
3			300＋30 过磷酸钙	
4				150＋30 过磷酸钙

(4)田间管理。试验田于 2010 年 4 月 12 日播种，品种为倍盈，采用穴盘基质育苗。4 月 19 日定植，种植密度 960 株/亩（每个小区 48 株）。6 月 7 日追施 15%三元复合肥 1 次，用量 33 kg/亩，期间打顶 1 次，分杈修剪 4 次。7 月 8 日成熟后开始采摘，分区测量称重，到 7 月 30 日采收完毕。

2.结果与分析

(1)施用有机肥对番茄生长势的影响。施用不同有机肥对番茄的株高、果实数有一定的影响，见表 2－13。其中果实数量以处理 4 最大，达到 19 个，处理 3 最少，为 14 个。从测试的甜度来看，处理 3 最高，达到 5.0 度，而处理 4 最低，为 3.7 度。

(2)施用有机肥对番茄产量的影响。自 7 月 8 日开始采收番茄，至 7 月 28 日采收完毕，每个小区分别称重记录，根据总产量予以对照分析，见表 2－14。

表 2-13 施用不同有机肥对番茄生长势及品质的影响

处理	株高/(cm)	果实数/(个)	甜度
1(CK)	33.89	18	3.9
2	32.76	16	4.7
3	34.83	14	5.0
4	31.28	19	3.7

表 2-14 施用不同有机肥对番茄产量的影响

处理	小区产量/(kg)	理论产值/(kg/亩)	排名	差异显著性	
				0.05	0.01
1(CK)	104	2 080	4	a	A
2	115	2 300	1	a	A
3	112.5	2 250	3	a	A
4	113.3	2 266	2	a	A

注：不同大小写字母分别表示差异达极显著水平(<0.01)和显著水平(<0.05)。

从表 2-14 可以看出，4 个处理中处理 2(生物有机肥)的产量最高，达到 115 kg，而对照区的产量最低，只有 104 kg，其余处理 3 和处理 4 的产量较为接近。但是，4 个处理的产量差异并不明显，这可能与前作是芹菜，且施用了大量有机肥，地力情况较好有关。另外，根据农户反映，施用生物有机肥和复合微生物肥料的番茄相对于习惯性施肥的番茄坐果率较高，且不易发生病害。

(3)投入产出比较。施用不同有机肥后，按照当时番茄销售价格 4 元/kg 计算，扣除投入的成本(肥料、种子)，处理 4 净收益最高，对照区最低，见表 2-15。处理 4 区较对照增加 13.39%，处理 3 区较对照增加 13.15%，比生物有机肥效果明显。

表 2-15 施用不同有机肥对番茄经济效益的影响

处理	小区产量(kg)	理论产量(kg)	产值(元/亩)	投入成本(元/亩)	净收益(元/亩)	较 CK(%)
1(CK)	104	2 080	8 320	427	7 758	—
2	115	2 300	9 200	315	8 750	12.79
3	112.5	2 250	9 000	222	8 778	13.15
4	113.3	2 266	9 064	267	8 797	13.39

3.小结与讨论

施用生物有机肥，对番茄生产能够起到丰产、增收、提高品质和培肥地力的良好效果。本试验结果表明，施用生物有机肥和复合微生物肥料后，通过微生物的分解作用，使得土壤内的养分能够充分释放，供番茄生长，减少了肥料用量，提高了番茄的坐果率和抗病性。采用处理 4 的施肥方式，番茄能获得较好的长势和产量，并且净收益最高，较对照区增加 13.39%，而处理 3 同样产生了良好的经济效益，受到农户的好评，应大力推广。

四、专用型复合微生物肥料应用案例

(一)青菜专用复合微生物肥料肥效试验

宁波市江北绿源有机肥料开发销售中心为研究青菜施肥技术，优化施肥用量，在宁波市农技推广总站指导下与镇海区农技推广总站合作，在镇海庄市繁荣蔬菜瓜果基地开展了青菜专用复合微生物肥料在青菜栽培上的肥效试验。本试验由项目组成员镇海区农业局高级农艺师张彦娟负责。

1.试验方法

本试验为小区对比试验，供试作物为青菜，试验设 3 个处理：①对照，习惯施肥；②青菜专用 18%有机无机复混肥；③青菜专用 18%复合微生物肥料。各处理重复 3 次，9 个小区，随机区组设计，小区面积 15 m^2。试验所用肥料用量均为 100 kg/亩，都做基肥，各处理除肥料品种不同外，施肥时间及其余栽培措施均相同。有机无机复混肥、复合微生物肥均由宁波市江北绿源有机肥料开发销售中心提供，N、P_2O_5、K_2O、有机质、pH 值、水分以实测数据为准。

青菜播种时间为 2011 年 10 月 11 日，播种采用直播方式。苗期为 35 d。采收时间为 2011 年 12 月 6 日。

2.产量测定与数据分析

在采收期,每小区取10株青菜称重,记录单株的平均重量。并称量各小区青菜的总产量,记录小区产量。

数据统计分析采用随机区组设计试验方差分析和Excel 2003。

3.结果与分析

采收期间,不同施肥处理对青菜产量的影响见表2-16。

表2-16 不同施肥处理对青菜产量的影响

处理	小区产值(kg)			
	重复1	重复2	重复3	平均值
习惯施肥	19.3	20.9	21.4	20.5b
18%有机无机复混肥	21.2	20.3	21.1	20.9b
18%复合微生物肥料	22.6	22.4	23.8	22.9a

不同施肥处理对青菜产量的影响如图2-3所示,18%有机无机复混肥处理和习惯施肥处理的青菜产量基本相当,但18%复合微生物肥料处理对提高青菜产量效果明显。就产量数据分析,18%复合微生物肥处理产量较对照增加11.7%,较18%有机无机复混肥处理的产量增加9.6%。根据随机区组设计试验方差分析可知,习惯施肥处理和18%有机无机复混肥处理无差异,但18%复合微生物肥处理分别和18%有机无机复混肥处理、习惯施肥处理呈显著差异。

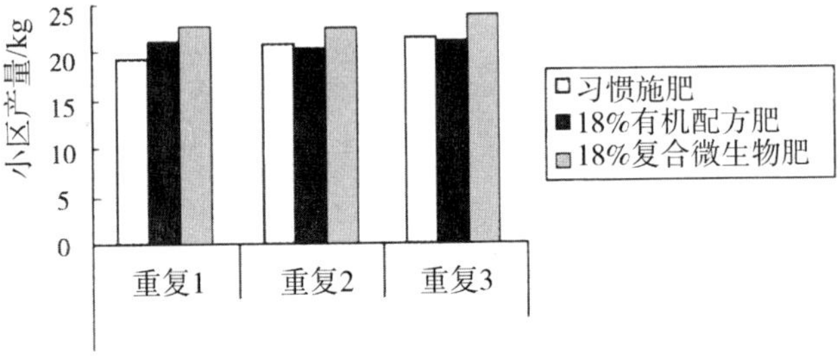

图2-3 不同施肥处理对青菜产量的影响示意图

不同施肥处理与单株产量的效应关系见表2-17,其条形对比图如图2-4所示。18%有机无机复混肥处理和习惯施肥处理的青菜单株产量差异不大,但18%复合微生物肥料处理的单株产量的增产效果明显。18%复合微生物肥料处理单株产量较对照增加了11.4%,较18%有机无机复混肥处理的单株产量增加了9.2%。

表 2-17 不同施肥处理与单株产量的效应关系

处理	单株产量(g)			
	重复 1	重复 2	重复 3	平均值
习惯施肥	44.5	45	44.2	44.6
18%有机无机复混肥	45.5	45.2	45.8	45.5
18%复合微生物肥	48.9	50.2	50.1	49.7

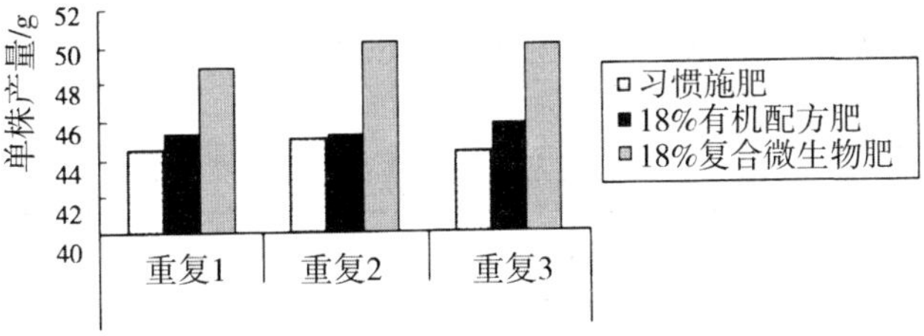

图 2-4 不同施肥处理与单株产量的效应关系

4.小结与讨论

综上分析可知,与习惯施肥处理和18%有机无机复混肥处理相比18%复合微生物肥料对青菜的增产效果显著,本试验证明了微生物对肥效所起的作用明显。从本试验结论可知复合微生物肥料是值得提倡和推广使用的肥料,能给叶菜类生产带来较大的经济效益。

(二)莴苣专用复合微生物肥料对莴苣生长的影响

1.材料与方法

(1)供试材料。莴苣、鸭泥、复合肥($N+P_2O_5+K_2O\geq45\%$)、尿素由周士芳提供。专用莴苣复合微生物肥料($N+P_2O_5+K_2O\geq18\%$,有机质不小于15%,有效活菌数不小于2×10^7个/g)、莴苣专用有机无机复混肥($N+P_2O_5+K_2O\geq18$,有机质不小于20%)由宁波市江北绿源有机肥料开发销售中心提供。

(2)试验方法。试验在剡江蔬菜生产合作社大棚内进行,2011年10月10日定植,2012年2月23日采摘结束。设株距30 cm×30 cm,试验设3个处理。处理1:常规施肥作为对照,每亩施鸭泥1 500 kg,复合肥40 kg($N+P_2O_5+K_2O\geq45\%$)作为基肥。处理2:每亩施有机无机复混肥150 kg作为基肥。处理3:每亩施复合微生物肥料150 kg作为基肥。小区面积0.05亩,随机区组设计,前后设保护行,3次重复。生长期间尿素追肥4次,共计20 kg/亩。追肥灌溉和喷药等管理方法一致。

2.结果与分析

(1)对莴苣成熟期的影响。处理1:从2011年12月22日开始采摘,2012年2月13日结束;处理2:从2011年12月22日开始采摘,2012年2月23日结束;处理3:从2011年12月22日开始采摘,2012年2月4日结束。成熟期处理3最优,处理1次之,处理2最迟成熟。

(2)对莴苣防病抗逆的影响。处理1:每组(0.05亩)平均病株4株,处理2:平均病株为6株,处理3:为0株。病株主要为叶霉病。处理3防病能力优于处理1和处理2。

(3)对莴苣产量的影响。试验表明,施用专用莴苣复合微生物肥料比对照组产量有明显增加,增加8.9%;施用有机无机复混肥组比对照组减产10.4%,见表2-18。

表2-18　施用不同肥料对莴苣产量的影响

处理组	小区产值(kg)	折合亩产量(kg)	较CK(%)
1(CK)	105.6	2 112	0
2	94.6	1 892	-10.4
3	115	2 300	+8.9

3.小结与讨论

施用专用莴苣复合微生物肥料,对冬季大棚莴苣能起到高产、防病和成熟期提前的作用。本试验表明:采用处理3能获得较好的防病效果,反映复合微生物肥料中的活性菌对莴苣有抗病防冻效果。处理3比处理1常规用肥产量增加了8.9%,因此达到了增产的目的。由于肥料数量的减少,节省了劳力,因此应大力推广。对于专用莴苣复合微生物肥料的配方,由于涉及有机、无机、生物三元因素,情况比较复杂,有待进一步研究。

(三)榨菜专用复合微生物肥料对榨菜生长的影响

榨菜是余姚市的主要冬季作物,常年种植面积5 000～5 500 hm^2。余缩1号是余姚市农技总站所选育的中熟、高产、优质品种,2008年12月通过浙江省非主要农作物品种认定委员会办公室品种认定,适宜在钱塘江南岸滨海平原冬季种植。复合微生物肥既有利于农产品增产增收,又有利于培肥土壤,降低化肥用量,从而节约生产成本、增加经济效益。为研究余缩1号榨菜施肥技术,优化施肥用量,在榨菜测土配方施肥农企合作下,选择榨菜主产区泗门镇开展复合微生物肥的肥料试验。本试验由项目组成员韩红煊负责,张硕、宣登森、乌栽新、胡铁军等人协助完成。

1.材料与方法

(1)供试材料。试验设在余姚市泗门镇夹塘村,地理坐标东经 121°2′19.60″,北纬300°12′42.97″,常年降水量 1 361 mm,平均温度 16.5 ℃,无霜期252 d。土壤为滨海盐土,肥力较低,尤其是有机质比较匮乏。pH 值 7.95,有机质 16.33 g/kg,阳离子交换量 11.4 cmol/kg,水溶性盐总量 1.93 g/kg,有效磷 25.43 mg/kg,速效钾 108 mg/kg。土壤中微量元素除有效钙较丰富外,有效镁、有效锰、有效铜和有效锌都处于中等偏低水平,见表 2-19。

表 2-19 试验地土壤养分及理化指标

pH	CEC	容重	水溶性盐	有机质	有效磷	速效钾	Ca	Mg	Mn	Cu	Zn
7.95	11.4	1.3	1.93	16.33	25.43	108	1 343	196.5	8.54	3.98	1.69

单位:CEC(cmol/kg);容重(g/cm^3);水溶性盐和有机质(g/kg);其他(mg/kg)

供试榨菜品种为余缩 1 号(二年种),由余姚市农技总站提供。供试复合微生物肥料氮、磷、钾总养分含量不小于 18%,有效活菌数不小于 2×10^7 个/g;有机无机复混肥总养分含量不小于 18%,配方均由宁波市江北绿源有机肥料开发销售中心提供,见表 2-20。供试常规复合肥总养分含量 45%(15-15-15),市售。

表 2-20 榨菜有机无机专用肥配方(8-6-4-1)

原料	含量(kg/t)	营养元素含量(%)
有机肥	650	4.55(1.3-2.6-0.65)
尿素	140	6.44
过磷酸钙	80	1.28
磷酸一铵	50	2.75(0.5-2.2)
氯化钾	60	3.6
硼酸	10	
硫酸锌	10	
总计	1 000	18.62

(2)处理设置。设常规复合肥、有机无机复混肥和复合微生物肥料三个处理,随机区组设计,每个处理 3 次重复。小区面积 33.3 m^2。常规复合肥用量 600 kg/hm^2,有机无机复混肥和复合微生物肥料用量均为 2 250 kg/hm^2。2011 年 9 月 29 日播种,同年 11 月 11 日移栽,密度 300 000 kg/hm^2,2012 年

4月11日收割。其他栽培措施常规。

2.结果与分析

(1)对经济性状的影响。

不同施肥处理对余缩1号榨菜各生育期的经济性状有较大影响。从2011年12月15日开始,每隔30日对各处理株高、最大叶开展度和绿叶数调查看(每个小区调查10株,3次重复平均),处理1施用常规复合肥,属纯化学肥料,见效快,植株比其他处理高,最大叶开展度亦大。随着时间推移,处理3和处理2逐渐发挥出微生物活菌不断分解有机质和持久供肥的特性,至2012年2月15日调查时,处理2和处理3植株已超过处理1,最大叶开展度也明显大于处理1,见表2-21。

表2-21 不同处理对余缩1号经济性状的影响

调查日期	处理	株高(cm)	最大叶开展度(cm×cm)	绿叶数
2011年12月15日	1	12.1	29.5×19.7	3.8
	2	11.8	29.8×17.6	3.8
	3	11.5	29.4×18.0	3.8
2012年1月15日	1	32.9	39.2×29.1	5.1
	2	32.0	38.4×25.7	5.0
	3	30.8	38.0×27.2	5.1
2012年2月15日	1	36.4	38.4×27.4	6.0
	2	38.4	28.4×27.8	5.7
	3	38.9	39.2×27.8	5.8
2012年3月15日	1	47.8	46.5×29.1	5.9
	2	49.0	49.3×29.6	6.1
	3	50.3	50.2×29.4	6.0

把表2-21植株高度数据用示图形式描述,可以更形象地说明处理1(常规复合肥),前期作用快,中期(越冬期)植株生长放缓;而处理2和处理3,生长进程趋于一致,越冬期也有较好的生长,表现较强的抗寒抗逆性;最大叶开展度也是同样的走势;对绿叶数影响较小,如图2-5所示。

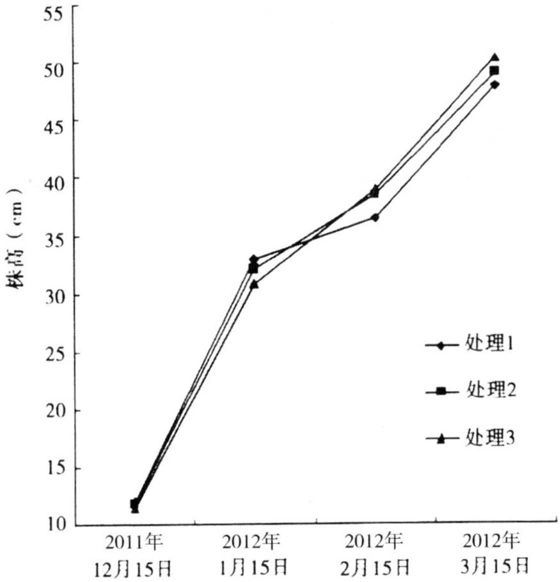

图 2-5　不同处理对余缩 1 号榨菜植株的影响

(2)对产量和品质的影响。

不同肥料处理对余缩 1 号榨菜的产量和品质有细微的影响。单产以处理 3 为最高，达 54.44 t/hm^2，处理 2 次之，为 53.66 t/hm^2，两者分别比常规复合肥处理增产 6.64％和 5.11％，但差异显著性测验均未达“显著”水平。单个重量与产量和后期最大叶面积成正相关性，即处理 3＞处理 2＞处理 1。从瘤茎截面看，处理 1 显得比较圆型，符合当前农户对榨菜头的审美需求，也易得到加工企业的青睐；而处理 3 和处理 2 瘤茎截面长宽比有所加大，见表2-22。

表 2-22　各处理下余缩 1 号的产量与品质

处理号	处理	产量 (t/hm^2)	差异显著性		单个重 (g)	瘤茎截面 (cm×cm)	空心概论 (％)	空心大小 (cm×cm)
			0.05	0.01				
3	复合微生物肥	54.44	a	A	262	9.6×8.3	43.3	1.21×1.44
2	有机配方肥	53.66	a	A	258	9.4×7.3	46.7	1.69×1.64
1	常规复合肥	51.05	a	A	248	9.0×8.8	46.7	1.73×1.92

注：不同大小写字母分别表示差异达极显著水平(＜0.01)和显著水平(＜0.05)。

本试验各处理调查样本 30 个，发现空心的样本为 13～14 个，空心发生率较高，但空心程度较低，特别是复合微生物肥料处理的榨菜空心率更低。

引起榨菜头空心的影响因素很多，后期高温快发、肥水不均、膨大失衡、迟收是引起榨菜头空心的主要因素。

3.小结与讨论

基肥施用复合微生物肥料和有机无机复混肥对余缩1号榨菜有一定的增产作用，以复合微生物肥料影响为大，但未达显著水平；两者对榨菜头品质亦存在影响，单个增重，空心程度降低。

综合效益有所提高，但未达显著水平。若考虑施用复合微生物肥料对榨菜头品质改善从而提高鲜头收购价，可以有更高的效益空间。榨菜专用复合微生物肥料的配方尚待进一步研究，如适当降低N的含量，提高P_2O_5、K_2O的含量，或许情况会更好些。

（四）复合微生物肥料在西兰花上的应用效果研究

在宁海县西兰花阿姆斯复合微生物肥料肥效试验取得成功后，项目组又在象山县试验复合微生物肥料专用配方肥，配方中增加了微量元素B，调整了$N-P_2O_5-K_2O$的比例。试验参加者为浙江省象山县农产品质量安全监管科和浙江省象山县农业技术推广中心李方勇、陆雁、陈燕华及张硕、乌栽新。本试验由项目组成员李方勇农艺师负责。

1.材料与方法

（1）试验材料。试验于2011年在象山县新桥镇灵岙村进行，土壤肥力中等，前作蔬菜。

供试肥料：18%复合微生物肥料和18%有机无机复混肥均由宁波市江北绿源有机肥料开发销售中心提供，其中复合微生物肥料有效活菌数不小于2×10^7个/g，$N+P_2O_5+K_2O\geq18\%$，有机质不小于15%；有机无机复混肥$N+P_2O_5+K_2O\geq18\%$，有机质不小于20%；45%复合肥是俄罗斯产的挪威复合肥，$N+P_2O_5+K_2O\geq45\%$。参试作物为绿雄90西兰花品种。

（2）试验方法。处理1：腐熟粪+25 kg 45%复合肥（CK）；处理2：亩基施18%有机无机复混肥60 kg；处理3：亩基施18%复合微生物肥料60 kg，重复3次，随机区组排列，小区面积0.05亩。试验作物于8月5日播种，9月4日定植，种植密度为2 400株/亩，10月25日现蕾，11月15日成熟。

小区管理除基肥不同外，其余处理均相同，在定植7d左右第一次追肥12.5 kg/亩尿素，定植后30d左右第二次追肥12.5kg/亩尿素，定植后45d左右第三次追肥16.5 kg/亩尿素。试验期间，做好西兰花生长物候期、植株性状等考察，并最终测产验收。

2.结果与分析

（1）植株性状。处理3生长势最强，在开展度、植株高度、叶长、叶柄长、叶宽等经济性状上均优于处理2、处理1；其次是处理2，处理1生长势最弱，见表 2－23。

表 2－23 西兰花不同肥料处理下的植株性状

处理	开展度（cm×cm）	植株高度（cm）	叶长（cm）	叶柄长（cm）	叶宽（cm）
1(CK)	64.6×64	63.6	57.6	26.8	20.4
20.42	67.2×66.6	64.8	61.6	61.6	21
321	70×68.8	69	64	64	23

（2）产量。试验实收产量最高的是处理 3，为每亩 721.29 kg；其次是处理 2，为每亩 692.68 kg；处理 1 最低，为每亩 620.31 kg。据统计分析结果，处理 3 和处理 2 无显著差异，但均与处理 1 差异显著。处理 3 比处理 1 增产 16.3%，处理 2 比处理 1 增产 11.7%，见表 2－24。

表 2－24 西兰花不同肥料处理下的产量表现

处理	单球重（kg）	产量（kg/亩）	显著差异性	
			0.05	0.01
1(CK)	0.258	620.31	a	A
2	0.288	692.68	a	A
3	0.3	721.29	b	B

注：不同大小写字母分别表示差异达极显著水平（<0.01）和显著水平（<0.05）。

（3）投入产出比较。西兰花按 2.4 元/kg 计算，扣除投入基肥成本处理 1 每亩 280 元，处理 2 每亩 114 元，处理 3 每亩 120 元，处理 3 净收入最高，处理 1 最低，见表2－25。处理 3 比处理 1(CK)每亩增加净收益 402.36 元，增值 33.3%。

表 2－25 施用不同肥料对西兰花生产收益的影响

处理	产量（kg/亩）	产量（元/亩）	投入成本（元/亩）	净收益（元/亩）
1(CK)	620.31	1 488.74	280	1 208.74
2	629.68	1 662.43	114	1 548.43
3	721.29	1 731.10	120	1 611.1

3.小结与讨论

试验结果表明，在其余管理措施相同的情况下，西兰花以 18%复合微生物肥料为基肥产量与经济性状均表现最好，特别是净收益比常规施肥增值33.3%，值得推广，其次是18%有机无机复混肥，常规施肥表现最差。结合象山生产实际，由于过多的施用化肥，导致西兰花对肥料的利用率降低，产量水平和品质也下降，而复合微生物肥料和有机无机复混肥的推广应用，从根本上解决了西兰花栽培上的瓶颈问题，通过改良土壤来优化生产环境，提高了作物产量和品质具有推广价值。对比宁海西兰花试验产量较低，虽然西兰花品种不同，但是与基肥用量多少有关。因此仍需复合微生物肥料在不同用量、不同施肥环节等方面进行更深入的研究，切实为进一步扩大推广提供科学依据。

(五)复合微生物肥料在草莓上的应用效果试验

项目组在鄞州区姜山镇港城示范区李光地农户大棚进行了复合微生物肥料在草莓上的应用效果试验。本试验由项目组成员鄞州区农业技术服务站农艺师王斌负责，张硕、乌栽新等参加。

1.材料与方法

(1)试验材料。供试肥料为3种，农民习惯用肥由李光地农户提供，为商品有机肥，复合肥总养分含量45%(15-15-15)，商品生物有机肥，18%复合微生物肥料草莓专用肥和18%有机无机草莓专用肥由宁波市江北绿源有机肥料开发销售中心提供。其中复合微生物肥料有效活菌数不小于2×10^7个/g，$N+P_2O_5+K_2O\geqslant18\%$，有机质不小于15%，有机无机复混肥$N+P_2O_5+K_2O\geqslant18\%$，有机质不小于20%。草莓选用“红颊”品种。

(2)试验方法。试验设3个处理，处理1(CK)为亩施商品有机肥500 kg，复合肥25 kg，生物有机肥40 kg，处理2为亩施18%有机无机复混肥220 kg，处理3为亩施18%复合微生物肥料220 kg，重复3次，随机区组排列，小区面积0.1亩。2011年9月25日定植，2012年5月10日采收结束。定植前采耕作层土样1 kg测定；记载定植期、始花期、盛花期、采摘期；苗期考查一次，小区单独进行产量记录。小区管理除基肥不同外，其全追肥和管理相同。

2.结果与分析

(1)植株形状。2011年12月19日进行了中期考察，处理1(CK)平均株高21.5 cm，平均结果2.46个；处理2平均株高18.84 cm，平均结果2个；处理3平均株高18.17 cm，平均结果2.17个。

(2)产量。试验实收产量最高的是处理3，每小区150.25 kg，其次是处理2，每小区142.9 kg，处理1最低，为每小区127.75 kg，见表2-26。处理3比处理1增产17.6%，处理2比处理1增产11.9%。

表 2-26　草莓菌肥对比试验产量记录

处理	小区产量(kg)	折合亩产(kg)	比农户习惯施肥增产率(%)
处理 1	127.75	277.5	0
处理 2	142.9	1 429	11.9
处理 3	150.25	1 502.5	17.6

3.小结与讨论

试验结果表明,在其余管理措施相同的情况下,草莓以 18%复合微生物肥料为基肥产量最高,比处理 1(CK)增产 17.6%,差异显著。但在前中期生长势处理 1(CK)最强,表现出化肥的速效性,但缺乏后劲。草莓 18%复合微生物肥料专用肥用肥量少,增产效果显著,值得推广。

五、复合微生物肥料和二氧化碳气肥共同应用于黄心芹的肥效试验

宁波市江北绿源有机肥料开发销售中心在市农技总站、奉化市农技推广中心的指导合作下进行了复合微生物肥料和 CO_2 气肥共同应用于上海黄心芹的肥效试验。

1.试验设计

本试验为小区对比试验,以上海黄心芹作为试验作物在大棚进行,分为 4 个处理组:

处理 1:(CK),习惯用肥三元复合肥 35 kg+草木灰 250 kg/亩。

处理 2:绿源复合微生物肥料 400 kg/亩(有效活菌数 3×10^6 个/g,$N-P_2O_5-K_2O>16\%$,有机质≥30%)+CO_2气肥。

处理 3:绿源复合微生物肥料 200 kg/亩(有效活菌数 3×10^6 个/g,$N-P_2O_5-K_2O\geq6\%$,有机质≥30%)+CO_2气肥。

处理 4:无基肥+CO_2气肥。

生长期间 2、3、4 组采用 CO_2 发生器产生的气体肥料,CO_2 浓度达到 3 000 mg/L,处理 1 习惯施肥用帘子隔开,降低了 CO_2 的浓度。生长期间追肥和其他管理方法一致。

每个处理面积 67 m^2,试验所用肥料都做基肥。为了验证培肥土壤功能,施肥时间相同,其余栽培措施相同。

试验重复 3 次,每次具体施肥种类与数量,见表 2-27。

表 2-27 不同肥料在上海黄心芹上的试验安排表

处理编号	每次试验施肥用量		
	第一次	第二次	第三次
1	3.5 kg 复合肥+25 kg 草木灰	3.5 kg 复合肥+25 kg 草木灰	3.5 kg 复合肥+25 kg 草木灰
2	40 kg 绿源复合微生物肥料+CO_2气肥	40 kg 绿源复合微生物肥料+CO_2气肥	40 kg 绿源复合微生物肥料+CO_2气肥
3	20 kg 绿源复合微生物肥料+CO_2气肥	20 kg 绿源复合微生物肥料+CO_2气肥	20 kg 绿源复合微生物肥料+CO_2气肥
4	无基肥+CO_2气肥	无基肥+CO_2气肥	无基肥+CO_2气肥

2.观察记录

(1)定植前采集试验田耕作层土样 1 kg,以测定养分含量。

(2)记录播种期、苗期、采摘期。

(3)苗期考察一次。

(4)4 个小区单独测产。

3.应用复合微生物肥料和 CO_2气肥

大棚黄心芹平均高度 0.9 m。项目组在周士芳的大棚里进行了上海黄心芹的肥效试验。2009 年 9 月 16 日播种,11 月 7 日定植,株行距 10 cm×10 cm,前后设保护行。前作为大蒜和葱。

4.试验结果

复合微生物肥料和 CO_2气肥对黄芯芹都有效,效果十分显著,如图 2-6 所示。一是成熟期提早。4 组处理成熟第一次采摘时间分别为 2010 年 2 月 12 日、1 月 28 日、2 月 12 日、3 月 1 日,处理 2 比对照提早了 15 天成熟,处理 4 推迟了 17 天。二是增产。2010 年 2 月 6 日对 4 组处理进行了各 30 株平均单株重和高度对比:处理 1 重 100 g、高 67 cm;处理 2 重 280 g、高 90 cm;处理 3 重125 g、高 75 cm;处理 4 重 55 g、高 54 cm。处理 2 还出现了重量为 350 g 以上、高度达到 105 cm 的特大型芹菜。项目组成员品尝了周士芳赠送的芹菜做成的菜,色、香、味俱佳。

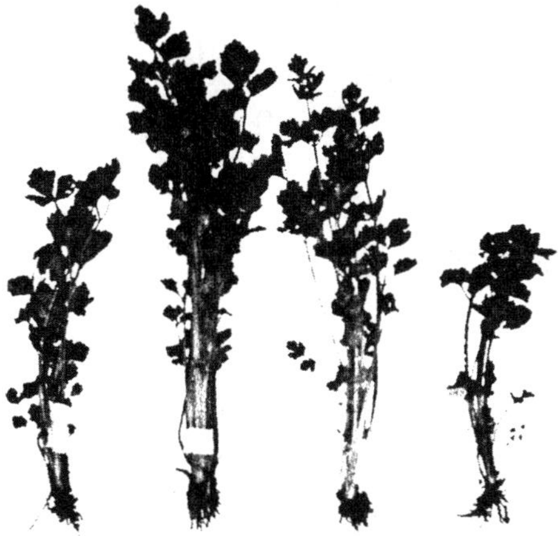

图 2-6 复合微生物肥料和 CO_2 气肥对黄芯芹试验结果

5.分析与展望

在16个植物必需的营养元素中，碳元素在植物体内占百分之几十。植物通过光合作用来吸收碳元素。在光照条件下，植物吸收 CO_2 和水，留下C通过叶绿素生成最重要的碳水化合物单糖，呼出氧气。植物对C的需求量很大，但空气中的 CO_2 浓度只有380 mg/L，无法满足植物生长的需要，因此在大棚内施 CO_2 气肥以满足植物对碳的吸收。但各种植物对 CO_2 的需求量有很大的差异，上海黄心芹对 CO_2 的需求特别强，远远突破一般蔬菜600～800 mg/L。在 CO_2 浓度超过3 000 mg/L时满足了上海黄心芹对 CO_2 的需求。因此本例中高浓度的 CO_2 气肥，合理的复合微生物肥料施肥和适量的水使上海黄心芹对16个植物必需营养元素得到满足，得到了突破性成果：增产一倍以上，高度从60～70 cm提高至90 cm以上，质量得到了提高。

以上试验有些尚在进行中。从已经结束的肥效试验中，复合微生物肥料多数表现良好。其中在青菜、莴苣、蒲瓜、西瓜、甜瓜、番茄、西兰花、草莓试验中，复合微生物肥料比对照组优势明显。特别是上海黄心芹试验中，CO_2 气肥和复合微生物肥料相结合，产量翻了一番以上，维生素C含量提高，游离酸减少，芹菜嫩、鲜，质量全面提高，效益十分显著。

第四节 堆肥化过程中的微生物学

禽畜养殖业的发展使禽畜粪便对环境的影响日益增加。每年我国有25余亿吨畜禽粪便及大量有机废弃物，是工业固体废弃物年产生总量的2.4倍，在部分地区如河南、湖南、江西，甚至超过4倍。其中，好氧堆肥法是现在处理禽畜粪便和固体废弃物的一种有效方法。有机物料在微生物作用下分解成无机物及简单有机物，这一过程又叫矿质化过程。矿质化中间产物进一步脱水缩合而成一种复杂的、稳定的大分子棕色有机物，此过程称为腐殖化过程。

一、禽畜粪便的堆肥化

(一)农家肥

1.堆肥

以人畜粪便、各类秸秆、落叶、山青、湖草为主要原料并与少量泥土混合堆制，经好气微生物分解而成的一类有机肥料称为堆肥。畜禽粪便有机质丰富，含有较高的氮、磷、钾及微量元素，是很好的制肥原料，但有臭味，需要经过除臭处理，可采用发酵除臭、化学除臭及物理除臭法。不同动物粪便有不同的特性，如鸡粪较热，易烧苗，而牛粪则较安全，但牛粪中可能混有杂草种子，直接利用会造成农田尤其是水田出现杂草(稗草)。

2.沤肥

所用物料与堆肥基本相同，只是在淹水条件下，经微生物厌氧发酵而成的一类有机肥料。由于沤肥分解速度较慢，有机质和氮素损失较少，积累了一定量的腐殖质，一般认为沤肥质量较好。沤肥的成分随沤制材料的种类及物料配比不同而有显著差异。

3.厩肥

以猪、牛、马、羊、鸡、鸭等畜禽的粪尿为主，与秸秆等垫料堆积并经微生物作用而成的一类有机肥料。厩肥的成分依家畜家禽种类、饲料优劣、垫圈材料和用量等条件而不同。厩肥平均含有机质25%，N 0.5%，P_2O_5 0.25%，K_2O 0.6%。每吨厩肥平均含N约5 kg，P_2O_5约2.5 kg，K_2O约6 kg。新鲜厩肥需经过一段时间堆制腐熟，才能施用。厩肥具有较长的后效，在土壤中的分解，产生有机酸，可提高磷的有效性；厩肥中含有较多的纤维素类化合物，可掩蔽黏土矿物的吸附位，减少磷的吸附，从而提高土壤中磷的有效性。常年施用厩肥，土壤中可积累较多的腐殖质，不仅可改良土壤结构，而且对提高土壤肥力、促进低产田熟化起到积极的作用。

(二)参与堆肥的微生物发酵过程

堆肥制作过程中，复杂有机物质在一系列微生物作用下，逐渐降低C/N率，为植物提供生态养料。

堆肥堆制初期，主要是中温好气性微生物旺盛繁殖，将堆积物中容易分解的有机物质(简单糖类、淀粉、蛋白质等)迅速分解，同时产生大量的热，逐步使堆肥内的温度升高。这时的微生物主要是无芽孢细菌、芽孢细菌，根霉、毛霉、白腐真菌、嗜温性地霉菌（*Geotrichum sp.*）等。几天内，堆肥内温度可升至 50 ℃以上，对纤维素、半纤维素、果胶物质具有强烈分解能力的嗜热性微生物逐步代替中温性微生物。其中常见的真菌有嗜热真菌（*Thermomyces spp.*），如嗜热性真菌烟曲霉（*Aspergillus fumigatus*）、担子菌（*Basidiomycotina*）、子囊菌（*Ascomycotina*）、橙色嗜热子囊菌（*Thermoascus aurantiacus*），放线菌中有嗜热链霉菌（*Streptomyces thermofuscus* ）、单孢子菌（*Micromonospora*）、诺卡氏菌（*Nocardia*）、普通嗜热放线菌（*Thermoactinomyces vulgaris*）等。当温度上升到 60 ℃时，嗜热性真菌停止活动，但嗜热性放线菌仍然活跃，同时细菌中的嗜热性芽孢杆菌和梭菌成为优势种群。这时纤维素、果胶类物质继续被强烈地分解。放线菌降解纤维素和木质素的能力并没有真菌强，但它们在堆肥高温期是分解木质纤维素的优势菌群，再经过一段时间后堆肥物质就成为一种与土壤腐殖质类似的物质，即堆制成熟的肥料。

腐殖物质是指植物残体中稳定性较大的木质素及其类似物在微生物作用下部分被氧化，形成的一类特殊的高分子聚合物，其形成的机理，如图 2－7 所示。非腐殖物质主要包括糖类化合物（如淀粉、纤维素等）、含氮有机化合物及有机磷和有机硫化合物。腐殖质的产生是有机肥腐熟的重要标志，腐殖质的含量决定了有机肥的质量。

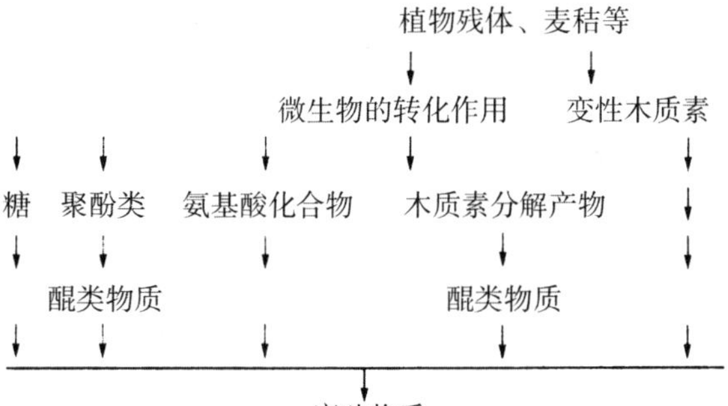

图 2－7　腐殖物质形成的机理

二、固体废弃物的堆肥化

（一）垃圾的微生物处理

1.垃圾处理状况

迄今为止，我国累积的城市生活垃圾已达 60 亿 t，城市的生活垃圾清运量正以每年约 4％的速度增长。现在的处理方式主要为填埋、焚烧和堆肥三种，填埋法不仅占用了大量土地，还污染土壤和地下水；焚烧法对大气污染严重;而生物堆肥由于适应垃圾资源化和可持续发展的科学发展思维而成为城市垃圾处理的主要方法,用微生物进行处理是目前成本最低、效益最大的垃圾处理途径。

2.垃圾堆肥化处理工艺流程

堆肥是利用自然界中广泛分布的细菌、放线菌、真菌等微生物高速繁殖能力及其快速的新陈代谢作用,将垃圾中所有能分解的有机质在短时间内转化成稳定状态的高效生物有机肥或土壤改良剂,是处理有机固体废弃物并使之实现资源化的一项重要技术。它是一种由微生物驱动的好氧处理工艺,能够将固体有机废物转化成稳定的、卫生的类似腐殖质的物质。经过堆肥处理,有机废物的体积大大减小,并能安全地返回环境中,如图2-8所示。就效果而言,堆肥是一个低湿度的固体发酵过程。为了充分发挥堆肥作用,应该采用那些易分解的有机废物作为基质。长期以来,堆肥不仅被认为是安全处理固体有机废物的一种方法,而且也被看成是循环利用有机物的一种形式。

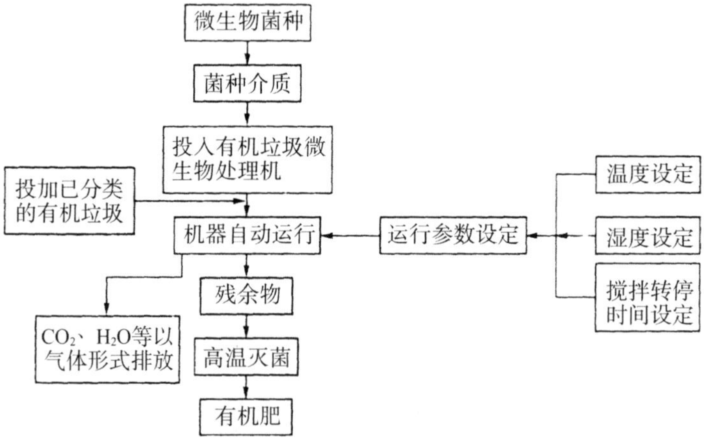

图2-8 有机垃圾微生物处理技术工艺路线

城市生活垃圾所含的有机成分是潜在的有机肥源,而当前国内采用“垃圾堆肥”方法制造的堆肥是一种“粗肥”,存在着有效养分含量低、肥效不高等缺点。通过对城市生活垃圾进行消毒、灭菌、分选、粉碎、烘干等一系列温性物理处理,再辅以能改善土壤理化性能的微生物及植物生长所需的N、P、K,并引入固氮菌、解磷菌、解钾菌等有益微生物,可生产出富含有机质和有益微生物的肥料,如图2-9所示。由于目前使用的固氮、解磷、解钾等微生物均为常温菌,不能经历垃圾高温发酵阶段,因此需要将有益微生物制备成菌液并按比例混入堆肥成品。这样生产出来的微生物肥料具有长效、高能、肥素丰富、活化土壤、施用方便的特点,不仅能提高作物产量,还具有提高作物品质和抗病能力的作用,这样才符合世界肥料发展的方向。

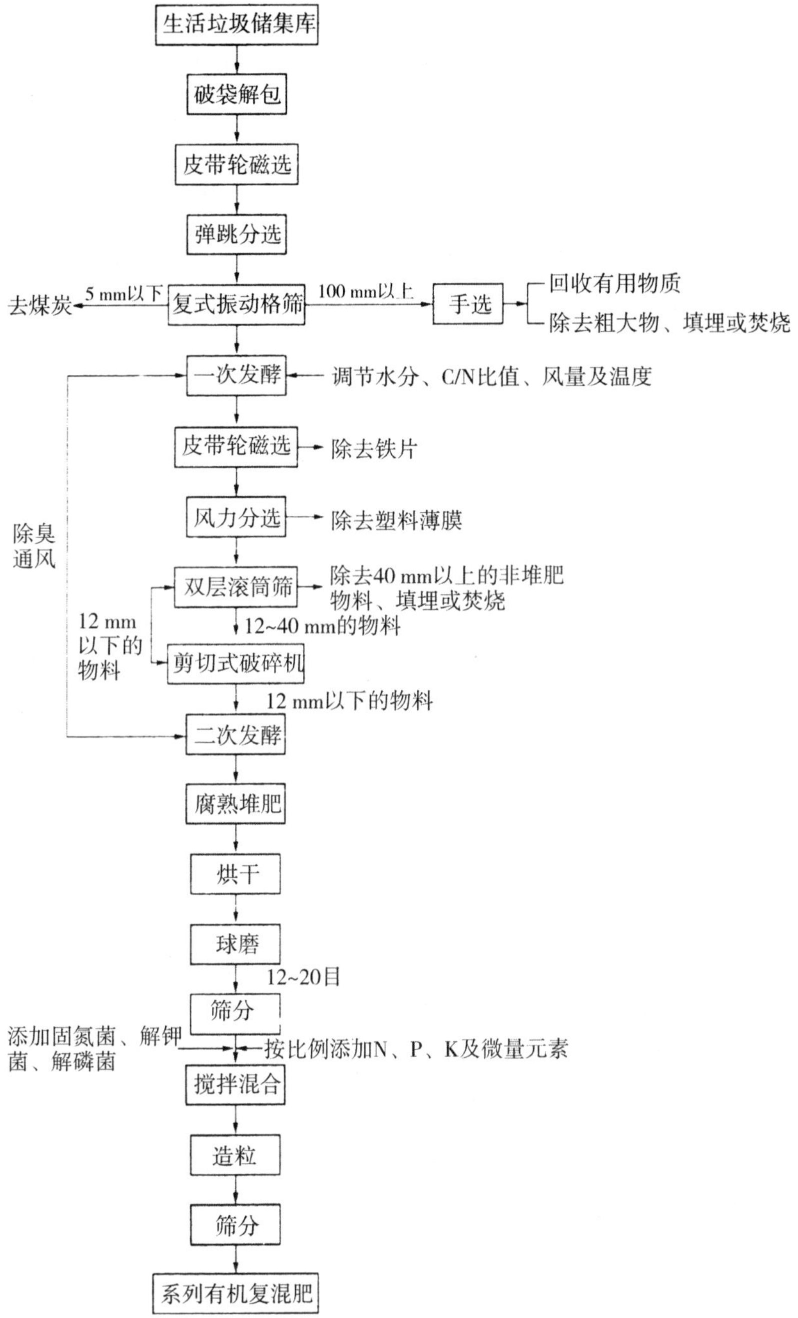

图 2－9 城市生活垃圾堆肥化综合处理工艺流程图

随着城市化步伐的加快，利用城市生活垃圾生产生物有机复混肥，既解决了生活垃圾对环境的污染和大量垃圾侵占土地的问题，把废弃之物变为了宝贵的资源，又可以起到保护土地、防止土壤板结沙化的作用。

（1）城市生活垃圾生物处理中主要的微生物。城市生活垃圾生物处理技术主要包括好氧和厌氧生物处理。好氧生物处理如好氧堆肥、生物反应器填埋等，其工艺中的微生物主要有细菌、放线菌、真菌等微生物种群。厌氧生物处理如厌氧消化、厌氧填埋等，其工艺中的微生物又称“瘤胃微生物”，主要有水解细菌、产氢产乙酸菌群和产甲烷菌群等。

（2）厌氧生物处理的微生物。城市生活垃圾的厌氧生物处理依次分为水解、产氢产乙酸和产甲烷三个阶段，每个阶段各有其独特的微生物类群起生物降解作用，如图 2－10 所示。

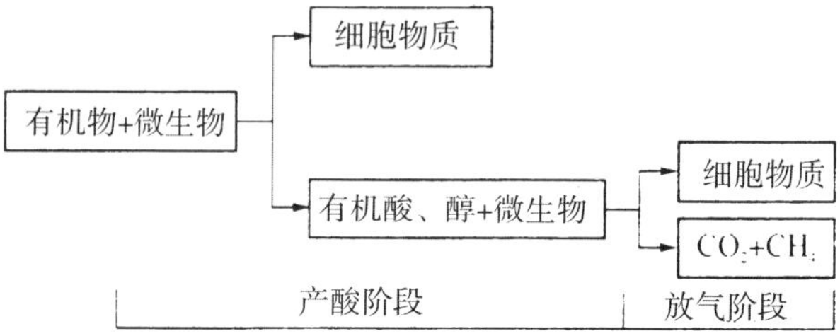

图 2－10　厌氧发酵原理图

1）水解细菌：水解细菌利用胞外酶对有机物进行体外酶解，使固体物质变成可溶于水的物质，然后细胞将其吸收、水解成不同产物，该阶段起作用的细菌为水解细菌。

2）产氢产乙酸菌群：产氢产乙酸菌群是将第一阶段发酵产物如丙酸等三碳以上有机酸、长链脂肪酸和醇类等氧化分解成乙酸和分子氢。

3）产甲烷菌群：甲烷菌利用 H_2/CO_2、醋酸和甲醇甲酸等化合物为基质，将其转化为甲烷。

（二）残渣的微生物处理

以各种含油分较多的种子经压榨去油后的残渣制成的肥料，如菜籽饼、棉籽饼、豆饼、芝麻饼、花生饼、蓖麻饼等。饼肥肥分浓厚，富含有机质和氮素，并含相当数量的磷钾及各种微量元素。一般含有机质 75%～85%，N 2%～7%，P_2O_5 1%～3%，K_2O 1%～2%。饼肥中的氮、磷多呈有机态。氮以蛋白质形态为主，磷以植素、卵磷脂为主，钾大多是水溶性的。这些有机态氮、磷必须经过微生物分解后才能被作物吸收利用。饼肥养分完全，肥效持久，适用于各类土壤和多种作物，尤其是瓜果、烟草、棉花等作物，能显著提高产量并改善作物品质。饼肥可作基肥、追肥，为了使饼肥尽快地发挥肥效，施用前需加以处理。用作基肥的，只要将饼肥碾碎即可施用，一般宜在播种前 2～3 周施入。将细碎的饼肥撒在田间，然后翻入土中，让它在土壤中有充分腐熟的时间。饼肥不宜在播种时施用。因它在土壤中分解时会产生高温和生成甲酸、乙酸、乳酸等有机酸，对于种子发芽及幼苗生长均有不利的影响。饼肥用作追肥必须经过腐熟，才有利于作物根系尽快吸收利用。饼肥发酵的方式主要有：采用与堆肥或厩肥同时堆积。将油饼打碎与 10 倍左右焦泥灰堆积，使其发酵 2 ～ 3 d；把打碎的饼肥浸于尿液中经 3 周左右，发酵完毕后，再捣烂，即可施用。饼肥用量不一，亩施 50 ～ 100 kg，对高产经济作物棉花、甘蔗、麻类等，亩施 100 ～ 150 kg。

第五节　复合微生物肥料研究和应用中存在的问题及对策

我国虽然在复合微生物肥料行业上发展较快，已有企业 400 家，年产量 400 万 t。但我国有 1.2 亿 hm^2 耕田，还有广阔的森林、山地、城市绿地、江、河、湖、海等地理分布。其经营规模和产量远远不能满足市场需求。特别是微生物发酵方面的技术力量和生产规模，远不如抗菌素、二步法维生素 C、柠檬酸、味精、酶制剂、酿酒等发酵行业。例如，微生物肥料菌剂发酵通常采用 10 t、20 t 发酵罐，而抗菌素、味精等行业常用百吨发酵罐。

一、我国复合微生物肥料研究和应用中存在的主要问题

复合微生物肥料的应用历史虽然很长，但是还存在很多问题，主要问题有如下几方面。

（一）理论研究薄弱

目前很多研究仅仅停留在增产原因分析、菌株分离和大田试验方面，对于真正涉及复合微生物肥料及产品中微生物本身，如它们的作用实质，产品制造过程中最佳、最合理的工艺，微生物肥料施用后在土壤和根际的定植机理和存活繁殖动态、菌剂的生态行为、与土壤中同类或异类微生物的竞争、影响肥效的制约因子等机理问题缺乏了解，研究深度不够，复合微生物肥料大面积推广应用的理论基础薄弱，操作技术不够规范。

（二）产品质量有待提高

我国复合微生物肥料行业生产的产品存在一些质量问题，诸如有效活菌含量低、杂菌率偏高、有效期短等。还有一些产品的构成明显不合理，如菌种的组合、产品成分组成等，有的产品组合的菌株报告有多种，与实测结果不符，在营养成分的搭配上或高或过低，表现出明显的随意性。同一类产品质量差距很大，影响了市场的开拓和农民使用的积极性。近 10 年来，虽然有国家相关部门把关，质量大为提高。但还是存在质量问题，有待提高。

复合微生物肥料产品质量问题是制约复合微生物肥料行业健康发展的

一个不可低估的重要因素。复合微生物肥料是农业生物技术产业，技术较为专业，科技含量较高。同时，复合微生物肥料行业是典型的微生物发酵行业，设备投资庞大。菌剂生产采用深层好气发酵，但需要相应的制冷和供热设备才能保证生产的顺利进行。

我国的微生物肥料生产经历了一个较长的发展阶段，特别是在改革开放后已有较快的发展，但市场仍然没有形成，依然是肥料系列中的一个小品种。农民对复合微生物肥料缺乏相应的了解和认识，所以复合微生物肥料有很大市场的开发潜力。

(三)市场管理混乱

近10年来，我国复合微生物肥料市场较乱，没有从国家的角度进行管理和质量监督，长期未制订出国家或行业标准，虽然1994年5月中华人民共和国农业部颁布了第一个微生物肥料行业标准(NY 227—1994)，并从1996年开始将微生物肥料纳入“一肥两剂”(肥料、植物生长调节剂和土壤调理剂)的管理范畴，规定微生物肥料必须在农业部进行检验登记，但仍有不少问题：一是这一行业标准与微生物肥料产品的种类较不适应；二是产品质量得不到控制，一些有问题或质量不合格的产品进入市场，从国外引入的一些复合微生物肥料未经批准，即在国内生产、推广、销售，有的产品故弄玄虚。要根治这种状况，只有通过严格的审查和检测，提高复合微生物肥料产品质量，开发新型制剂，提高生产应用效果，扶植优质产品才能最大限度地遏制伪科学和伪劣产品。

(四)有些菌种不适用或退化

目前菌种生产存在两大问题：一是有些企业的生产菌种并不适合应用，其产量效果不够稳定；二是菌种退化。菌肥生产的技术主要是细菌肥料，而细菌的自发突变性往往会使细菌的生产性能减弱，加之有很多优良基因易于丢失。一种好的复合微生物肥料产品，生产菌种肯定是优良的，但得到一株适合于工业生产要求的菌种并不是一劳永逸的，需要在生产过程中经常不断地进行菌株的提纯复壮和筛选，以保证生产出质量达标的复合微生物肥料。

菌株的提纯复壮和筛选是一项技术性强、工作量大、周期长的工作，一般生产企业不具备条件。

导致菌种退化的另一个原因是我国微生物肥料的标准(NY 227—1994)只规定了菌种的品种和数量，并未规定菌种的质量。例如，枯草芽孢杆菌要达到每克肥料多少个，而未对枯草芽孢杆菌生产菌种的解磷能力和其他生物指标提出任何要求，如图2-11所示。生产企业没有提纯复壮菌种的技术要求，也不会影响企业的技术经济指标，企业缺乏提纯复壮菌种的内在动力。

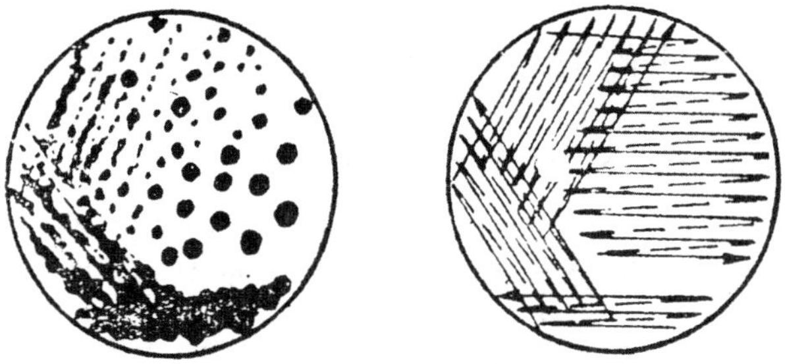

图 2-11 平板划线分离纯化复壮菌种

（右为所划线条，左为培养后出现的单菌落）

与此相反，生产抗菌素的企业则十分重视生产菌种的质量，因为生产菌种与生产抗菌素能力的强弱有直接关系，直接关联到发酵产量、提取率和产品质量，因此生产抗菌素的企业十分重视生产菌种，他们积极采用人工诱变、提纯复壮等手段反复提高和保持产抗菌素的能力，降低成本提高产品质量。

乌栽新等人对抗菌素、酶制剂、味精等生产菌种进行了长期的人工诱变和提纯复壮工作。为改变复合微生物肥料生产的现状，吸取工业微生物生产企业的经验，对枯草芽孢杆菌、蜡状芽孢杆菌、胶冻样芽孢杆菌的提纯复壮进行了初步研究。

在保持和提高菌种性能方面，应该慎重对待生物工程菌。生物工程菌作为生产菌种，虽然可以迅速提高某些性能而提高肥效，如通过提高枯草芽孢杆菌的解磷能力可提高磷肥的利用率，但采用人工手段往往会促使基因产生突变，使新菌株的各种基因无法预测而不可控。

复合微生物肥料中的微生物生产与抗菌素生产存在差别，复合微生物肥料中的微生物活体直接进入土壤，其代谢产物被作物所吸收，对农作物会产生新的间接影响，有些微生物活体直接进入作物内部，直接影响食品质量，对食品安全构成新的风险。而抗菌素生产则不一样，抗菌素生产企业在发酵结束后，提取产物而不要微生物活体，这些产物是具有固定分子式的纯品。因此原始生产菌种和生物工程生产菌种之间产物不存在差别。

NY/T 798—2004 标准规范了复合微生物肥料的生产，应用生物工程菌应具有大面积释放的生物安全性的有关批文；但缺乏如何辨别生物工程菌和非生物工程菌的手段，缺乏防范生物工程菌未经审批进入产品的措施。如果有害生物工程菌一旦进入产品，将对农产品安全造成难以估量的后果。

二、解决存在问题的主要对策

(一)筛选适合我国不同地域条件的系列菌种

菌种是核心,正如 S.M.Martin 所说,一个国家的微生物技术水平,决定其所掌握的菌种数量。土壤微生物具有地区性的生态适应性,我国地域辽阔,南、北方土壤和气候特征不同,北方的菌种并不一定适合南方的土壤和气候条件,同样南方的菌种并不一定适合北方的土壤和气候条件。菌种与菌种之间也存在很大的不同。例如,根瘤菌的固氮能力具有较强的地区和作物差异,而枯草芽孢杆菌的解磷能力差异性较小。为此,我国应根据不同地区、不同作物和不同土壤类型,生产专用的微生物肥料并筛选与之相适应的微生物菌株。专用肥应该配套相适应的菌种,因为微生物肥料的主要机制,就是能够在目标作物根际生长发育同时刺激作物生长,因此,应该把能在作物根际生长当作选育菌种的重要目标。立足不同地域的土壤气候和作物条件筛选合适的系列菌种及其微生物肥料,对促进我国农业发展具有重要的意义。我国土壤中微生物极其丰富,但菌肥微生物资源截至目前仍未很好开发。调查我国菌肥微生物资源,筛选和改造适合各地条件的优良菌株是我国复合微生物肥料产业化和质量控制的前提条件。

(二)加强基础研究和生产应用研究

复合微生物肥料是农业生物技术的典型产品之一,但是有关菌肥方面的很多基础科研问题现在并不明确。在有效菌肥推广应用之前,应该对以下六个方面的问题进行研究。

1.研究所用菌株的生物学特征

如分类学地位、作用机理、生理生化特性或效价、遗传稳定性、基因工程的安全性、菌肥生物体对非目标生物和环境的影响等。

2.菌株的存活动态、在根际部位的个体生态行为和竞争能力的研究

异源微生物肥料要首先定殖在农作物根际中并生长发育,而后进行正常的生理生化代谢,才能显现出微生物肥料的效果,这是微生物肥料成功与否的关键。提高菌株的竞争和生存能力是贯穿菌肥科研和生产的主题,如果所施微生物在土壤中不生长,则无效,现在绝大多数菌肥都未进行过这方面的试验,所以其效果很难稳定。

3.剂型效果研究

载体主要是为菌株提供一个生态保护的环境,其中传统的草木灰吸附方法是最为简单和普通的。其效果往往由于生态保护不良而影响菌剂的有效定殖。值得一提的是固定化细胞方法制成的微生物肥料具有较长的存活时

间和定殖能力，应用效果良好。

4.增产的稳定性试验

现在很多复合微生物肥料均不明确其适用地区和作物，以及应用的土壤和气候条件。多年和多点试验并不充分，因此有必要开展这方面的研究。

5.菌株间搭配以及与农药、化肥的相互关系问题

目前大多数应用的菌肥是复合菌肥，而菌株间的配合并不是随意的，菌株间存在拮抗性和竞争性，配合不好，则产品的应用效果不良。另外，对菌肥与无机肥和农药复混应用，其理论基础和操作方法需要科学依据，不能盲目复混应用。

6.加强复合微生物肥料的配方研究

复合微生物肥料的配方涉及微生物、有机、无机三元因素，因此该配方比复合肥一元配方和有机无机复混肥二元配方复杂。三元配方的数学组合是七类配方，事实也是如此。即涉及微生物与微生物之间、有机肥与有机肥之间、化肥与化肥之间、微生物与有机肥之间、微生物与化肥之间、有机肥与无机肥之间、微生物与有机肥化肥之间的七类配方。又涉及作物、物候条件等诸多方面因素，因此复合微生物肥料配方是肥料中最复杂的配方。

复合微生物肥料今后研究开发的方向应是不断选育和构建高效、抗逆、强竞争存活能力的菌种；由豆科作物接种剂向非豆科方面发展；由单一菌肥向复合型菌肥和多效能方面发展；由无芽孢菌剂向有芽孢菌剂方面发展；加强菌根菌孢子接种剂的开发和研究；改进和提高复合微生物肥料剂型，同时提高其速效性，在复合微生物肥料中配加速效化肥和微量元素，使其兼有速效和长效性。因此，各级政府部门应给予充分的重视，多渠道筹措资金，安排项目，做好研究开发工作，为应用和发展奠定坚实的基础。

（三）加强生产和商业管理

复合微生物肥料的生产和销售应根据国家对复合微生物肥料的登记管理制度和农业部有关肥料生产的条例进行。企业内部要有严格的生产标准，产品质量严格按照已有的微生物肥料标准 NY 227—1994 执行。产品要无味、外观整齐、颗粒均匀，养分含量和活菌数必须达到生产标准的各项指标，并能够增加作物产量。包装及其说明要符合规定，必须注明所用菌种的学名和数量，载体也应说明其成分，这对商业管理更有益处。

（四）制定相应的优惠政策

要积极鼓励科研院所对微生物肥料进一步研究和开发，鼓励农民使用复合微生物肥料，重点扶持生产复合微生物肥料的龙头企业，促进全国复合微生物肥料的生产和发展。鼓励企业产品商品化、产品生产标准化、企业高度

技术化。

推广应用复合微生物肥料涉及问题很多，最重要的是要使大多数企业认识到推广应用复合微生物肥料的重要性和必要性，组织起来形成一个包括高等院校、科研单位、生产企业、农业技术推广部门和产品经销部门在内的统一协会，逐步使复合微生物肥料在农业生产中得到广泛应用。

复合微生物肥料具有促进作物生长、增产、增收、防病，改善品质、改良土壤、保护环境的巨大优势，投入产出比高，在生态农业和高效高产农业革命中担负着极其重要的角色。因此可以预期：随着生态农业、高产农业的发展，以及市场对绿色食品的强烈呼声，在国家对生物肥料的重点扶持下，复合微生物肥料这一高新技术产品一定会有广阔的前景。

第三章　土壤微生物资源的管理与应用技术

微生物一般都生存在土壤中，土壤复合微生物所需要的营养物质和微生物生长、繁殖的生存条件。因此，土壤一直被称为“微生物天然培养基”，是人类最丰富的“菌种资源库”。

第一节　土壤微生物的分布

一、土壤中的各类微生物的分布

土壤中的微生物数量种类非常丰富，最常见到的就是细菌、放线菌、真菌、藻类和原生动物等，土壤中的各类微生物的分类如图 3－1 所示。通过这些微生物的代谢可以改变土壤的理化性质，也是保持土壤肥力的一个重要手段。

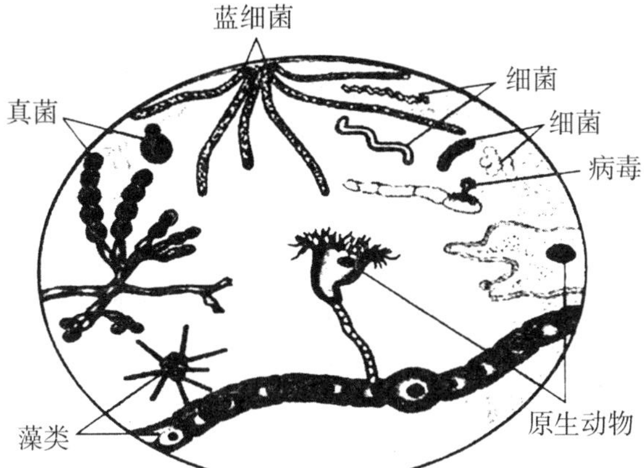

图 3－1　土壤中的各类微生物的分类

(一)细菌

在土壤中的微生物中，细菌可以达到 70％～90％。它们个体虽小，但是数量庞大，占据土壤的表面积非常大，成为土壤中最大的生命活动体。它们不停地生长繁殖，时刻与周围的环境进行物质的交换。土壤中的细菌有很多种生理类群，如固氮细菌、氨化细菌、反硝化细菌、产甲烷细菌等，通过自身的特性帮助动植物体进行各类化合物间的转化，帮助改善土壤的理化性质。

(二)放线菌

土壤中第二大的微生物类群非放线菌莫属,每克的土壤中含有几百万到几千万的菌体和孢子,达到土壤微生物总数的5%~30%。放线菌的数量虽然比细菌的少,但是它们的体积比细菌的大,能力也比细菌要强,可以在干燥的土壤乃至沙漠中生存。土壤中的放线菌是需氧性异养状态生活,可以分解纤维素、木质素和果胶等物质,通过分解作用,可以改善土壤的养分状况,从而使植物可以直接吸收。

(三)真菌

土壤里的真菌大部分都是营腐生生活,主要分布在土壤的表层,尤其是在酸性森林中更是常见。真菌的个体比细菌和放线菌都要大,往往具有很强的分解能力,诸如很多细菌都不能分解的纤维素、木质素等,真菌都可以将它们进行分解。因此,在整个生态系统中,真菌也是主要的分解者。土壤中常见的真菌主要有地霉(*Geotrichum*)、青霉(*Penicillum*)和木霉(*Trichoderma*),但也可以找到大量的子囊菌和担子菌。

(四)藻类

藻类为一类单细胞,通常为丝状的微生物。藻类在土壤中的主要作用是防止土壤中有机矿物的流失,并通过利用有机矿物合成必需物质来增加土壤中的有机物质。同时,由于它们与高等植物一样有光合色素——叶绿素,能通过光合作用同化碳素,也增加了土壤中的有机物。

(五)原生动物

土壤中的原生动物种类也很多,它们形态和大小差异都很大,通常以分裂的方式进行无性繁殖。土壤中的原生动物可以促进物质的循环,它们可以吞食有机物残片和土壤中细菌、单细胞藻类、放线菌和真菌的孢子,因此原生动物的生存数量往往会影响土壤中其他微生物的数量,同时通过摄取其他微生物作为食物可以将氮和磷的矿物作用迅速提高,增加土壤的肥力,以利于植物更好地吸收营养物质。

二、土壤中的功能菌群

(一)与氮循环相关的微生物

在土壤中,参与氮循环的微生物主要包括固氮菌、氨化细菌、硝化细菌和反硝化细菌。

固氮菌在土壤中的数量和种类很多,以固氮细菌为主,包括自生固氮菌和共生固氮菌。自生固氮菌种的嫌气性固氮菌对森林土壤固氮起重要作用。

共生固氮作用中根瘤菌和豆科植物的共生固氮作用最为重要。

氨化作用在农业上非常重要,指含氮有机化合物在氨化细菌作用下释放氨的过程。进入土壤中的动植物残体和有机肥料,必须通过氨化作用,转变为植物能吸收和利用的氮素养料。氨化过程分为两阶段进行,第一步是含氮有机物降解为多肽、氨基酸等简单含氮化合物;第二步是简单含氮化合物在脱氨基过程中转变为氨。氨化细菌适宜生长在中性、持水量50%~75%、温度25 ~35 ℃土壤环境中。土壤中常见的氨化细菌主要是好氧性细菌,如枯草芽孢杆菌、蕈状芽孢杆菌等。

硝化细菌氧化硝酸并从中获得能量的过程称为硝化作用。土壤中的硝化作用可防止土壤中氨的散失,增加土壤中硝酸盐含量,对供给植物氮素和养分有重要意义。反硝化细菌将硝酸盐还原为还原态含氮化合物或分子态氮的过程称为反硝化过程,又称脱氮作用。反硝化作用是使土壤中氮素损失的重要因素之一,也是保持土壤疏松,排除过多水分,保证良好通气条件的因素之一。反硝化细菌适宜在pH值6~8、25℃的土壤中生长。

(二)与磷循环相关的微生物

磷的转化与农业生产密切相关,植物生长需要磷肥。土壤中含有大量植物无法直接吸收利用的有机磷和难溶性无机磷,它们必须通过解磷菌的作用后转变为可溶性磷,参与解磷作用的微生物主要有解无机磷细菌和解有机磷细菌。土壤中的解磷菌有蜡状芽孢杆菌(*B.acilluscereus*)、蕈状芽孢杆菌(*B.mycoidips*)、巨大芽孢杆菌(*B.megaterium*)、多黏芽孢杆菌(*B.polymyxz*)等。解磷真菌在数量上不如细菌多,但其解磷能力通常比细菌强。溶磷的真菌类群主要有青霉属(*Penicillum*)和曲霉属(*Aspergillus*)。

(三)与钾循环相关的微生物

钾对维持细胞结构、保持细胞的渗透压、吸收养分和构成酶的辅基等有重要意义。除盐土外,土壤中可溶性钾含量并不高,而且由于钾易被植物带走,需不断补充。土壤中的芽孢杆菌、假单孢菌、曲霉、毛霉和青霉等都有解钾功能。其中胶质芽孢杆菌(*B.mucilaginosus*)在其生长过程中能以铝硅酸钾或钾长石为唯一钾源,将无效钾转变为有效钾,且具有微弱固氮能力,供植株生长使用。

三、土壤对微生物区系分布的影响

土壤的肥力、降水量、作物种植情况、人为活动等都会影响微生物的分布和生长。土壤中有机质的含量高低也会影响土壤中微生物的分布,在有机质含量最好的黑土、草甸土等中,微生物的数量较多;而在西北干旱地区,微生物的数量则较少，见表 3－1。

表 3－1 我国不同土壤微生物数量 单位：C×10³ cfu

土壤	植被	细菌	放线菌	真菌
黑土	林地	3 370	2 410	17
	草地	2 070	505	10
灰褐土	林地	438	169	4
	草地	357	140	1
黄绵土	林地	144	6	3
	草地	100	3	2
红壤	林地	189	10	12
砖红壤	草地	64	14	7

土壤的不同深度对微生物的分布也有极大的影响，见表 3－2。最主要的原因是不同土壤的深度，其含水量、通气、温度、湿度都各不相同，从而造成微生物不同生理特性的差异性分布。最上层的表土的微生物较少，因为表层的土壤比较干燥，同时会受到太阳的直射，这样导致微生物极易死亡。表层下 5～20 cm土壤层中微生物数量最多，若是植物根系附近，微生物数量更多。由于该层营养成分丰富，土壤胶体颗粒的持水性、有机质、微量元素等提供了微生物生长所需的合适条件。而植物根际更是富集了大量营养要素，使微生物大量生长于此，很多与植物形成了互生的关系。自 20 cm 以下的土壤中，微生物数量随土层深度增加而减少，特别是硝化细菌、纤维分解菌和非共生固氮菌等更是随土层深度的增加而急剧减少。至 1 m 深处微生物总量减少至 1/20，至2 m深处，因缺乏营养和氧气每克土中仅有几个微生物存活。

表 3－2 土壤深度对微生物分布的影响

深度/cm	每克土壤中微生物数量/(×10³ cfu)				
	好氧性细菌	厌氧性细菌	放线菌	真菌	藻类
3～8	7 800	195	2 080	119	25
20～25	1 800	379	245	50	0
35～40	472	98	49	14	0.5
60～75	10	1	3	6	0.1

第二节 土壤微生物在生态系统物质循环中的作用

在生态系统中，一方面，各种生物不断地从环境中结合无机化学物质，将它们合成为有机物，即生产者通过光合作用产生了种类繁多、数量巨大的有机物质。另一方面，各种生物代谢活动尤其是分解者的分解活动又将有机物转变成无机物返还自然界，即通过消费者和分解者的作用，这些有机物又重新从地球上消失了。因此，微生物在整个生态系统中，起到了主要的推动作用。在生态系统中，微生物不仅是重要的生产者和消费者，而且是主要的分解者。在物质循环中，微生物的作用是非常重要的，不仅参与所有物质的循环，而且在许多物质循环中起着独特且关键的作用。

一、微生物与碳循环

(一)碳素循环的基本过程

碳是构成生物体的最大成分，接近有机物质干重的50%。在地球衍生的开始，碳仅仅存在于大气圈、水圈和岩石圈中，随着生物的出现，碳又逐渐进入到生物圈和土壤圈中，在五个圈层中进行转移和交换。如图3-2所示，大气中的CO_2被陆地和海洋中的植物吸收，然后通过生物或地质过程以及人类活动干预，又以CO_2的形式返回到大气中。

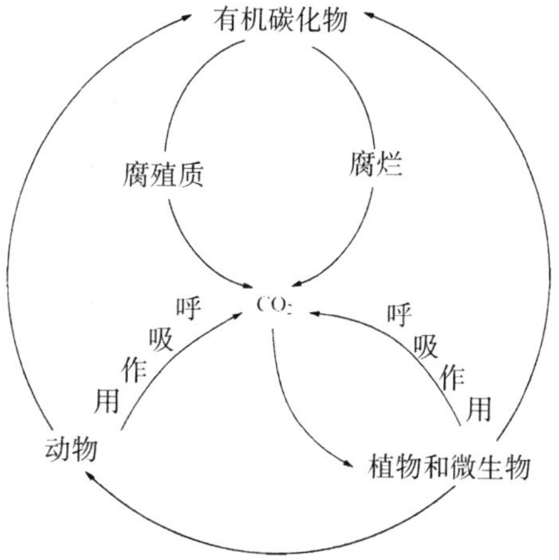

图3-2 碳循环示意图

(二)微生物在碳素循环中的作用

目前有关影响有机物分解的土壤微生物概念主要集中在细菌、放线菌和真菌三大类植食性的类群上。有机物的分解是在土壤微生物和土壤动物相互分工、相互促进情况下进行的。

1.有机物质的有氧分解

进入环境的含碳有机物与该处的微生物一接触，在有氧条件下这些有机物便成为好氧微生物的营养基质而被氧化分解。由于进入环境的有机物结构和性质不同，使该微生物区系的优势种组成随之相应地发生变化。如纤维素进入该处，则纤维素分解菌会大量增殖，当蛋白质类的基质大量进入环境时，就会促使氨化细菌占优势生长。

2.有机物质的无氧分解

当大量有机物进入环境时，由于好氧细菌的活动消耗大量氧气，造成局部的厌氧环境，使厌氧微生物取代了好氧微生物，而对有机物进行厌氧分解。无氧分解一般有三类微生物对多糖、蛋白质、脂肪等分解。复杂的有机物首先在发酵性细菌产生的水解酶作用下，分解成相应的有机物，即单糖、氨基酸、脂肪酸等简单的有机物，并被发酵细菌的细胞内酶分解转变为乙酸、丙酸、丁酸、乳酸等脂肪酸和乙醇等醇类，同时产生 H_2 和 CO_2。在有机物厌氧分解生成甲烷过程中第 2 类起重要作用的是产氢产乙酸细菌，它们把丙酸、丁酸等脂肪酸和醇类等转变为乙酸。第 3 类微生物是产甲烷细菌，它们分别按以下两种途径之一生成甲烷：其一是在 CO_2 存在下，利用 H_2 生成甲烷；其二是利用乙酸生成甲烷。

（三）淀粉和糖的分解

能分解淀粉的微生物种类很多，包括各种细菌、放线菌和真菌。淀粉分解有两种方式：一种是在磷酸化酶的作用下，将淀粉中的葡萄糖分子一个一个地分解下来；另一种是在淀粉酶的作用下先水解为糊精，再水解为麦芽糖，在麦芽糖酶作用下最终生成葡萄糖。前一种方式可能是微生物分解利用淀粉的普遍方式；后一种可能是水解淀粉能力特别强的微生物所特有的方式。微生物分解淀粉为葡萄糖后，通过需氧呼吸或厌氧发酵，释出能量，其间产生的一些中间产物在同化过程中合成微生物的细胞物质。

（四）纤维素的分解

纤维素是地球上最丰富的可再生的物质（biomass）资源，它占植物干重的 35%～50%，是地球上分布最广、含量最丰富的碳水化合物，它的降解是自然界碳素循环的中心环节。纤维素分子是由葡萄糖分子通过 β-1，4 糖苷键连接而成的链状高分子聚合物，基本重复单位是纤维二糖。

在对纤维素降解过程的研究中，发现有两种酶对纤维素降解起关键作用：一种是内切葡聚糖苷酶，该酶同时具有纤维外切酶和纤维内切酶 2 种酶活性，是纤维素骨架结构水解过程中的主要催化剂；另一种是纤维素液化酶，是一种低分子量的蛋白酶，在纤维素降解的起始过程中发挥关键作用。

能够降解纤维素的微生物包括真菌、放线菌和细菌。

通常把降解纤维素的细菌分为三大类。第一类是厌氧纤维素降解细菌，主要包括中温性细菌、嗜热厌氧细菌、瘤胃纤维素降解细菌。嗜热厌氧细菌包括两种，一种是属于芽孢梭菌属(*Clostridium*)和高温厌氧杆菌属(*Thermoanaerobacter*)，包括热纤梭菌、嗜热堆肥梭菌、产黄纤维素梭菌、约氏梭菌、嗜热溶纸梭菌、嗜纤维梭菌、热粪生热厌氧杆菌即热粪生梭菌；另一种是属于热解纤维素菌属(*Caldicellulosiruptor*)，包括解糖热解纤维素菌、产乳酸乙酸热解纤维素菌、克氏热解纤维素梭菌。第二类是好氧性纤维素降解细菌，有食纤维菌属、生孢食纤维菌属，黏细菌类中的黏球菌属、堆囊黏菌属，纤维单孢菌属中一些菌种如产黄纤维单孢菌、强壮纤维单孢菌、黄单孢菌，镰状纤维菌属、纤维弧菌属，也包括一些无芽孢杆菌、芽孢杆菌和梭菌。第三类是嗜碱性纤维素降解细菌，主要是芽孢杆菌(*Bacillus*)的一些菌株。

很多细菌产纤维素酶，目前研究较多的是纤维黏菌属、生孢纤维黏菌属、纤维杆菌和芽孢杆菌属，代表菌种有热纤梭菌(*Clostridium thermocellum*)、嗜酸纤维分解菌(*Acidathermus cellulolyticus*)、粪碱纤维单孢菌(*Cellulomonas fimi*)、荧光假单孢菌纤维素亚种(*Pseudomonas fluorescens subsp*)、褐色热单孢菌(*Thermomonospora fusca*)等。细菌纤维素酶多数结合在细胞膜上，菌体细胞需吸附在纤维素上才能起作用。尽管许多纤维素降解细菌，特别是厌氧菌，如热纤梭菌(*C.thermocellum*)和溶纤维素拟杆菌(*Bacteroidescellulosolvens*)产生的纤维素酶的比活力较高，但总产酶活力并不高。由于厌氧细菌生长速率非常低，并要求厌氧生长条件，就应用而言，纤维素酶的许多生产和研究就集中在真菌上。

常见的可降解纤维素的真菌中，对纤维素分解作用较强的多是木霉属(*Trichoderma*)、曲霉属(*Aspergillus*)、青霉属(*Penicillium*)和枝顶孢霉属(*Acremonium*)的菌株。

常见的可降解纤维素的放线菌有以下种类：链霉菌属(*Streptomyces*)，高温放线菌属(*Thermoactinomycete*)和弯曲热单孢菌(*Thermomonospore curvata*)等。目前研究较多的是真菌和细菌，对放线菌研究得较少。因细菌产生的纤维素酶的量较少，主要为内切酶，多数不能分泌到细菌细胞外，所以工业上很少采用细菌作为酶的生产菌种。

(五)果胶物质的分解

果胶物质是以半乳糖醛酸为主组成的高分子化合物，存在于植物细胞壁和间层中，占干物质的15%～30%。一些微生物具有果胶酶系，能分泌原果胶酶，将植物组织细胞间的原果胶水解成可溶性果胶和多缩戊糖，使各个细胞分离，可溶性果胶再经果胶甲基酯酶水解成果胶酸，最后由多缩半乳糖酶水解成半乳糖醛酸，可被多种微生物利用作为碳源和能源。在有氧条件下最终氧化为 CO_2 和水，在缺氧条件下则进行丁酸发酵。

分解果胶的需氧性细菌有枯草芽孢杆菌、多黏芽孢杆菌和浸麻芽孢杆菌及不生芽孢的软腐欧文菌等，厌氧性的主要有费新尼亚梭菌（*Clostridium felsineum*）。分解果胶的真菌种类也很多，常见的有青霉、木霉、根霉、毛霉等。也有一些放线菌在草堆和林地落叶层中进行果胶物质的需氧性分解。麻类脱胶采取水浸或露浸方式，水浸利用厌氧性细菌的果胶分解作用；露浸是利用需氧性细菌、放线菌和真菌的分解果胶的作用，但它们对纤维素不具分解能力，从而使纤维能完好地保存和脱离出来。

（六）半纤维素的分解

半纤维素为植物细胞壁的另一主要成分，含有多缩戊糖和己糖以及多缩糖醛酸，在微生物产生的半纤维素酶类（多缩糖酶）的水解作用下，产生单糖和糖醛酸，在有氧呼吸或厌氧发酵中进一步分解。土壤微生物分解半纤维素的强度相当大，比分解纤维素快。能分解纤维系的微生物大多也能分解半纤维素，还有许多种微生物虽然不能分解纤维素，但能分解半纤维素。

（七）其它不含氮有机物质的分解

1.脂肪的分解

脂肪是甘油和脂肪酸形成的酯。分解脂肪的微生物都具有脂肪酶，水解脂肪为甘油和脂肪酸。甘油是己糖分解的中间产物，按己糖分解过程被进一步分解。微生物分解脂肪酸是比较缓慢的，在有氧条件下，主要是将脂肪酸分解成乙酸；在缺氧条件下，脂肪酸更难分解，主要被还原为烃类化合物。土壤中能分解脂肪的需氧性细菌有假单孢菌、色杆菌、无色杆菌、黄杆菌及芽孢杆菌属中的一些菌种；真菌中有曲霉、芽枝霉、青霉和粉孢属中的一些菌种；也有不少放线菌能分解脂肪。

2.烃类物质的氧化

各种烃类物质能被微生物氧化分解，如一些甲基营养菌能氧化甲烷，获取能量。除甲烷、乙烷、丙烷外，高级烃类也可被荧光假单孢菌、白色分枝杆菌和红色分枝杆菌等利用作为碳源和能源，而应用于石油脱蜡工艺中。

3. 木质素和其他芳香族化合物的分解

天然木质素是通过多种键合方式将其基本结构单元——苯基丙烷类化合物连接而成的一种水不溶性、无规则、高度分支的高分子聚合物，其复杂的化学结构和特殊的理化性质使其成为自然界所有天然产物中最难转化的物质之一。植物组织中的木质素通常与其他成分以嵌合体的形式存在，包围或黏合纤维素，使水分难以渗入，保护纤维素免遭微生物或酶的攻击。

此外，降解木质素能力较强的是放线菌类，包括链霉菌（*Streptomyces*）、节杆菌（*Arthrobacter*）、小单孢菌（*Micromonospora*）和诺卡菌（*Noca rdia*）等。放线菌对木质素的降解作用主要在于增加它的水溶性。由于放线菌能穿透木质纤维素等不溶基质，在中性、微碱性土壤或堆肥中，放线菌参与有机质的初始降解和腐殖化。其中属于链霉菌的丝状细菌降解木质素最高可达20%。

二、微生物与磷循环

自然界的磷库主要存在于土壤中，其循环主要在土壤、植物和微生物之间进行。土壤作为植物磷素的供给源，其供磷水平的高低影响着植物的生长发育。土壤中的磷，植物很难直接吸收利用，主要是以无机磷化合物和有机磷化合物两种形态存在，其中无机磷的形态主要是磷灰石，占全磷含量的30%～50%。

（一）磷素循环的基本过程

自然界磷素循环的基本过程是：岩石和土壤中的磷酸盐由于风化和淋溶作用进入河流，然后输入海洋并沉积于海底，直到地质活动使它们暴露于水面，再次参加循环。这一循环又称磷素地质大循环，需若干万年才能完成。在磷素地质大循环中，存在两个局部的小循环，即陆地生态系统的磷素循环和水生生态系统的磷素循环。陆地生态系统的磷素循环为：岩石的风化向土壤提供磷，植物通过根系从土壤中吸收磷酸盐，动物以植物为食物而得到磷，动植物死亡后，残体分解，磷又返回土壤。在未受人为干扰的陆地生态系统中，土壤和有机体之间几乎是一个封闭循环系统，磷的损失很少。水生生态系统的磷素循环为：一小部分陆地生态系统的磷，由于降雨冲洗等作用而进入河流、湖泊，最终归入海洋。在水生生态系统中，磷被藻类和水生植物吸收，然后通过食物链逐级传递。水生动植物死亡后，残体分解，磷再次进入循环。也有一部分磷沉积于深水底泥，从此退出生态循环，如图3-3所示。人类渔捞和鸟类捕食水生生物，则可使磷返回陆地生态系统，但数量较少。

（二）微生物解磷机制的研究

土壤有机磷主要有核酸、磷酸肌醇（植酸）和磷脂三大类。解磷微生物存在对有机磷的降解矿化作用，土壤中还有大量微生物能够溶解无机固定态磷，使其转化为可溶性磷。即解磷微生物存在对无机固定态磷的溶解作用。根据解磷菌作用对象的不同，可将解磷菌分为有机磷微生物（能够矿化有机磷化合物的微生物）和无机磷微生物（能够将植物难以吸收的无机磷酸盐转化为可直接吸收利用形态的可溶性磷的微生物）。

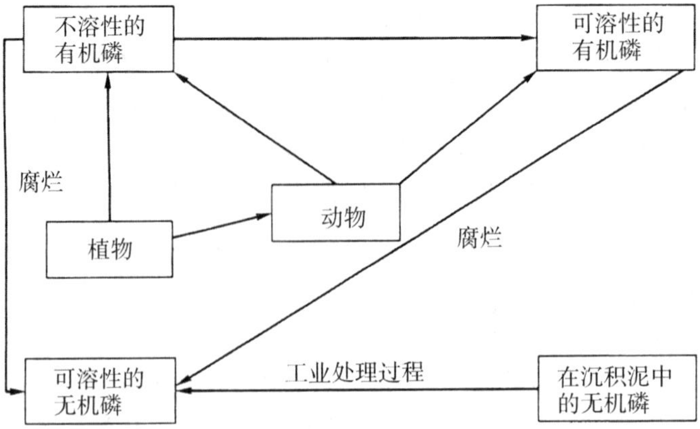

图 3-3 磷循环的基本过程

(三)磷素污染

在自然经济中,一方面从土地上收获农作物,另一方面把废物和排泄物送回土壤,磷的收支基本平衡。但商品经济发展后,不断把农作物和农牧产品运往城市,城市垃圾和人畜排泄物不能返回农田,致使农田磷含量逐渐减少。施用磷肥已成为补偿磷亏损的重要农业措施,部分磷肥可随农田排水进入水体,造成磷的面源污染。某些含磷丰富的工业废水和接纳含磷洗涤剂的城市生活污水,则造成磷的点源污染。含磷废水排入河流、湖泊或海湾,是湖泊发生富营养化和海湾出现赤潮的主要原因。

三、微生物与氮循环

氮(N)是所有生物必需的营养元素。作为蛋白质的主要成分,氮也是维持生物体结构组成和执行所有生物化学过程的基础。

(一)氮素循环的一般过程

自然界的氮素物质主要有三种形态:一是分子态氮,存在于大气中,数量大,约占空气总量的4/5;二是生物体中的蛋白质、核酸和其他有机氮化合物,以及由死亡的生物残体进入环境后转变成的各种有机氮化物;三是铵盐、硝酸盐等无机态氮化物。这三种形态的氮素物质在自然界不断地相互转化,进行着氮素循环。自然界的氮素循环包括五个转化过程,在这转化循环中微生物起着极其重要的作用,如图3-4所示。

土壤和水域中的氮循环是自然界氮素总循环的核心部分,由几个重要环节构成此循环;大气中的N_2通过某些原核生物的固氮作用和非生物的固定成为化合态氮;化合氮被植物和微生物的同化作用或固结作用转化为有机氮;有机氮经微生物氨化作用释放出氨;氨在有氧条件下经微生物的硝化作用氧化为硝酸，在无氧条件下，硝酸和亚硝酸经微生物的反硝化作用，最终变成 N_2 或 N_2O 返回至大气中，如此，氮素以分子态氮（N_2）、无机氮化合物和有机氮化合物三种形态存在。在微生物、植物和动物三者的协同作用下，这三种形式的氮素不断地相互转化，构成氮素循环。植物和微生物吸收铵盐、氮或硝酸盐，把它们同化为有机体的蛋白质、核酸等有机氮化物的过程，称为氮素同化或固定。

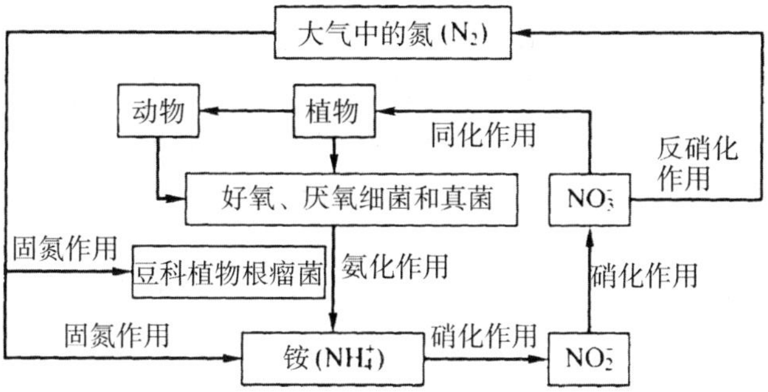

图 3－4　氮素循环的主要路径

（二）氨化作用

微生物分解含氮有机物（有机氮化合物）释放出氨的过程称为氨化作用或氮素矿化。这里的含氮有机物一般是指动、植物和微生物残体，以及它们的排泄物、代谢物中所含的有机氮化物。

1.蛋白质的分解

蛋白质是由氨基酸通过肽键连接起来的大分子化合物，只能在胞外蛋白酶作用下进行分解，生成小分子肽，然后进一步水解成氨基酸。微生物分解氨基酸的方式主要有脱氨作用❶和脱羧作用❷。氨基酸在体内以脱氨和脱羧两种基本方式继续被降解。

2.核酸的分解

各种生物细胞中均含有大量核酸，核酸是核苷酸的缩聚物。核酸的降解是连续的细胞外反应，在微生物产生的核酸酶类的作用下，将核酸水解成核苷酸，然后在核苷酸酶作用下分解成核苷和磷酸。核苷经核苷酶水解成嘌呤或嘧啶和核糖或脱氧核糖。嘌呤或嘧啶继续被分解，经脱氨作用产生氨。

❶脱氨作用是指氨基酸脱氨后形成的有机酸，可作为微生物生活的碳源物质，可被好氧氧化分解成 CO_2 和 H_2O，或被厌氧发酵生成低分子有机酸、醇或碳氢化物。

❷脱羧作用是指微生物（如腐败细菌和霉菌）的细胞内的氨基酸脱羧酶可以催化氨基酸脱羧，生成胺和 CO_2，而胺由胺氧化酶催化，生成醛并放出氨。

(三)硝化作用

参与硝化作用的微生物统称为硝酸细菌,由亚硝酸细菌和硝酸细菌这两类细菌组成。亚硝酸细菌和硝酸细菌都是绝对好氧的化能自养型微生物,从氧化 NH_3 和 HNO_2 中取得能量,以 CO_2 为碳源进行生活;它们都是革兰阴性菌,适宜在中性至偏碱性环境下生长;它们均属中温性微生物,最适温度为30 ℃,低于5 ℃或高于40 ℃时便不能活动。

与氨化作用的微生物相比,亚硝酸细菌与硝酸细菌对环境十分敏感。首先,它们需要严格的好氧环境,硝酸细菌对氧的要求比亚硝酸细菌更高。其次它们是严格的自养细菌,过高的有机物浓度会抑制它们的生长。但由于硝化作用需要铵盐作基质,因此自然环境中往往在含有一定量的有机质并能通过氨化作用产生较多铵盐的场合,硝化作用才比较旺盛。另外,这两类细菌对酸性环境很敏感,一般都在微碱性的环境中良好地生长。亚硝酸细菌生长的 pH 值范围为 7～9,硝酸细菌为 pH 值 5～8,当 pH$<$5 时硝化作用便全部停止。

在土壤环境中,硝酸盐比较容易被雨水冲刷或渗漏到各种水域,造成水体富营养化。这是由于土壤胶体颗粒一般带负电荷,很容易吸附 NH_4^+,而不容易吸附 NO_3^- 的缘故。而且硝酸盐在浸水条件下会发生反硝化作用而损失氮素。因此对农业土壤来说反硝化作用可能是一个不受欢迎的过程。

(四)反硝化作用

在厌氧条件下,环境中硝酸盐被还原成氮气或氧化亚氮(N_2 或 N_2O)的过程,称为反硝化作用,也称为脱氮作用。反硝化作用有硝酸还原成氨和硝酸还原成氮气两种情况。

1.硝酸还原成氨

大多数的微生物都能通过硝酸还原酶的作用,将硝酸还原为氨,再进一步合成为氨基酸、蛋白质和其他含氮大分子。

2.硝酸还原为氮气

在厌氧条件下,反硝化细菌将硝酸还原为氮气,故也称为脱氮作用。

能进行脱氮作用的微生物有自养的反硝化细菌,也有异养的反硝化细菌。自养的反硝化细菌如脱氮硫杆菌(*Thiobacillus denitrificans*),它能利用硝酸盐中的氧把硫氧化为硫酸,从中取得能量来同化 CO_2。

异养的脱氮细菌主要是一些兼性厌氧的假单孢菌属、色杆菌属(*Chromobacterium*)、微球菌属(*Micrococcus*)的一些种类。它们在好氧条件下进行好氧生活,而在厌氧条件下则利用硝酸盐中的氧来氧化有机底物,进行硝酸盐还原反应,生成 N_2。代表种类有:脱氮假单孢菌(*Pseudomonas denitrifi-*

cans)、施氏假单孢菌(*P.stutzeri*)、铜绿假单孢菌(*P.aeruginosa*)、紫色色杆菌(*Chromobacterium violaceum*)、脱氮微球菌(*Micrococcus denitrificans*)、蜡状芽孢杆菌(*Bacillus cereus*)等。

四、微生物与其他元素循环

(一)硫素循环

1.硫素循环的基本过程

硫是生物必需营养元素,是蛋白质、维生素、辅酶以及生物素等的组成元素。在自然界中的储量十分丰富,在自然界中,硫主要以元素硫、硫化氢、硫酸盐和有机硫化物四种形态存在,如图 3-5 所示。陆地和海洋植物从土壤和水中吸收硫。经过食物链的传递,成为动物硫化物。动植物死后,残体中的硫通过微生物的分解作用成为硫化氢。硫化氢被硫化微生物氧化为硫酸盐。后者则被硫酸盐还原菌还原为硫化氢。硫通常在 SO_4^{2-} 的 +6 价与 S^{2-} 的 -2 价之间变化。硫素的循环途径可以概括成:同化作用、分解作用、硫化作用、还原作用。

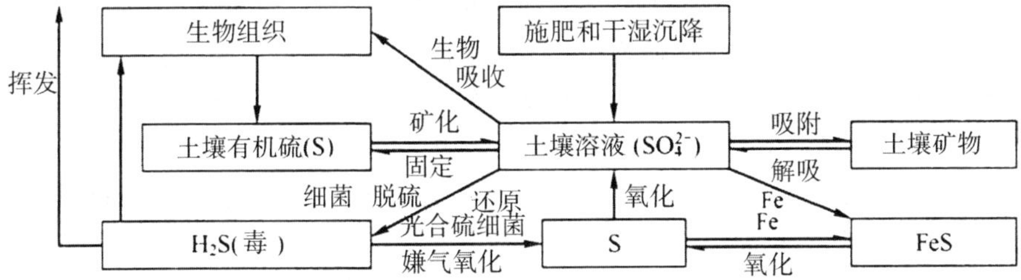

图 3-5 土壤硫的循环

2.微生物在硫素转化中的作用

土壤中各种形态硫的转化过程是一个微生物学过程。土壤微生物要利用硫的氧化获得能量,其中最主要的微生物是硫氧化芽孢杆菌属的细菌。虽然硫在各种有机物的分解过程中的机理尚未研究清楚,但是可以由以下几个作用来进行浅析:

(1)无机硫的同化作用。微生物利用硫酸盐和硫化氢,组成本身细胞物质的过程,称为硫的同化作用。大多数微生物都能像植物一样利用硫酸盐作为唯一硫源,把它转变成含硫氢基的蛋白质等有机物。只有少数微生物能同化硫化氢,大多数情况下,微生物先将元素硫和硫化氢吸收转变成硫酸盐,再固定到蛋白质等细胞物质中成为有机硫化物。

为什么多数微生物不直接吸收硫化物呢?原因有二:①硫化物有毒害作用。在细胞内,硫化物可与细胞色素中的金属反应,产生金属硫化物,毁灭细胞色素的活性；②硫酸盐适合生物利用。一方面，硫酸盐是环境中主要的有效硫源，易于获得；另一方面，在细胞内硫酸盐还原反应受到控制，硫化物边产生边同化，可保护细胞免受毒害。

(2)有机硫化物的分解作用。动植物和微生物尸体中的含硫有机物，被微生物降解成无机硫的生物过程，称为分解作用，也称脱硫作用(desulfuration)。在有氧的环境中，硫化氢可继续氧化成硫酸盐，供植物和微生物利用。在厌氧条件下，蛋白质腐解产生硫化氢和硫醇。逸入大气会产生恶臭；在土壤中积累会毒害植物根系。

(3)硫化作用。硫化氢、元素硫或硫化亚铁等进行氧化，最后生成硫酸的生物过程，称为硫化作用(sulphurication)。能进行硫化作用的细菌主要是硫细菌，可分为无色硫细菌和有色硫细菌。

1)无色硫细菌。无色硫细菌有硫杆菌属(*Thilbacillus*)的许多种、脱氮硫杆菌(*Thiobacillus denitrificans*)、氧化亚铁硫杆菌(*Thiobacillus ferrooxidans*)、氧化硫硫杆菌(*Thiobacillus thiooxidans*)、贝氏硫菌属(*Beggiatoa*)、发硫菌属(*Thiothrix*)、硫螺菌属(*Thiospira*)、硫化叶菌属(*Sulfolobus*)、卵硫菌属(*Thiovulum*)等。硫杆菌属的许多种是化能自养硫化菌，它们能氧化硫化氢、黄铁矿、元素硫等，形成硫酸，从而获取能量。大多数自养型硫化细菌都是严格好氧菌，但脱氮硫杆菌例外，它是兼性厌氧菌，能以硝酸盐取代氧作为电子受体。氧化亚铁硫杆菌既能氧化亚铁又耐强酸，可用于细菌冶金，矿物中回收稀有金属。氧化硫硫杆菌耐酸性极强，生长的最适 pH 值为 2。

2)有色硫细菌。有色硫细菌主要是指含有光合色素并利用光能营养的硫细菌，它们从光中获得能量，依靠体内含有特殊的光合色素，进行光合作用同化 CO_2。常见的有色菌科(*Chromatiaceae*)、绿菌科(*Chlorobiaceae*)、红罗菌科(*Rhodospirillaceae*)的球形红杆菌(*RhDdobacter spheroides*)和沼泽红杆菌(*R.palustris*)等。

(4)硫酸盐还原作用。在厌氧条件下微生物将硫酸盐还原为 H_2S 的过程称为硫酸盐还原作用，也称为反硫化作用。脱硫葱状菌(*Desufobulbus*)、脱硫肠状菌(*Desufotomaculum*)、脱硫球菌(*Desulfococcus*)、脱硫八叠球菌(*Desulfosarcina*)、脱硫弧菌(*Desulfovirio*)都是以硫酸盐作为电子受体的硫酸盐还原菌(SBR)，广泛分布于各种环境中。它们能够以氢气作为生长基质。最近发现，SBR 也能利用较复杂的有机物质(如芳香族化合物和长链脂肪酸)。人们正在密切关注 SBR 应用于污染环境原位修复的可能性，因为很多环境受芳香族化合物污染，这些环境常常缺氧，且充氧比较困难。

(二)铁锰钾等元素循环

铁锰钾等元素大多以离子状态存在于土壤溶液中。被生物吸收后，常以离子状态存在于细胞液中，或与有机物形成离子键。这些元素的氧化还原变化均受微生物作用的影响。

1.铁的转化

铁细菌能氧化亚铁化合物，从中取得能量，间接地促进了土壤中三价铁的还原。

2.锰的转化

土壤中的锰以可溶性的二价锰和不溶性的四价锰形式存在，锰的转化决定于微生物，在缺氧及酸性条件下常有利于锰的还原，在碱性条件下有利于锰的氧化。

3.钾的转化

土壤中钾以矿物态钾、缓效态钾、速效钾3种形态存在。矿物态钾存在于云母和长石等原生矿物中，植物难以利用，可在微生物作用下水解为次生矿物，并释放出可交换性钾。土壤中能被植物直接吸收的为水溶性钾和可交换性钾，有些细菌和真菌能够在培养基上分解硅铝酸盐矿物释放极少量钾素，包括芽孢杆菌、假单孢菌、曲霉、毛霉和青霉中一些产酸的菌种。

综上所述，在生态系统的物质循环中，微生物发挥着巨大的作用。一方面，绿色植物和自养微生物合成各种有机物，另一方面，自然界的有机物通过微生物的分解作用转变成无机物。由此，元素不断从非生命状态转变成有生命状态，然后再从有生命状态转变成非生命状态，如此循环，推动了自然界的物质循环。

第三节 微生物在污染土壤生态修复中的应用技术

一、微生物在有机污染土壤生态修复中的作用

(一)生态修复的概念

生态修复(ecological remediation)是指在生态学原理指导下，结合各种物理、化学以及工程技术措施，通过优化组合和技术再造，使之达到最佳效果和最低耗费的一种综合的修复污染环境的方法。

有机污染土壤生态修复研究主要是利用微生物的作用来降解大分子有机污染物来进行的。它们能够将复杂的碳氢分子降解成无毒无害的有机残渣。生态修复作为土壤污染治理技术发展过程中的一个里程碑，已得到世界各国环保部门的认可，逐渐成为土壤污染治理的主流技术。

(二)影响微生物降解土壤中有机污染物的主要因素

在微生物降解过程中,如果有一个基本环节受阻,微生物细胞将停止正常的功能,这种堵塞可能来自细胞结构的损伤或代谢产生的毒性物质对单一酶的竞争抑制。

1.污染物的性质

(1)污染物的溶解性。有机化合物在它们的溶解性上有很大不同,从可以无限混合的极性物质,比如甲醇,到极其低溶解性的非极性物质,比如多环芳烃。许多复杂的化学物质有很低的水溶解性。对于微生物来说能利用一种化合物的能力暗示了该化合物的生物可降解性。易溶于水的化合物一般有更多可以获得的降解酶。例如,是顺式二氯乙烯优先降解于反式二氯乙烯,这可能由于顺式比反式有更多的极性,因而有更大的水溶性。表面活性剂能增加溶解性,就增加了化合物的降解性。一般来说,多环芳烃的降解次序与它们的水溶性相关,而且环越多越难降解。四环降解难于二环和三环的。土壤环境中污染物由于与土壤颗粒相互作用,生物有效性下降,被称为锁定(sequestration)。锁定造成了修复的不完全,总有一部分污染物持久性残留(persistent residue)不能消除,成为微生物修复技术面临的最大挑战。

(2)污染物的结构。烃类化合物一般是链烃比环烃易降解,不饱和烃比饱和烃易降解,直链烃比支链烃易降解。碳原子上的氢都被烷基或芳基取代时,会形成生物阻抗物质。官能团的性质和数量对有机化合物的生物降解性影响很大。

2.污染物浓度

在生态修复过程中,土壤中污染物的浓度对微生物降解能力有一定制约。当污染物浓度过高时,土壤的孔隙则会被堵塞,导致植物呼吸受到抑制,同时也会使大量的土壤结构发生改变,从而导致生物的降解能力也下降。当污染物浓度过低时,生物修复也很难顺利进行。这是因为污染物将微生物隔离,导致降解率下降或产生零降解,甚至不利于微生物的生长繁殖。

(三)微生物与有机污染土壤生态修复

1.微生物与石油污染土壤生态修复

石油含有大量的碳(83%～87%)、氢(11%～14%)元素,也含有硫(0.06%～0.8%)、氮(0.02%～1.7%)、氧(0.08%～1.82%)及微量金属元素(镍、钒、铁等)。土壤中分布着很多可以降解石油的微生物,它们能够适应环境,并进行选择性富集和发生遗传改变,这样就可以使它们的编码基因的质粒数发生改变。到目前为止,已查知石油降解细菌群数最多的是假单孢菌属(*Pseudomonas*)、节杆菌(*Arthrobacter*)和产碱杆菌属(*Alcaligenes*)。

2.微生物与多环芳烃污染土壤生态修复

多环芳烃(Polycyclic Aromatic Hydrocarbons,PAHs)是由2个或2个以上苯环以线状、角状或簇状排列组合成的一类稠环化合物。由于环境中PAHs分布的广泛性,能够降解它的微生物也是广泛存在的。一般来说,随着PAHs苯环数的增加,其微生物可降解性越来越低。许多细菌、真菌和藻类等都具有降解PAHs的能力。PAHs水溶性差、蒸气压小、辛醇—水分配系数高、稳定性强,因此容易吸附于土壤颗粒上和积累于生物体内。

3.微生物与多氯联苯污染土壤生态修复

(1)多氯联苯简介。多氯联苯(Polychlorinated Biphenyls,PCBs),又称多氯联二苯,是许多含氯数不同的联苯含氯化合物的统称。在多氯联苯中,部分苯环上的氢原子被氯原子置换,一般式为 $C_{12}H_nCl_{(10-n)}$ $(0\leqslant n\leqslant 9)$。依氯原子的个数及位置不同,多氯联苯共有209种异构体存在。多氯联苯属于致癌物质,容易累积在脂肪组织,造成脑部、皮肤及内脏的疾病,并影响神经、生殖及免疫系统。

(2)土壤中降解PCBs的微生物。自从1973年Ahmed和Focht筛选出2株能降解卤代联苯的无色杆菌(*Achromobacter*)以来,至今已分离出多种能够降解PCBs的细菌菌株。其中根瘤菌作为一种特殊菌种,在环境中具有2种存在状态,即游离态和共生态,引起了广大研究者的兴趣。Damaj等发现,游离态的根瘤菌能够耐受并且转化PCBs。随后Mehmannavaz等发现与紫花苜蓿共生状态下的根瘤菌可以在一定程度下促进植物对PCBs污染土壤的修复。

4.微生物与农药污染土壤生态修复

已经报道的能降解农药的微生物有细菌、真菌、放线菌、藻类等,大部分都来自于土壤微生物。

(1)细菌。能降解农药的细菌种类很多,例如假单孢菌属、产碱杆菌属、黄杆菌属、链球菌属、短杆菌属、硫杆菌属、八叠球菌属等。下面具体介绍两种最常见的菌属。

假单孢菌属能降解草甘膦、DDT、莠去津、甲拌磷、甲胺磷、甲基对硫磷、2,4-D、西马津等。史延茂等从受农药污染的土壤中筛选得到的一株假单孢菌,甲胺磷生长的最适条件为pH值6.7、温度30℃、浓度1 000 mg/L。在有碳源的条件下培养一周,对1 000 mg/L的甲胺磷降解率可以到达70%。李学东等从长期使用咪唑烟酸的非耕地土壤中,分离出两株高效降解菌ZJX-5和ZJX-9,经鉴定分别为荧光假单孢菌Ⅱ型(*Pseudomonas fluorescenes biotype* Ⅱ)和蜡状芽孢杆菌(*Bacillus cereus*),其中对咪唑烟酸的降解率分别为59.5%和68%。

芽孢杆菌属降解的农药类型有莠去津、灭草隆、利谷隆、呋喃丹、咪唑烟酸、对硫磷、艾氏剂等。李宝明等从营口农药厂排污口、药厂周围受污染土壤及未受污染农田分别采集活性污泥和土样，分离到一种能降解阿特拉津的菌株，为芽孢杆菌（*Bacillus sp.*），其降解率为 62.7%。

(2)真菌。降解农药的真菌有曲霉属、青霉属、根霉属、镰刀菌属、交链菌属、头孢菌属、毛霉属、胶霉属、链孢霉属、根霉菌属等。

付文祥等从受过有机磷农药污染的污泥中分离到一株降解敌敌畏的真菌。经初步鉴定为木霉属，并命名为木霉 FM10。该菌对敌敌畏的降解是同葡萄糖以共代谢方式进行的，其降解率为 92.5%。郑永良等从受草甘膦污染严重的土壤中富集、筛选并分离到 2 株真菌，结果表明，该两种真菌均能以草甘膦作为唯一的碳源和氮源生长，在基础培养基中，30 ℃、150 r/min 条件下，6 天内对浓度为 200 mg/L 草甘膦的降解率分别为 85%和 91%，两株真菌在草甘膦浓度为 400～600 mg/L 时生长较好。以上都说明真菌在农药污染土壤的修复中起重要作用。

(3)放线菌。放线菌作为土壤中一大类微生物，所发现的降解微生物较少。放线菌降解农药的有链霉菌素、诺卡菌属、放线菌属、高温放线菌属等。

二、微生物在重金属污染土壤生态修复中的作用

土壤重金属污染是指由于人类活动将重金属加入到土壤中，致使土壤中重金属含量明显高于其自然背景含量，并造成生态破坏和环境质量恶化的现象。通常所指的重金属元素指相对密度大于 5 的金属，包括镉(Cd)、铜(Cu)、铅(Pb)、锌(Zn)、铬(Cr)、汞(Hg)等，砷(As)属于非金属，但其毒性及某些性质与重金属相似，所以通常也将其列入重金属污染物范围。重金属在人体中累积达到一定程度，会造成慢性中毒。重金属污染土壤的生态修复主要是利用植物或土壤中天然的微生物资源削减、净化土壤中重金属或降低重金属毒性，从而使污染物的浓度降低到可接受的水平，或将有毒有害的污染物转化为无害的物质，也包括将污染物稳定化，以减少其向周边环境的扩散。

(一)微生物强化重金属植物修复

1.根际微生物对重金属生物有效性的影响

根际微生物是在植物根系直接影响其生长繁殖土壤范围内的微生物。微生物大量聚集在根系周围，将有机物转变为无机物，为植物提供有效的养料；同时，微生物还能分泌维生素，生长刺激素等，促进植物生长。

2.根际微生物对修复植物吸收重金属能力的影响

(1)根际促生菌对植物吸收重金属的影响。根际促生菌（*Plant Growth*

Promoting Rhizobacteria，PGPR）是一类生活在植物根际能够促进植物生长的有益细菌。促进植物生长的 PGPR 也能通过多种机制的协同来促进植物的生长和提高重金属在植物中的积累。加拿大滑铁卢大学的科研人员在研究重金属等类型污染土壤对修复植物的胁迫作用时发现，接种具有 1 -氨基环丙烷- 1 -羧酸（1 - Aminocyclopropane - 1 - carboxylic Acid，ACC）脱氨酶活性的 PGPR 可以促进修复植物的种子发芽、缓解逆境胁迫、促进植物生长从而提高植物修复的效率，特别是用于对污染物具有耐受的植物上时，效果更加明显。Belimov 等的研究发现具有 ACC 脱氨酶活性细菌可以缓解重金属胁迫对植物的伤害，从而提高其对重金属的修复效率。某些 PGPR 还可以产生吲哚乙酸（IAA）等植物激素、促进磷酸盐溶解等方式参与植物对重金属的吸收活动。例如，Zaidis，在利用印度芥菜（Brassicajuncea）修复重金属 Ni 污染土壤时，通过接种具有溶磷、产吲哚乙酸能力的 Bacillus subtilis SJ2101 使 B. juncea 拥有更长的根茎和更大的生物量，体内 Ni 的浓度也增加了 1.5 倍，大大提高了植物修复效率。

（2）丛枝菌根真菌对植物吸收重金属的影响。丛枝菌根（*Arbuscular Mycorrhiza*，AM）真菌是由于部分真菌不在根内产生泡囊，但都形成丛枝，故简称丛枝菌根真菌。AM 真菌广泛分布于各种重金属污染土壤中，无论是单一重金属污染还是复合污染，AM 真菌都可广泛存在，这反映了 AM 真菌对重金属污染具有一定的抗性。目前，利用超累积植物进行污染重金属土壤的植物修复，已引起了国内外学者的广泛兴趣。

AM 真菌对重金属污染条件下植物生长及对植物吸收和转运重金属的影响不确定，受到以下多种因素的制约。

1）重金属元素的种类和浓度。不同重金属的化学性质存在很大差异，在土壤中的化学行为和生物毒性明显不同。例如，低浓度重金属下菌根植物体内 Zn 或 Pb 的浓度比非菌根植物相对高些，然而，重金属浓度较高时接种 G.mosseae的植物体内金属浓度要低于相应的对照。Joner 和 Leyval 报道 G.mosseae的菌丝能从 Cd 污染土壤中吸收 Cd，但是 Cd 从真菌进入植物却受到了限制，但在 Cd 浓度高时，却不存在这种限制作用。

2）植物的种类、生态型和基因型。在重金属污染土壤中，苜蓿接种 AM 真菌后体内 Zn、Cd、Ni 的含量降低，重金属向地上部分的转移量增加，但对生物量没有明显影响，且 AM 真菌能显著促进燕麦的生长，虽然燕麦体内重金属含量很高，但重金属从地下向地上的转运受到了抑制。

3）AM 真菌的种类。不同 AM 真菌对重金属的耐性不同，污染土壤中分离出来的菌种（菌株）比未污染土壤中的菌种（菌株）对重金属的抗性更强。分离自重金属污染土壤的土著 AM 真菌增加了三叶草根中 Cd、Zn 的浓度，但是其地上部分重金属浓度和生物量没有受到影响，而耐性菌株 G.mosseae P2 抑制了植物生长，且植物体内的 Cd 浓度略有增加。

(二)微生物对重金属的转化

1.甲基化作用

研究表明许多真菌、酵母和细菌能够通过甲基化将无机砷转化为毒性较低的甲基砷酸(Monomethylarsonic Acid，MMAA)、二甲基砷酸(Dimethylarsenic Acid，DMAA)和三甲基砷氧化物(Trimethylarsenic Oxides，TMAO)，有的甚至可以将无机砷转化为具有挥发性的甲基化产物，如一甲基砷(Monomethyl Arsenic，MMA)、二甲基砷(Dimethylarsenic，DMA)和三甲基砷(Trimethylarsenic，TMA)。

2.氧化还原作用

氧化还原作用在重金属生态修复中的作用是把重金属从毒性较高的价态转变成为毒性较低的价态，从而解除了重金属的毒性。土壤中的一些重金属元素通常以两种价态存在，以高价态存在时，溶解度通常较小，不易迁移；以低价离子形态存在时溶解度较大，易迁移。微生物能氧化土壤中的多种重金属元素，微生物的氧化作用可以使这些重金属元素的活性降低。例如，某些自养细菌如硫铁杆菌类能氧化 As^{3+}、Fe^{2+}、Mn^{4+} 等，通过氧化作用使这些金属离子的活性降低。有些金属离子如 Mn^{2+} 和 Sn^{3+} 的生物毒性分别比 Mn^{4+} 和 Sn^{4+} 大。有些微生物能够氧化 Mn^{2+} 和 Sn^{3+}，使之成为毒性较小的 Mn^{4+} 和 Sn^{4+}。自然界中还有些微生物可以将高毒的 Cr^{6+} 还原成为低毒的 Cr^{3+}，从而达到解毒的作用。另外，自然界中有很多微生物。例如，大肠杆菌、假单孢菌、芽孢杆菌等，可以把高毒性的 Hg^{2+} 还原成为低毒的 HgO，形成沉积或挥发到大气中。

三、微生物在海滨盐土生态修复中的应用

盐碱土是土壤中含可溶性盐分过多的盐土和含代换钠较多的碱土的统称。盐土的形成主要是可溶性盐类在土壤表层的重新分配，而盐分在地表层的迁移和积聚是在一定环境下形成的。如今，由于人口膨胀、土地退化，促使人们将注意力放在盐碱荒地的开发利用上。

(一)解磷菌剂在海滨盐土生态修复工程中的应用

解磷微生物在土壤磷循环相关的生物学系统担任着重要的角色，对提高土壤有效磷含量和促进植物生长有不可忽视的作用。它可以将难溶性磷转化为植物可以吸收利用的可溶性磷，提高磷肥利用率，尤其是在植物根际部分解磷对微生物还起到一定程度的促生作用。将解磷微生物产品作为肥料

投入到农业生产中去，不仅有助于农产品增收，而且利于减少磷肥的投入、改善土壤磷素循环并促进农业的可持续发展。

（二）解磷菌剂在海滨盐土生态修复的案例分析

供试作物：蓖麻，品种为云蓖和淄蓖；海滨锦葵。

供试菌种与菌剂：①AM菌根菌[包括摩西球囊霉（*Glomus mosseae*）、透光球囊霉（*Glomus diaphanum*）、幼套球囊霉（*Glomus etunicatum*）和苏格兰球囊霉（*Glomus caledoniun*）]；②毛霉[为该实验室研究发现的在盐土互花米草群中一种特有的优势真菌种群，该菌为白色絮状，生长快，菌丝发达，现初步鉴定为被孢霉属（*Mortierella* sp.）真菌的一种，如图3-6所示]。

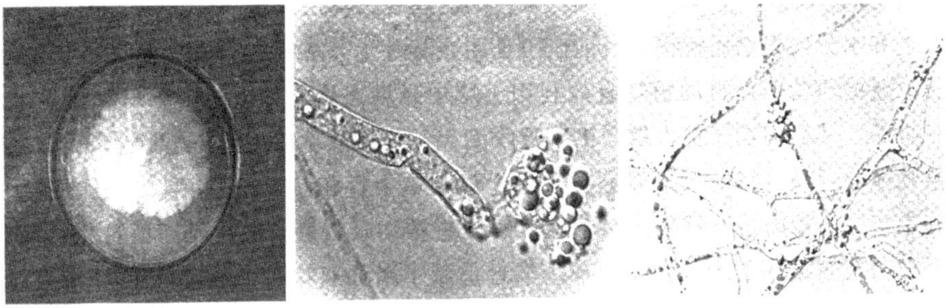

(a)　　(b)　　(c)

图3-6　毛霉菌的菌落和孢子

(a)菌落形态；(b)孢霉孢子；(c)厚垣孢子

1.试验设计方案

采用大田试验进行研究，设4个处理：①对照（CK）；②接种AM菌剂（AM）[20 g（含菌量约为2.12×10^8个/g）]；③接种AM菌与毛霉的混合菌剂（AM＋Mo）[AM菌剂20 g（含菌量约为2.12×10^8个/g）和毛霉菌剂20 mL（含菌量约为6.7×10^8个/mL）]；④接种毛霉菌剂（Mo）[20 mL（含菌量约为6.7×10^8个/mL）]。每个处理3次重复。

（1）制作营养钵。

1）制作苗床。选择靠近种植区的土质肥沃、排水良好的田块，建立1.3 m×7.5 m规格的苗床。

2）制作解磷菌剂营养钵基质。将苗床分成3部分，分别施加AM解磷菌剂、AM和毛霉的混合菌剂以及毛霉菌剂。最终保证饼肥的添加量为每亩1.5～2kg，AM菌剂的添加量为每个营养钵20 g，含菌量约为2.12×10^8个/g，混合菌剂添加量为每个营养钵20 g AM菌剂，20 mL毛霉菌剂，毛霉菌剂的添加量为每个营养钵20 mL，含菌量约为6.7×10^8个/mL。

3）制钵机制钵。用口径8 cm、深12 cm的制钵机制钵，共1 600个营养钵。

(2)播种和覆膜。

将种子放在适当温度下催芽，待大部分种子种皮开始裂开露白时将其播种于营养钵中，每钵粒数视种子大小等情况而定，蓖麻每钵 2 ～ 3 粒，锦葵每钵 8 ～ 10 粒。浇足水分，以 10min 内不再渗漏为标准。然后盖一层细土，以 1.5 ～ 2.0 cm 为宜。喷施 200～250 倍除草净防治苗床杂草。出苗后，架到高度 20～30 cm 的竹架上。从出苗到幼苗长到 2 片真叶阶段，将温度控制在 25～30 ℃，有利于发根和促进叶片生长。

(3)移苗。

做好播后管理，在移栽前一星期要炼苗，使幼苗生长逐渐适应大气温度，由日揭夜盖，过渡到日揭夜露。最后将幼苗移栽至大田。小区试验分布示意图如图 3 - 7 所示。

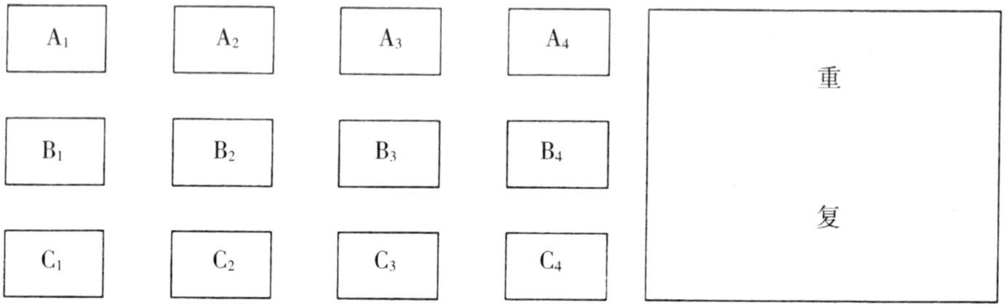

图 3 - 7　试验小区示意图

注：图中，A 代表云蓖；B 代表淄蓖；C 代表锦葵；下标 1 代表 AM，2 代表混合，3 代表毛霉，4 代表 CK。

2.结果与分析

(1)不同时期解磷菌剂对土壤有效磷含量及海滨锦葵生长的影响。

1)不同时期解磷菌剂对种植海滨锦葵的营养钵土壤有效磷含量的影响。从不同月份上看表现为 5 月份含量最高，这可能是由于苗期营养钵土壤的养分含量充足，解磷菌剂在添加初期活性强从而表现出极高的解磷能力。对于施加混合菌剂处理来说，6、7 月份土壤有效磷含量基本保持不变，而 8 月份则有所增加，较 6、7 月份的平均值 34.71 mg/kg 增加了 14.64%，如图 3 - 8 所示。

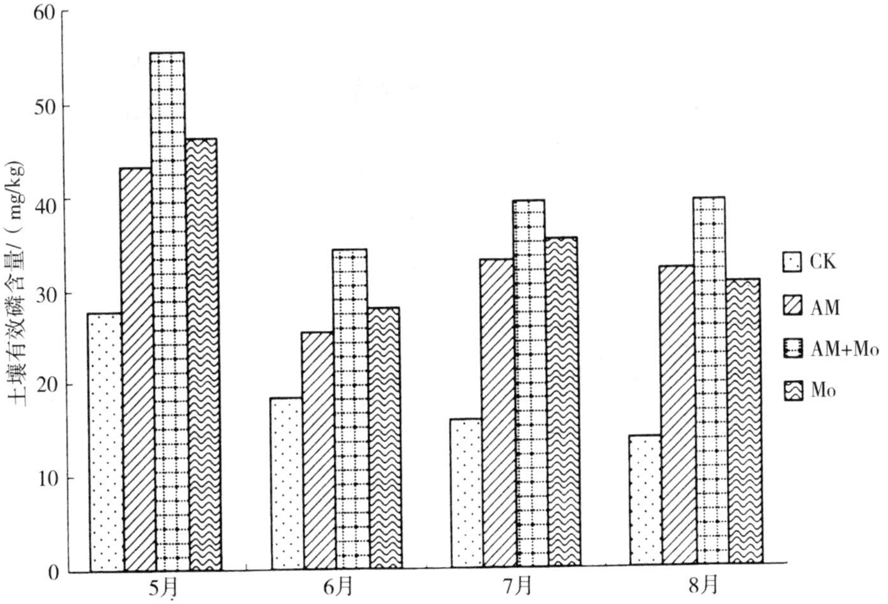

图 3-8 解磷菌剂对种植海滨锦葵的营养钵土壤有效磷含量的影响

2)不同时期解磷菌剂对海滨锦葵鲜质量的影响。海滨锦葵是锦葵科[*Kosteletzkya virginica*],海滨锦葵属多年生草本耐盐经济植物,具有发达的宿根。海滨锦葵的粗蛋白在25.48%左右,钙和钾的含量很高,而钠的含量则很低(12～15 mg/100 mg)。海滨锦葵集油料、饲料、医药和观赏价值于一身。可见,海滨锦葵植株产量、生物量的提高具有重要的实践意义。

施加解磷菌剂的三个处理对于鲜质量的增产作用也各有不同。不同月份,不同处理下,海滨锦葵鲜质量的增速存在较大差别,表现为7月份混合菌剂效果最为明显,而8月份毛霉菌剂的作用最好,但是综合横向比较即同一月份的生长情况来看,仍表现为混合菌剂对于海滨锦葵鲜质量的增加作用最为显著,如图3-9所示。

(2)不同时期解磷菌剂对海滨锦葵叶片磷含量的影响。施加混合菌剂对叶片磷含量提高的促进作用极显著地优于单施两种菌剂,而单施AM菌剂又极显著地优于单施毛霉菌剂。纵向比较可发现解磷菌剂促进海滨锦葵叶片磷含量提高的速度先快后慢,具体为:施加混合菌剂后相邻月份间的叶片磷含量依次增加了64.32%、12.88%。单施AM菌剂后相邻月份间的叶片磷含量依次提高了47.99%、12.24%,单施毛霉菌剂后相邻月份间的叶片磷含量依次提高231.4%、10.06%。这可能与海滨锦葵本身的生理机制有关,也可能与环境影响下致使解磷菌剂在植物不同生长期的活性不同有关,如图3-10所示。

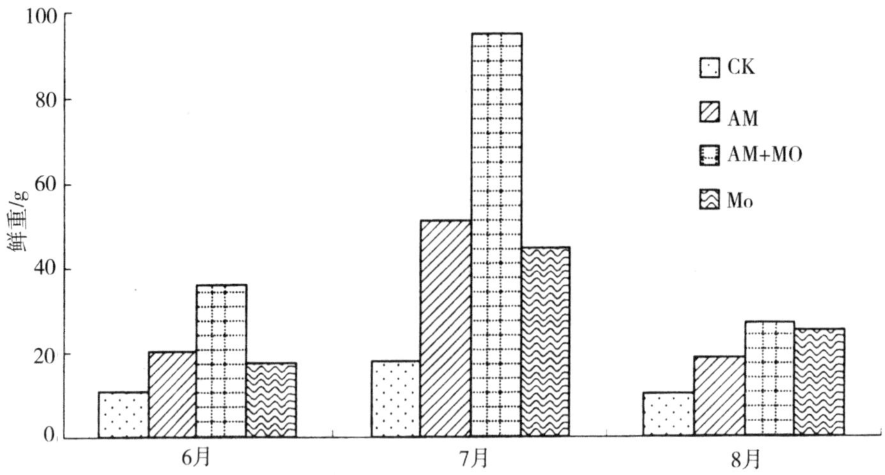

图 3-9　不同时期解磷菌剂对海滨锦葵鲜质量的影响

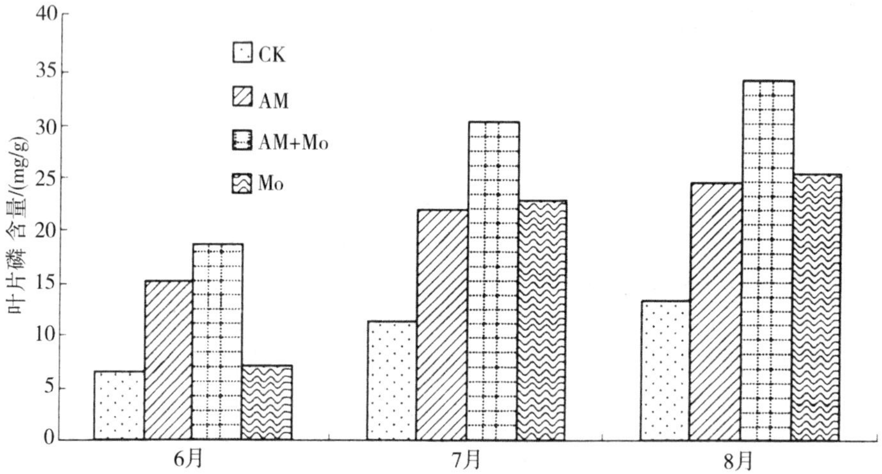

图 3-10　不同时期解磷菌剂对海滨锦葵叶片磷含量的影响

(3)不同时期解磷菌剂对土壤有效磷含量及云蓖生长的影响。

1)不同时期解磷菌剂对种植云蓖的营养钵土壤有效磷含量的影响。接种解磷菌剂的三个处理间的解磷效果不尽相同,土壤有效磷含量有不同程度的提高。云蓖根际土壤中磷含量是一定的,有效磷含量不可能无限制地永远上升下去,故而在10月份,土壤有效磷含量下降是正常的。观察CK可很容易地看出,土壤有效磷含量在不断下降,由此可见,解磷菌剂的解磷效果是不可忽视的,如图3-11所示。

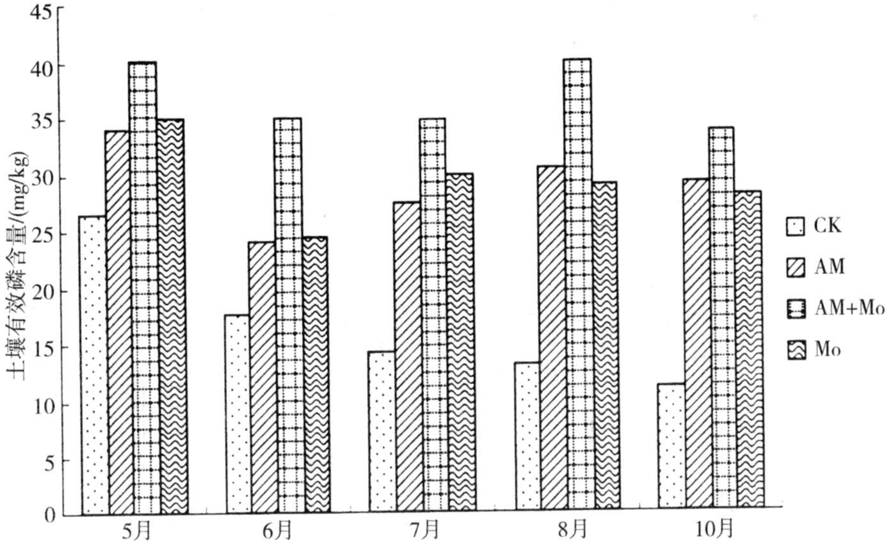

图 3-11　解磷菌剂对种植云蓖的营养钵土壤有效磷含量的影响

2)不同时期解磷菌剂对云蓖鲜质量的影响。蓖麻(*Ricinus communis*)是大戟科蓖麻属一年生或多年生草本植物。蓖麻植株产量、生物量等的提高具有重要的实践意义。蓖麻的株高、茎粗、叶绿素含量以及叶片磷含量均可作为表征蓖麻生长情况的重要指标。本试验选用了云蓖和淄蓖两个品种进行研究。

施加解磷菌剂后,云蓖的鲜质量较 CK 而言有了极其显著的提高,混合菌剂施用效果最佳,单施毛霉菌剂次之,单施 AM 菌剂相对而言最差,但三者较 CK 而言均极显著地提高了云蓖植株的鲜质量,如图 3-12 所示。

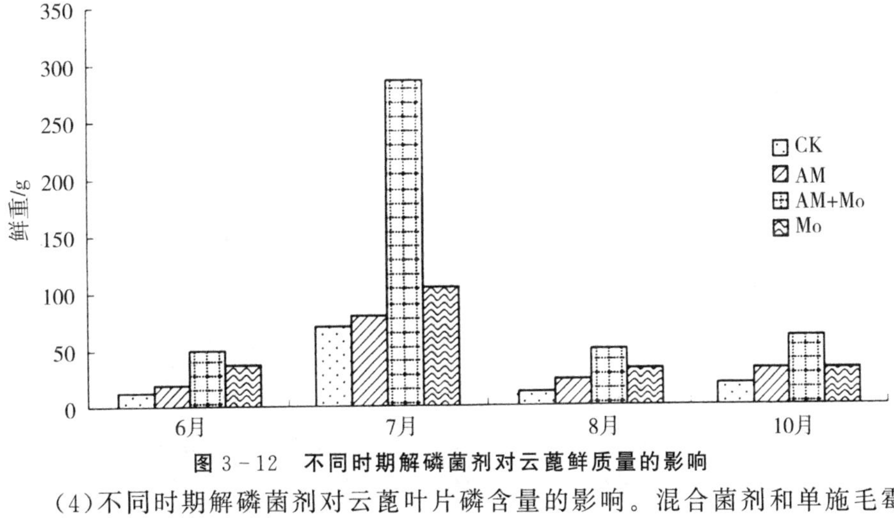

图 3-12　不同时期解磷菌剂对云蓖鲜质量的影响

(4)不同时期解磷菌剂对云蓖叶片磷含量的影响。混合菌剂和单施毛霉菌剂对于云蓖叶片磷含量的提高发挥了相当明显的作用,总体而言仍为混合菌剂效果最好，单施 AM 菌剂对于叶片磷含量则无显著影响，如图 3－13 所示。

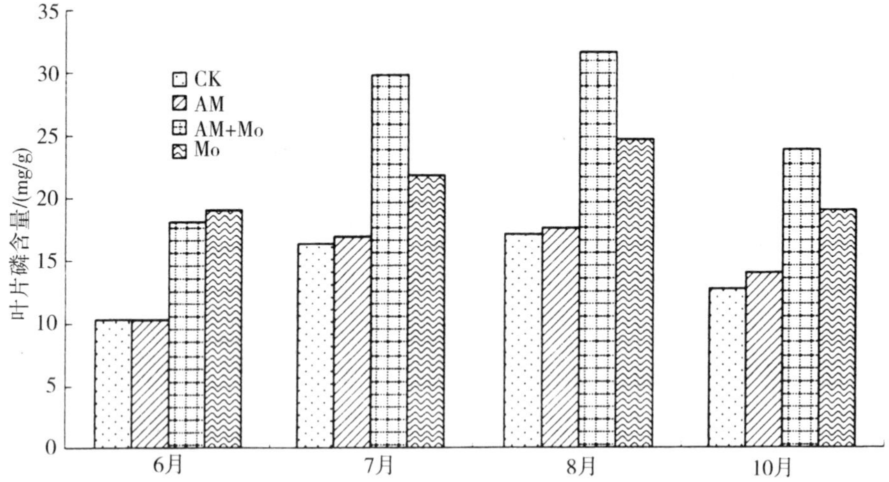

图 3－13　不同时期解磷菌剂对云蓖叶片磷含量的影响

(5)不同时期解磷菌剂对土壤有效磷含量及淄蓖生长的影响。

1)不同时期解磷菌剂对种植淄蓖的营养钵土壤有效磷含量的影响。土壤有效磷含量的增加程度因接种菌剂的不同而不同，增加顺序为：接种混合菌剂＞单独接种毛霉菌剂＞接种 AM 菌剂，且差异均达极显著水平。施加解磷菌剂后，土壤中的有效磷含量随着时间而发生变化，变化趋势与云蓖土壤一致，如图 3－14 所示。

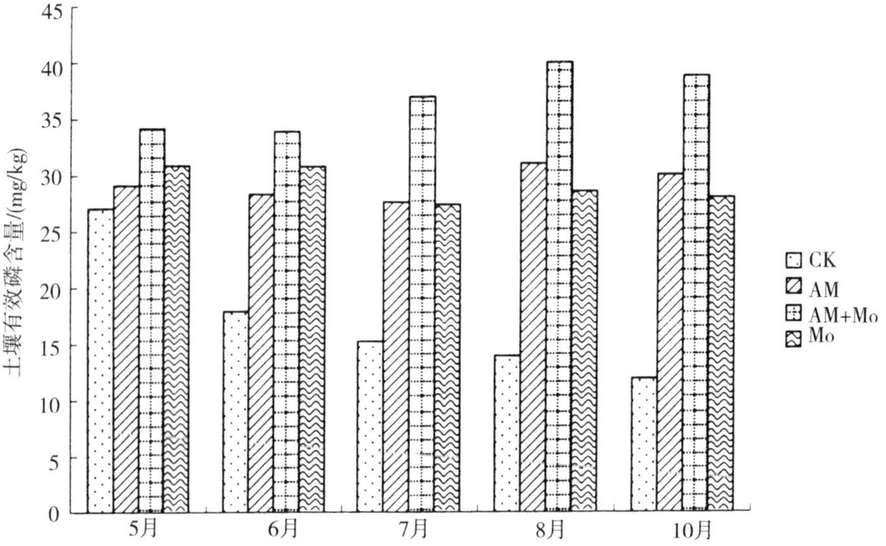

图 3－14　解磷菌剂对种植淄蓖的营养钵土壤有效磷含量的影响

2)不同时期解磷菌剂对滋蓖鲜质量的影响。混合菌剂在任何时期对于滋蓖鲜质量的提高都有相当显著的促进作用,且效果极显著地高于单独施加两种解磷菌剂。两种菌剂单独施加同样有明显的效果,且单独接种 AM 菌剂的效果优于单独接种毛霉菌剂,如图 3-15 所示。

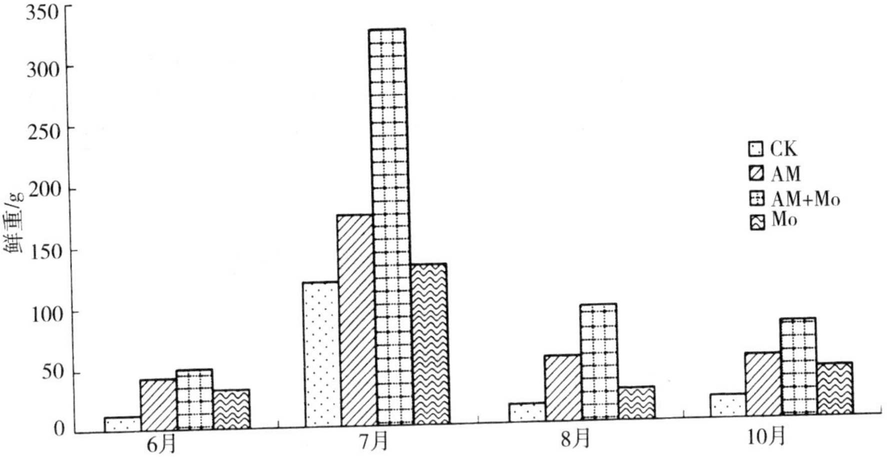

图 3-15 不同时期解磷菌剂对滋蓖鲜质量的影响

(6)不同时期解磷菌剂对滋蓖叶片磷含量的影响。

综合看来,混合菌剂在各个时期对滋蓖叶片磷含量的影响最为稳定,效果最佳,而 AM 菌剂单独施用在前期和末期有明显作用,但中期作用不明显,毛霉菌剂单独施用的效果则在 7 月以后明显地表现出来,如图 3-16 所示。

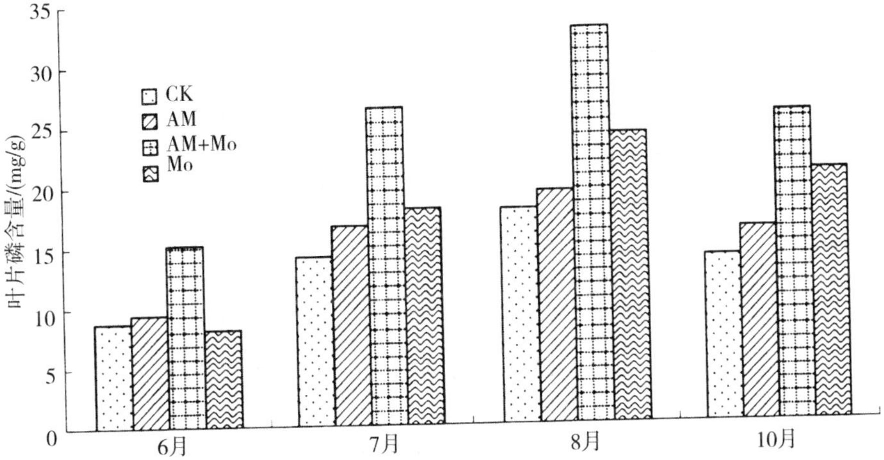

图 3-16 不同时期解磷菌剂对滋蓖叶片磷含量的影响

第四章 微生物农药的研究与应用的新进展

农业生产每年都会因病虫害而造成巨大损失。为了保证农作物的稳产，长期以来人们一直使用化学农药抑制病虫害，但是化学农药也会造成残留、害虫更猖狂、产生抗性等极大问题。随着这些问题的日益严重，微生物农药的研究也备受关注，成为当今农药开发的热点，并取得了有意义的进展。

第一节 生物农药的种类与性质

一、活体微生物农药

活体微生物农药也称微生物体农药，是指能使有害生物致病的病原微生物活体直接作为农药。治体微生物农药通过工业方法大量繁殖，并加工成制剂后作为农药产品使用。

（一）微生物农药的种类

根据微生物体种类的不同，将其分为细菌类、真菌类和病毒类微生物体农药。

1.细菌类微生物农药

目前，细菌类农药是我国应用较多的一类。

（1）苏云金芽孢杆菌（*Bacillus thuringiensis*）：是目前世界上应用最为广泛、开发时间最长、产量最大、应用最成功的品种。

（2）多黏类芽孢杆菌（*Paenibacillus polymyxa*）：可用于防治番茄、烟草、辣椒、茄子青枯病。

（3）土壤放射杆菌（*Agrobacterrium radiobacter*）：可用于防治桃树根癌病。

2.真菌类微生物农药

（1）白僵菌（*Beauveria bassiana*）：可用于防治白粉虱、烟粉虱、金龟子、蛴螬等多种害虫。

（2）厚孢轮枝菌（*Verticillium chlamydosporium*）：可用于防治烟草根结线虫病。

（3）耳霉菌（*Thromboides spp.*）：可用于防治小麦蚜虫。

（4）淡紫拟青霉菌（*Paecilomyces lilacinus*）：可用于防治番茄线虫病。

(二)昆虫病毒杀虫剂——核型多角体病毒

昆虫病毒种类多,分布广,专一性强。目前,全世界已知昆虫病毒有1600多种,涉及11个目900多种昆虫。目前研究应用较多的是核型多角体病毒(*the Nuclear Polyhedrosis Viruses*,NPV)和颗粒体病毒(*the Granulosis Viruses*,GV)。核型多角体病毒是已发现的种类最多的昆虫病毒,其寄主范围广、专一,对人、植物、天敌无害,包涵体在离开宿主后仍具生物活性,杀虫效应具有流行性和持续性,是目前应用最成功的昆虫病毒。

昆虫幼虫感染多角体病毒后,一般需4～20 d才死亡,其杀虫病毒生产流程如图4-1所示。昆虫病毒由于:①需通过寄主昆虫才能繁殖,培养困难;②专性强,杀虫谱太窄;③使昆虫致死的时间太长等原因未能在生产中广泛应用。

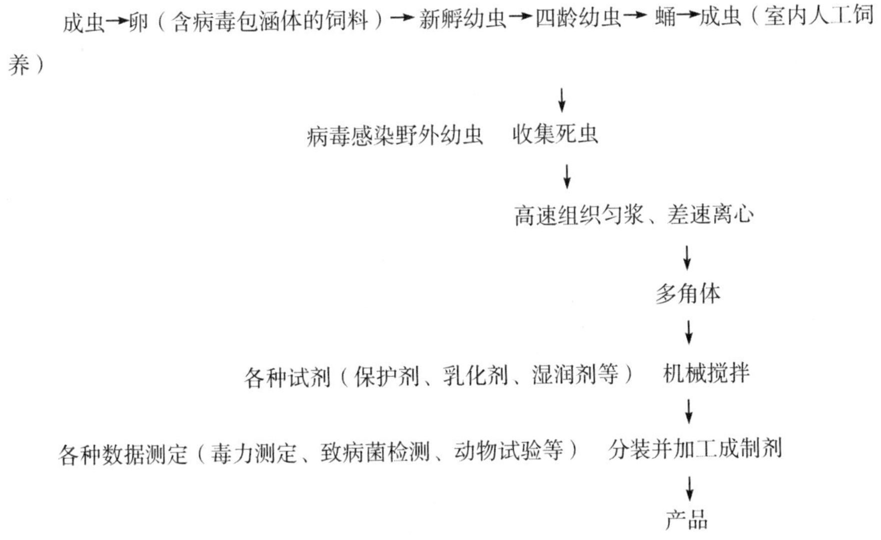

图4-1　杀虫病毒生产流程

(三)原生动物杀虫剂

很多原生动物是节肢动物的病原菌,但它们感染动物的速度慢、时间长,因而大多数都不能用作杀虫剂。目前,国内外对昆虫病原线虫的研究集中在液体发酵工艺方面。在微孢子虫研究方面,已经被实验室鉴定并显示具有较大生物防治潜质的昆虫微孢子虫有蝗虫微孢子(*Nosema locustae*)、按蚊微孢子(*N.algerae*)、枞色卷蛾微孢子(*N.fumiferanae*)、棉铃象微孢子(*N.gasti*)、玉米螟微孢子(*N.pyrausta*)、黏虫变态微孢子虫(*Vairimorpha necatrix*)等,其中,蝗虫微孢子虫作为一种微生物治蝗技术,已经商品化大量生产并在多个国家广泛应用。

二、农用抗生素

抗生素类历来是生物农药研发的重点，其产品多，产业化程度最高，一般通过微生物发酵工艺来生产，具有药效高、专化性强、无药害与环境相容较好等优点。但严格来讲，抗生素的活性成分是化学物质，与化学农药并无本质的区别，所以具有一般有机化学农药存在的抗药性、农产品中残留等问题。

（一）井冈霉素

井冈霉素（*jingganensis*）由吸水链霉菌井冈变种（*Streptomyces hygroscopicus Var.*）发酵制得，是碱性水溶性抗生素，分子中含葡萄糖。其有效成分有 A、B、E、F 几种，能引起纹枯病菌丝顶端不正常分枝，抑制菌丝生长，防治水稻纹枯病效果显著。其具有高效选择性、耐雨水冲刷性，对人、畜、水生生物低毒，能被动物及多种生物所代谢分解。

引起纹枯病菌丝顶端不正常分枝的最低浓度：井冈霉素 A 为 0.01 mg/kg，井冈霉素 B 为 0.5 mg/kg；商用产品为 3%井冈霉素液体。30～50 mg/kg 时对水稻纹枯病防治效果好，每亩最大增产 40 kg，实际用药面积达 1.5 亿～2 亿亩。

井冈霉素是防治水稻纹枯病的首选农药，自 20 世纪 70 年代问世以来，20 多年经久不衰。目前国内有 30 多家工厂生产，年产量近 4 000 吨（按 100%原药计算），已占水稻纹枯病防治市场的 90%以上，可供约 5 000 万公顷土地使用，防治对象也已从水稻扩大到了小麦、玉米等作物。

（二）春日霉素（春雷霉素）

春日霉素又称春雷霉素（*kasukamycin*），是一种碱性抗生素。1965 年在日本发现，由春日链霉菌产生，我国的春雷霉素产生菌为小金色放线菌。小剂量对植物的真菌和细菌病害有很强的防治作用，10～20 μg/mL 时，防治水稻稻瘟病有效率达 80%。在植物组织中具有迅速被吸收和转移的特性；对人和动物都没有急性和慢性毒性，小鼠 LD_{50} 为 2 000 μg/mL；1 000 μg/mL 浓度时对鱼无毒害；300 μg/mL 时对植物无毒害。

（三）有效霉素

有效霉素（*validamycin*）是拟寡肽糖抗生素，由吸水链霉菌柠檬变种 T－7545发酵制得；有效成分为 A、B 两种，对水稻纹枯病有显著疗效，而对水稻无害；对人、畜、鱼、鸟、水生生物低毒；小鼠 LD_{50} 为 20 000 mg/mL；土壤中半衰期为 4 h；稻种残留量为 0.007 μg/mL，施药一次药效达 80%，施药 2 次药效超过 85%；具有耐雨水冲刷性能，降雨几乎不影响药效；有效霉素 A、B 成分类似井冈霉素。

(四)日光霉素

日光霉素是德国科学家从日本名胜地日光的土壤中分离的链霉菌TVE901产生的两性水溶性核苷类抗生素。我国分离的链霉菌产生的抗生素称为华光霉素。日光霉素含有12种组分,对农作物的致病菌及螨类有较强的拮抗作用,对温血动物毒性低。大白鼠口服LD_{50}大于5 000 mg/kg。用于防治蔬菜、水果、农作物等多种真菌病害及虫害。

(五)除草抗生素

除草霉素是由吸水链霉菌AM-3672产生的中性脂溶性安沙霉素抗生素。对大多数单子叶和双子叶植物具有较强的除莠作用,对沙草特别有效。用量在0.25～1 g/m^2时,致杀率为90%～100%;100～125 μg/mL时,对植物的致杀率为50%～100%,对水稻无毒害。

(六)生长促进抗生素——赤霉素

植物生长调节剂有生长素类、赤霉素类、细胞激动素、抑制剂类。赤霉素是双萜类化合物,约37种,开始从患水稻恶苗病的稻株叶上分离得到,后来发现真菌及高等植物中也广泛存在。生产中用藤仑赤霉发酵法制得,以GA3赤霉酸最重要,称“920”。“920”对大多数植物的茎、叶、根、种子、果实及芽等器官具有促进生长作用。赤霉素也是目前应用最广、最有效的微生物源生长激素,具有促进种子发芽、植物生长和提早开花结果的作用。

第二节 杀虫微生物的研究与应用

一、病毒杀虫剂的研究与应用

病毒杀虫剂是利用昆虫病毒的生命活动来控制那些直接和间接对人类和环境造成危害的昆虫。昆虫体内普遍存在病毒,目前已经发现有1 600多种,主要包括核型多角体病毒(*Nuclear Polyhedrosis Virus*,NPV)、颗粒体病毒(*Granulosis Virus*,GV)和质型多角体病毒(*Cytoplasmic*,*Polyhedrosis*,CPV),其寄主昆虫主要属于鳞翅目,少数属于膜翅目、双翅目、鞘翅目和脉翅目。昆虫的幼虫感染病毒后容易死亡;成虫感染后不易死亡,但成为带毒者后对植物的危害会降低。

(一)核型多角体病毒概述

核型多角体病毒属杆状病毒科(*Baculoviridae*)、核型多角体病毒属,是昆虫病毒中发现最早、研究得较为详细的一类病毒。病毒在昆虫细胞核内产生多角体蛋白，多角体的形态有十二面体、四角体、五角体及六角体等多种形态，直径约 0.5 ～ 1.5 pm，每个多角体内包埋着一至多个病毒粒子。根据多角体内包埋病毒粒子的多少，核型多角体病毒又可分为两个亚属：①多核衣壳核型多角体病毒（*Mutiple Nuclear Polyhedrosi Virns*，MNPV），其代表种为苜蓿银纹夜蛾多核衣壳核型多角体病毒（*Autographa californla Multiple Nuclear Polyhedrosis Virus*，AcMNPV）；②单核衣壳核型多角体病毒（*Single Vuclear Polyhedrosis Virus*，SNPV），其代表种为家蚕单核衣壳核型多角体病毒（*Bombyx mori Single Nuclear Polyhedrosis Virus*，BmSNPV）。鳞翅目幼虫感染核型多角体病毒后，食欲减退、行动迟缓、体躯变软、组织液化，有些昆虫爬向高处，聚集于植株枝头，故有“梢头病”“树顶病”之称。从这个角度上说，害虫的病毒杀虫剂防治研究的目的是不需要将害虫全部消灭，而是要把它控制在危害水平之下，最有效地降低农业害虫防治投入，从而缓解害虫抗性的产生。

（二）杀虫机理

病毒防止害虫的机理就是将植物内的基质中病毒粒子不断地增殖复制，当其被虫害吞食后，病毒体将在病虫体内快速溶解，释放出大量的病毒粒子，使病虫的上皮细胞膨胀，释放出大量病毒体及病毒粒子后去感染害虫的细胞，造成害虫组织液化而死亡。例如棉铃虫核型角体就是通过这个机理，从而对任何抗性、任何虫龄的棉铃虫都具有极强的感染性。

（三）核型多角体病毒的改造

虽然昆虫病毒资源很丰富，但是天然的昆虫病毒由于具有较弱弱的杀虫效力而导致很难在市面上推广。因此，进一步提高病毒的毒力，缩短其感染致死的时间，是目前科学家研究的课题之一。下面对改造核型多角体病毒的主要策略进行简要介绍。

1.缺失核型多角体病毒非必需基因以增加杀虫效果

核型多角体病毒基因存在一些对病毒复制的基因，但是仅仅用于感染末期，这样就不能极大限度地去释放子代病毒因子。目前，通过对非必须基因缺失得到的重组病毒有缺失 egt 基因❶、缺失 pp34 基因❷等的重组核型多角

❶egt 基因编码的蜕皮甾体尿苷二磷酸葡萄糖基转移酶（ecdysteroid UDP - glycosyl transferase）能催化 UDP -葡萄糖的糖基转移到昆虫蜕皮激素的 C - 22 位羟基上，从而使该激素失活。因此，缺失 egt 基因的重组病毒可引起幼虫生长发育代谢的失调，加速感染虫体的死亡。

❷pp34 基因编码的多角体膜蛋白 polyhedral envelope protein 是构成多角体膜的主要组分，破坏这一基因后，病毒多角体外周不存在膜状结构，而病毒的感染性有所提高，可能与该病毒的病毒粒子更容易从多角体中释放有关。

体病毒。

2.插入昆虫自身存在和产生的激素和酶的基因以提高杀虫速度

该途径是在核型多角体病毒基因序列内插入调控昆虫生理及发育的激素或酶的基因,以核型多角体病毒作为外源基因载体,在宿主昆虫体内过量表达这些激素和酶,从而干扰昆虫正常的生理反应,以达到使昆虫减少或停止取食和加速其死亡的目的。

3.插入昆虫毒素基因和细菌毒素基因以提高杀虫速度

在核型多角体病毒中插入对昆虫神经系统特异的外源基因,用以提高杀虫效果,是目前重组核型多角体病毒杀虫剂的研究热点,也是提高核型多角体病毒杀虫速度最有效的方法之一。

(四)病毒杀虫剂的应用

从长期防效上讲,病毒杀虫剂的确不错,但其杀虫速度缓慢、寄主范围较窄的特点仍然使其推广受到很大影响。针对这些问题,我国科技工作者与生产企业相结合,研制出了几类具有我国特色的病毒复合杀虫剂新剂型。

(1)病毒与低毒高效化学杀虫剂复配剂。在我国,该类病毒复合杀虫剂现已登记的有棉铃虫 NPV-辛硫磷复合杀虫剂、甜菜夜蛾 NPV-高氯复合杀虫剂以及棉铃虫 NPV-高氯复合杀虫剂。

(2)病毒与其他微生物杀虫剂的复合生物制剂。病毒微生物复合生物杀虫剂是近年来我国登记注册最多的一类品种,它包括小菜蛾颗粒体病毒苏云金芽孢杆菌(Bt)复合生物杀虫剂、菜青虫颗粒体病毒 Bt 复合生物杀虫剂、昆虫病毒与基因工程增效蛋白复合生物杀虫剂。全国年生产量约2 000 t,小菜蛾颗粒体病毒与 Bt 复合生物杀虫剂和菜青虫颗粒体病毒与 Bt 复合生物杀虫剂已出口至越南。

二、细菌杀虫剂的研究与应用

细菌杀虫剂(bacterial insecticide)是利用对某些昆虫有致病或致死作用的昆虫病原细菌,经发酵制成含有杀虫活性成分或菌体本身,用于防治和杀死目标昆虫的生物杀虫制剂。下面主要讲述日本金龟子芽孢杆菌缓死芽孢杆菌。

(一)金龟子芽孢杆菌概述

在自然状态下金龟子芽孢杆菌的芽孢通常萌发率很低,有人为了促进芽孢的萌发进行酶处理和热处理,发芽率也不超过 10%,即使在多湿的土壤中芽孢也不萌发,并在遇到宿主以前一直保持活性。只有进入蛴螬消化道后,金龟子芽孢杆菌才萌发成营养体,进而侵入寄主血腔造成寄主死亡,这种特性对其传播有重要意义。

缓死芽孢杆菌与日本金龟子芽孢杆菌比较近似，都为革兰阳性菌，主要区别是缓死芽孢杆菌的芽孢囊中无明显的伴孢体，芽孢囊接近于梭形，其营养细胞大小为 1.0 μm×5.0 μm，芽孢大小为 0.9 μm×1.8 μm，发育所需的温度较日本金龟子芽孢杆菌稍低。

（二）致病过程

缓死芽孢杆菌的致病过程和一般细菌大致相同，不同之处在于它还能侵染其他组织，如形成褐色或黑色的凝血块堆积于昆虫的肢部，阻碍血液循环，并产生坏疽现象。金龟子芽孢杆菌主要通过芽孢感染和传播，芽孢经口摄入，在幼虫消化道中萌发成杆状的营养细胞，营养细胞通过吞噬作用进入中肠细胞。一般来说，感染约 10 ～ 14 d 后，被感染的昆虫幼虫就有可能死亡。

（三）致病机制

金龟子乳状病和一般细菌性败血症的区别是金龟子幼虫——蛴螬感病后，并不死于感病最严重的时期，而是还可再存活一个时期，这个时期的长短与温度及蛴螬的个体生活力有关，如在低温下这个时期可达几个星期，甚至几个月。

（四）金龟子芽孢杆菌的研发与生产

金龟子芽孢杆菌在虫体外不能完成整个生命循环，只有在金龟子幼虫体内繁殖到孢子阶段的芽孢才有侵染和杀虫活性，其营养体和伴随芽孢产生的伴孢体不具有杀虫活性。金龟子芽孢杆菌在普通培养基上很难生长，在特殊培养基上虽然可以进行营养生长，但产生芽孢仍然受到限制；在离体情况下，即使产生芽孢，这种芽孢的毒力也比幼虫体内产生的芽孢的毒力低。

在活体培养中，金龟子芽孢杆菌的芽孢形成与宿主营养有关，营养不良时只有小的芽孢，通常情况下平均每条幼虫可产生$(2\sim5)\times10^9$个芽孢左右。按 10^6个芽孢/幼虫或 10^3 个活细胞/幼虫的剂量注射幼虫，从每只患病幼虫可得到 $10^9\sim10^{10}$ 个芽孢，而口服感染需要的剂量大，且发病缓慢。按 $10^4\sim10^5$个芽孢/成虫的剂量注射成虫，亦可得到 5×10^8个芽孢/成虫。金龟子成虫可以通过口服芽孢或注射芽孢而发生感染，用含金龟子芽孢杆菌芽孢的人工饲料喂养成虫，能达到 25%的感染率，并能产生具有感染性的芽孢。因此，可以通过诱捕成虫来生产芽孢，克服在夏季生产杀虫剂的困难。

金龟子芽孢杆菌的生长需要复杂的营养条件，在死亡的幼虫中金龟子芽孢杆菌不增殖也不形成芽孢。正因为如此，能早期杀死宿主的强毒力菌株，由于芽孢量少，在自然环境中不能持续感染反而增殖困难。

(五)金龟子芽孢杆菌的应用

规模化生产金龟子芽孢杆菌和缓死芽孢杆菌均是通过注射感染蛴螬进行活体生产来进行的,类似于昆虫病毒生产,即每头蛴螬注射芽孢数为 10^6 个左右,在 28 ℃左右饲养 20～30 d,收集死虫,匀浆得到芽孢,一般混入草炭土中制成制剂,使孢子数达到 1 亿个/g。大田防治的方法是,将芽孢粉施放在地里,隔几十厘米一穴,每穴约放 2 g 菌粉,每公顷施用量为 15～30 kg,使用时添加麦麸作诱饵。疾病可以通过不同的传播方式在虫口中自然传播,在施菌的地方可以长期控制金龟子的危害,可以达到一次施用而长期受益的目的。芽孢可在土壤中长期存活,并且随着流行病的建立可在土壤中大量累计,达到很高水平,最高时每千克土壤可含芽孢 10^8 个。中国农科院植保所 1975 年在河南分离并研制的"蛴螬杆菌 1 号",对铜绿金龟科和绿金龟科的某些种具有很强的致病力。

三、真菌杀虫剂的研究与应用

随着生产技术不断取得新的突破,真菌生防制剂的产业化得到快速发展。20 世纪 90 年代,欧美各国开始研制杀蝗绿僵菌生物农药;目前,一批绿僵菌、白僵菌杀虫生物农药已成功实现产业化。

(一)白僵菌

在昆虫病原微生物中,霉菌占 60%以上,而其中白僵菌占 21%。白僵菌在自然界分布极为广泛,寄生范围也十分宽广,杀虫范围达 200 多种昆虫和螨类。应用白僵菌治虫,国内已广泛推广。

1.白僵菌(*Beauveria bassiana*)

白僵菌属于半知菌类的一种真菌,其中包括球孢白僵菌、卵孢白僵菌、小球孢白僵菌 3 个种。白僵菌最适生长温度为 22 ℃～26 ℃,30 ℃和相对湿度 20%～50%有利于孢子的成熟,孢子萌发要求相对湿度 90%以上。

2.白僵菌杀虫原理

如图 4-2 所示,白僵菌一旦侵入虫体,就大量繁殖,形成许多长筒形孢子,也叫节孢子,如此反复增殖,充满于昆虫血液中,影响血液循环。菌丝还分泌一定量的草酸钙结晶,在血液中大量积累,致使血液酸碱度下降,失去固有的透明性,引起血液理化性质改变。病原菌大量吸取昆虫的体液、养分,并分泌毒素(白僵菌素)破坏其组织,损害其机能,严重地干扰了它的新陈代谢活动,使其两三天后就死亡。刚死亡的虫子身体柔软,但因菌丝猛烈夺取水分,尸体很快就干硬了。直至侵入脂肪组织的菌丝破坏全部脂肪吸尽其养分后,体内的菌丝便沿着尸体的气门间隙和环节间膜伸出体外,顶端产生分生孢子。这时,可看见虫体上披着白色茸毛,叫白僵虫。条件适应时,从白僵菌孢子接触虫体,到萌发、生长、繁殖,使虫发病僵死,直至再长出菌丝体与分生孢子,仅需 7~10 d 时间。

侵染后的蛴螬僵虫　　1331-白僵菌 *Besuveria bassians*

图 4-2　白僵菌

因此,使用白僵菌剂后,害虫很快就会因疾病蔓延而死亡,而且可较长时间有效;用起来也很方便,既可以把菌剂喷洒在虫子危害的作物上,也可以撒施在害虫群集的场所,这些优点都是化学农药无可比拟的。白僵菌用于防治松毛虫、玉米螟效果更好,尤其是用于防治松毛虫,白僵菌可作为环境因子,持续多年控制松毛虫的危害。

3.白僵菌的生产工艺流程

白僵菌的生产工艺流程如图 4-3 所示。白僵菌的生产有固体发酵和液体深层发酵两种途径。白僵菌对营养要求不严,在以黄豆粉或玉米粉等为原料的半固体培养基中生长良好,并形成分生孢子。培养物干燥后制成白僵菌制剂。在液体培养基中,白僵菌形成抗逆力差的芽生孢子。

原始菌种
↓
斜面菌种
↓ 26℃下约10 d

↓ 茄形瓶培养 ↓ 26℃下约 3 d ↓ 固体扩大培养 ↓ 22℃下约6 d

↓ 液体摇瓶培养 ↓ 26℃下约3 d
- ↓ 液体深层培养 ↓ 22℃下约6 d
- ↓ 液固双相发酵 ↓ 22℃下约6 d

↓
干燥处理
↓
粉碎过筛
↓
孢子含量检查
↓
成品包装

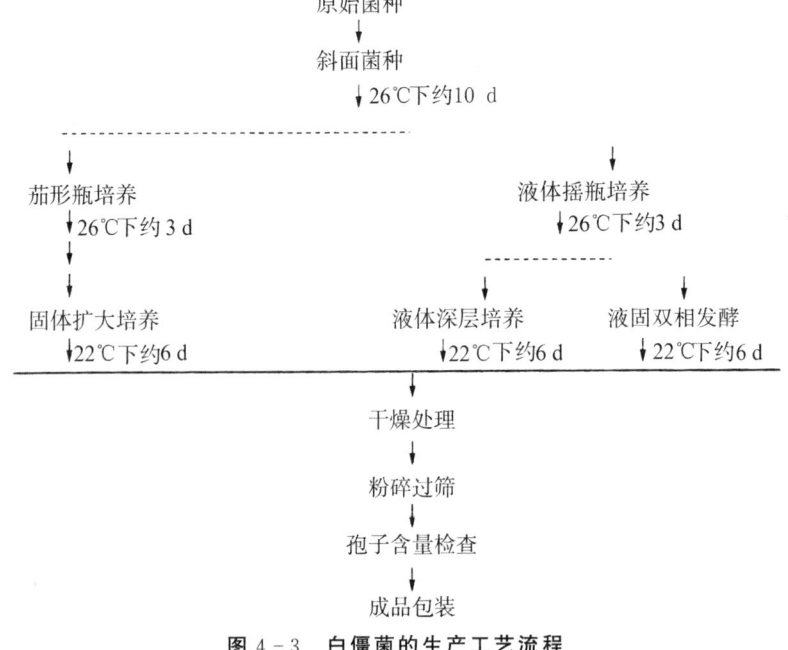

图 4-3　白僵菌的生产工艺流程

(二)绿僵菌

1. 绿僵菌分类

(1)金龟子绿僵菌(*M.anisopliae*)。这种菌在PDA及察氏培养基上菌落呈绒毛状至棉絮状,初为白色,产孢时为橄榄绿色。菌丝具分隔和分支,透明,直径为1.5～2 μm。其分生孢子梗直径约2 μm,很难与菌丝区别,其末端产生瓶形小梗,大小为(6～25)μm×(1.5～2.2)μm。分生孢子为单细胞,长椭圆形至圆柱状,两端钝截形或钝圆,大小变化甚大,(5～9)μm×(2～4.5)μm。金龟子绿僵菌被*Tulloch*分为2个变种:金龟子绿僵菌小孢变种(*M.anisopliae var.anisopliae*)和金龟子绿僵菌大孢变种(*M.anisopliae var.anisopliae*)。

(2)双型绿僵菌(*M.biformisporae*)。双型绿僵菌是一个新组合种,具有两型分生孢子。分生孢子梗常聚集成束,多从气生菌丝上长出,单生或分枝,端部长出2～4个轮状分枝的原瓶梗,杆状,平均大小为2.1 μm×5.8 μm,在瓶梗上产生向基性分生孢子长链,有时黏结形成分生孢子柱。分生孢子有两种类型:一种是先由瓶梗长出的小型分生孢子,短柱状或拟卵圆形,中间常变细,多为(5～7)μm×(2.5～3)μm;另一种是大型分生孢子,往往继小型分生孢子之后长出,大多为柱状或腊肠形,两端钝圆或稍细,多为(16～18)μm×(2.5～3.5)μm。在同一链上两型孢子常交替长出,有时一个链上仅具有同一型分生孢子。

(3)戴氏绿僵菌(*B.lagoseridis*)。戴氏绿僵菌是本属中唯一发现具有有性型的种,其有性型只在戴氏虫草(Cordyceps taii)上出现。瓶梗柱状,具短尖,(8.4～20)μm×(1～1.5)μm,单生于气生菌丝或紧密地轮生于分生孢子梗及原瓶梗上。分生孢子柱状,中部稍缢缩,两端钝圆,大小为13 μm×3 μm。由微循环产孢形成的分生孢子的形状和大小基本与前者相同。

2.绿僵菌致病机理与杀虫毒力

利用绿僵菌对害虫进行微生物防治具有广阔的前景,但是,同其他真菌杀虫剂一样,绿僵菌的致死时间比化学杀虫剂长,因而影响了其生防效果的发挥。

绿僵菌的分生孢子首先附着于寄主体表。绿僵菌孢子是疏水性的干燥孢子,其表面被几层交织在一起的疏水物质所覆盖。分生孢子附着在寄主昆虫表面是侵染过程的第一步,一旦能正常萌发生长,则产生入侵菌丝,进行入侵,最终导致寄主死亡。在这个过程中,绿僵菌形成特殊结构,同时分泌各种相应的酶去破坏寄主体表,侵入寄主体内。

3.遗传改良与菌种选育

目前,主要利用有性循环、原生质体融合和遗传工程等方法来完成菌株改良。关于低温菌株的筛选,绿僵菌是防治地下害虫最有潜力的病原物,但温度是病害发生与否的关键。一般绿僵菌的最适生长温度为 25 ℃～28 ℃，温带地区的土壤温度除夏季外大都低于 25 ℃，所以筛选在低温条件下能生长侵染菌株是提高防治效果的重要途径。用绿僵菌防治害虫时，绿僵菌会与防治真菌病害的杀菌剂接触，并被大量杀死，降低了防治效果，因此，导入抗药基因是微生物抗性育种常用的手段。

四、昆虫病原线虫的研究与应用

昆虫病原线虫(*Entomopathogenic nematodes*)是昆虫的专化性寄生性天敌，能主动寻找寄主，且具有侵染率高、致死力强、寄主广、对人畜及环境安全、可以人工大量繁殖等独特的优越性，被广泛地用于防治农、林、牧草、花卉和卫生等行业的多数害虫。在工业化国家的生物农药市场中，昆虫病原线虫的销售额位居第二。

昆虫病原线虫以 3 龄侵染期幼虫随寄主食物或从昆虫的自然孔口(肛门、气孔)、伤口、节间膜等进入昆虫体内，然后穿过肠壁进入血腔，随后释放其体内携带的共生细菌，这些共生细菌迅速繁殖，使寄主昆虫患败血症于48 h内死亡。线虫对细菌具有媒介、保护作用，细菌对线虫具有提供营养、抗菌作用，二者之间是典型的互惠共生关系。

(一)生物学特性

昆虫病原线虫一生可分为卵、幼虫和成虫 3 个虫态。幼虫期共 4 个龄期，其中只有第 3 龄期幼虫可存活于寄主体外，也是唯一具有侵染能力的虫态，又称侵染期线虫(*Infective juvenile*)。3 龄侵染期线虫一般滞育不取食，具有第 2 龄幼虫蜕皮时退下的但没有脱下的鞘，形成两层表皮，因此具有较强的抵抗外界不良环境的能力。3 龄侵染期是昆虫病原线虫生活史中唯一离开寄主、主动寻找并侵染寄主昆虫的阶段。

昆虫病原线虫主要包含斯氏线虫科(*Steinernematidae*)和异小杆线虫科(*Heterorhabditidae*)。异小杆线虫科含一个属，即异小杆线虫属(*Heterorhabdtis*)；斯氏线虫科也由一个属组成，即斯氏线虫属(*Steinernema*)。斯氏线虫和异小杆线虫携带不同的共生菌，异小杆线虫携带的共生菌为发光杆菌(*Photorhabdus*)，斯氏线虫携带的共生菌为嗜线虫杆菌(*Xenorhabdus*)。斯氏线虫与异小杆线虫具有不同的生活史。斯氏线虫科的 3 龄幼虫侵入寄主后，发育 4 龄后变为成虫，成虫进行两性生殖，后代既有雌性，也有雄性；但异小杆线虫科则出现雌雄同体的成虫，只是到了第二代时，才出现雌雄异体的两性生殖。但两科线虫均是以第 3 龄侵染期幼虫侵染寄主，昆虫病原线虫侵染期线虫一旦寻找到寄主，即通过昆虫的自然开口或体壁进入昆虫体腔内，开始了一个新的生活史循环。

侵染期线虫幼虫肠道细胞内携带有共生菌，在遇到合适的寄主昆虫后，线虫便可通过昆虫的自然孔口（如口腔、肛门、气门、伤口等）或节间膜进入昆虫的肠道和血腔，然后在昆虫血腔中释放出共生菌并快速增殖，导致寄主死亡。线虫则取食共生菌和液化的寄主组织并发育成熟，完成交配、繁殖，最后又释放出大量的3龄幼虫，继续侵染其他寄主。

昆虫病原线虫与其共生菌是密不可分的互惠共生关系。细菌需要昆虫病原线虫作为载体，将其带入昆虫血腔。因为这种共生菌不能单独在土壤中存活，当被昆虫取食时，并不能引起昆虫致病。而昆虫病原线虫则需要依靠这种细菌来杀死昆虫，异小杆线虫若没有它的共生菌存在就不能杀死寄主昆虫，而斯氏线虫在其共生菌不存在的情况下致病性也大为降低。可以这样认为，昆虫病原线虫帮助共生菌来抑制昆虫的免疫系统的活性；同时昆虫病原线虫需要共生菌降解寄主组织来满足其营养需求。异小杆线虫对共生菌的依赖性特别强；斯氏线虫可以在没有其共生菌存在的条件下离体培养，而异小杆线虫则必须在它的共生菌存在的情况下才可以离体培养。共生菌还可以分泌抗生素，使昆虫尸体不会被其他微生物分解利用，以使线虫充分利用寄主的营养。昆虫病原线虫虽可消化利用共生菌，但侵染期幼虫则绝不消化这些共生菌，因为它们需要这些共生菌的帮助来杀死新的寄主昆虫。这些昆虫病原线虫和共生细菌的关系很特殊，斯氏线虫与嗜线虫杆菌共生，异小杆线虫与发光杆菌共生。一种线虫和一种细菌共生，但一种细菌可以和多种线虫共生。

（二）共生菌

Xenorhabdus 和 *Phorhabdus* 两属几乎全部种类都是昆虫病原线虫的共生菌。正是由于共生菌的存在，线虫才得以大量繁殖，才能使其对昆虫具有较强的毒力，成为一种可利用的生物杀虫剂。Poinar 和 Thomas（1965）最先将其共生菌归于 *Achromobacter* 属。他们把从小卷蛾斯氏线虫 *S.carpocapsa* 种下品系 DD－136 分离的细菌定名为 *A* · *nematophilus* 新种。Thomas 和 Poinar（1979）在肠杆菌科中以 *Xenorhabdus* 代替 *Achromobacter* 来代表昆虫病原线虫的共生菌。在这个属下定了2个新种，其中与斯氏线虫属联系的共生菌为 *Xenorhabdus nematophilus*，与异小杆线虫属共生的发光细菌为 *X.luminescens*。*X. luminescens* 大部分是红色的发光细菌，具荧光。Akhurst（1988）重新检索了线虫共生菌的特性，基于表型和分子生物学分析，将与斯氏线虫属联系的共生菌（*Xenorhabdus*）划分为5个种（*X. nematophilus*、*X.bovienii*、*X.poinarii*、*X.hedding*、*X.japonicus*）。由于 *X.luminescens* 菌株与斯氏线虫的 *X.nematophilus* 在色素产生以及过氧化氢反应方面均完全不同，

Boemaare(1993)才将 *X.luminescens* 从 *Xenorhabdus* 属转移到 *Photorhabdus* 属。两属线虫的共生菌在肠腔内存在的位置不同,斯氏线虫科的共生菌存在于肠腔内的一种泡囊中,异小杆线虫科的共生菌分布在线虫的整个肠道内。这种不同可能与不同线虫携带共生菌的机制有关。而二者的共同特征是均为革兰阴性、周身鞭毛、兼性厌氧、能运动的杆状细菌。*Photorhabdus* 属大多数株系产生具红色、粉红色或蓝色素的菌落。

这些共生细菌均具两型现象,在指示培养基平板上呈现两种菌落形态,分别称为初生型共生细菌和次生型共生细菌。一般来说,在线虫的大量培养中,培养基必须接上初生型的共生菌。初生型细菌能支持线虫的大量繁殖,而次生型则不能,因而引起广泛关注。初生型菌可从感染期线虫肠腔中分离得到,也可从被线虫侵染的昆虫血淋巴中得到。初生型菌不稳定,体外培养时极易转化为次生型。初生型和次生型菌的鉴别可通过菌落的形态、色素、是否吸收溴百里酚蓝、抗菌作用、从麦康凯琼脂中吸收中性红卵磷脂等几个方面加以区分。初生型上述生化指标均为正(*X.nematophilus* 除外)。NBTA 和麦康凯培养基能较好地作为两型鉴别培养基,尤其是后者更为可靠。初生型菌体具有凸起的、圆形不规则的边缘,不透明;而次生型菌落平坦、半透明、菌落直径较初生型大许多。所有初生型菌均具有抗菌性,能抑制其他细菌的生长,而次生型菌不能产生抗菌素。共生菌有时也产生一些处于两型之间的中间菌落。这种中间型具有初生型和次生型的一些特征,可能是由初生型向次生型转变过程中部分改变的过渡形态,也可能是通过其他途径而来的变种。

共生菌中已经发现有多种物质参与共生菌对昆虫的致死作用,包括脂多糖类物质、高分子量蛋白毒素、蛋白酶、抗生素类等。这些杀虫活性物质共同构成了一个对昆虫免疫系统的立体防御和进攻体系。

(三)致病过程

昆虫病原线虫在潮湿环境中可借助水膜作垂直运动和水平运动自主地寻找合适的寄主,并通过寄主的一些自然孔口(如口、肛门和气门)、伤口或节间膜等进入寄主血腔中。大量的研究观察表明,昆虫病原线虫主动寻找寄主主要是靠来自寄主本身的或其他化学物质的刺激而激发。另外,Gaugler 等(1980)研究表明,寄主粪便散发出的气味或寄主呼吸产生的 CO_2 可能对线虫具有引诱作用。Schenidt 等(1978)发现昆虫排泄物中的尿酸、黄嘌呤、氨和精氨酸等及植物汁液可能对线虫有引诱作用。已有研究表明,线虫入侵寄主的途径也可能会因不同寄主昆虫而异。昆虫的体壁结构、气门结构的不同是影响线虫入侵途径的主要原因,如 Nobvyoshi 通过组织学和扫描电镜观察指出,小卷蛾斯氏线虫 *Steinernema carpocapsae* 可通过气门侵染斜纹夜蛾的幼虫和蛹。寄主昆虫的自然防御体系也是影响线虫入侵的主要因素之一,如减少刺激的发放、主动回避等。当然,适宜的外界环境因素,如环境的湿度、温度、pH等,则是线虫感染能够完成的主要因素。昆虫病原线虫侵入寄主体内后,必须能躲避或破坏昆虫的各种防御机制(内部的和外部的)。寄主的血淋巴对外界异物的侵入有各种不同的防御反应,主要是寄主吞噬细胞和其他血细胞在初期对共生菌产生抵抗作用,一般在 3~12 h 达其抵抗最大阈值。24 h 后共生菌能破坏这种抵抗反应并大量繁殖,进而破坏寄主的主要器官。线虫与共生菌对不同寄主的血淋巴有不同的免疫反应,有关这方面的研究近几年才开始,归纳起来有以下两点:①共生菌能忍受或破坏寄主的体液包被,其最初未能避免被昆虫体液包被,但随后能分泌一些酶使血细胞失去活性,并在血淋巴中迅速繁殖,使寄主很快死亡,而线虫能避开血细胞的识别而不被包被;②线虫能产生诱导酶抑制因子,该因子对共生菌具有保护作用。

(四)培养技术

昆虫病原线虫的培养技术从 1930 年 Glaser 首次人工培养成功到今天商品化生产已有 70 多年的历史。在此期间,人们发明了各种培养方法:从活体培养法到离体培养法,从无菌培养法到单菌培养法,从固体培养法到液体培养法。活体培养法以 Dutky 建立的大蜡螟平皿水收集法沿用至今。这种方法简便易行,线虫质量高,但是所需成本高,产量及其规模小,不利于工厂化生产,只能用于实验室小量试验。只有采用离体培养法才能大量生产线虫,才可用于田间防治害虫。根据培养基的状态培养技术可以分为固相培养和液相培养。

1931 年 Glaser 首先用琼脂牛肉浸出液、面包酵母成功培养了格氏线虫,并用于田间防治日本丽金龟,这是固相培养法的最早尝试。在随后几年的研究中 Glaser 还发现,线虫经各代连续培养后,其产量、毒力均有下降,加入卵巢、动物肾组织后可以恢复。Glaser 的工作表明,线虫可以在营养丰富的动物组织上培养,但其成本过高,无法大规模生产。随着对线虫生物学特性研究的不断深入,发现线虫肠道中携带的共生菌对线虫的繁殖有较大的影响,共生菌可抑制杂菌生长,产生大量的蛋白酶分解培养基以利于线虫取食。1965 年,House 等采用将共生菌接入狗饲料培养基培养线虫,使每百万条线虫的成本降为 1 美元,这是线虫固相培养技术的一个重要突破。1981 年 Bedding 发现一种新型固体培养基载体,即由前人的平板培养改进为以海绵碎块为培养基载体的离体培养,使线虫培养面积大为增加。他还发现采用猪肾、鸡肾等廉价动物内脏为培养基主要成分,能够降低生产成本,使每百万条线虫的生产成本仅为 2 美分。这一方法称为线虫三维固相培养法,通过不断改进,目前已开始大规模工厂化生产。在工厂化生产中,Bedding 固体培养技术成功地生产了斯氏线虫和异小杆线虫。由于生产中最大的开支是劳动力，因而固体培养特别适合劳动力廉价的发展中国家。

与固相培养法相比，液相培养法更利于大规模生产、控制培养条件和收获线虫。液相无菌培养的最早尝试是1940年Glaser用小鼠肝匀浆培养S.glaseri。随后Stoll用小牛肉汁试管培养线虫，发现肝的粗提液对产量有很大影响，可以促进线虫发育繁殖。1966年Hansen和Cryon研究通气与线虫生产的关系，表明液相薄层可以成功培养线虫，加大培养量时用旋动、摇动等方式均不能获得理想产量，而改用添加玻璃丝增大水膜面积则可达到目的，但这种方法不利于扩大生产。几年后，Buecher和Hansen提出易于扩大培养的气泡通气法。

单菌培养的开始得益于共生菌的发现，由于共生菌能产生大量的蛋白酶，使线虫可以在廉价的蛋白培养基上生长。共生菌还可以刺激侵染期线虫脱鞘，加快线虫发育速度，有利于缩短线虫培养时间。1986年，Pace采用动物内脏匀浆酵母抽提液作培养基，在发酵罐中接入单菌培养线虫，采用气泡通气并伴以缓慢搅动的方法，在保证气体交换的条件下降低剪切力，发酵罐产量达9×10^4条/mL，而在三角瓶中摇瓶液体培养产量达19×10^4条/mL。1989年Buecher的研究表明在液体培养基深度大于4 mm时必须进行通气培养。以大豆蛋白胨、酵母抽提物、胆固醇为主要培养基，五周后产量可达5.8×10^4条/mL，并且随共生菌量的增加而增加。1990年，Friedman报道了用含有黄豆粉、酵母抽提液、玉米粉、蛋黄等混合物组成的培养基，在发酵罐中接入单菌培养线虫，仅用8 d，线虫产量便达到1.1×10^5条/mL。在过去几年里，Biosys公司建立的液体培养生产线，生产斯氏属线虫产量为1.5×10^5条/mL，异小杆线虫产量为7.5×10^3条/mL。目前，生产线虫的发酵罐已从5 L、20 L，到Biosys公司生产斯氏线虫的15 000 L，生产异小杆线虫的7 500 L的规模。Gaugler(1993)指出，斯氏属几个种的线虫在液体发酵培养中能获得较异小杆属线虫更高的产量和质量。专家们发现，在液体发酵罐培养线虫的过程中，遇到的最大难题是通氧和线虫生长过程中对发酵罐搅拌切力的敏感性，尤其是对性成熟的母虫。不同的培养基、不同种的线虫的共生菌对氧的需求不一，不同线虫种和同种不同龄期的线虫对切力的敏感性不同。因此，昆虫病原线虫工厂化、商业化生产的发展与人们对昆虫病原线虫的发育生物学、营养学、微生物学、发酵罐的设计和生产过程中各种参数筛选的研究进展密切相关。

（五）大规模生产技术

昆虫病原线虫作为生物杀虫剂广泛应用的关键是能够人工大量繁殖。目前固体培养方法和液体方法均可进行规模生产，但两者在技术上有些不同，如培养容器、培养基配比、培养过程、清洗过程均不同，但两种培养过程的参数基本相同。以下介绍一种体外单菌培养模式的研究情况。

线虫的固体单菌培养是通过无菌操作技术在加入共生细菌的人工培养基（匀浆营养物质充塞于海绵中）中引入线虫一级种完成的。液体单菌培养则是在线虫液体培养基中加入共生细菌和线虫一级种得到的。

单菌培养要求加入的线虫一级种仅携带一种共生细菌。如果一级种中混有杂菌就会造成培养物的严重污染，大幅度降低线虫的产量，也不利于结果分析。因此，在培养之前建立线虫一级种的单菌培养方法对线虫的大量繁殖和工业化生产是极其重要的。实验发现，体表消毒感染期线虫不能满足严格的单菌性。使用0.1%硫柳汞和7 000 U/mL的青霉素及链霉素消毒的线虫卵开始单菌培养，可有效地解决污染问题。更为严格的方法是将怀卵线虫中的卵从碱溶液中取出，置入共生菌液中进行培养，这可降低其他杂菌的污染。

培养基的选择应考虑不同线虫的营养需求、培养基来源的便利及成本。报道筛选的培养基有狗饲料培养基、动物组织匀浆培养基、豆粉玉米油培养基、豆粉蛋类培养基，还有以面粉、蛋类、玉米粉、植物油等干粉物质做成的培养基。动物组织匀浆培养基虽然适合线虫大量繁殖，但花费较大，操作不方便，且难于保藏，而干粉物质组分（如豆粉、玉米粉、蛋黄粉类等自然饲料成分）可方便得到，室温下易保藏，容易标准选配，在商品化生产中具有良好的应用前景。

（六）高活性昆虫病原线虫的改造

线虫、共生菌、昆虫寄主三者之间经过长期的选择和进化，形成了复杂的关系，互相依存而又互相制约。由于昆虫病原线虫对环境的要求较高，特别对温度、湿度、紫外线的要求比较严格，主动寻找寄主的能力不是特别强，因而限制了它的应用。因此，应用现代生物工程技术对昆虫病原线虫进行遗传改良，使线虫及其共生菌的某些特性向更有利于发挥其对害虫生物防治的方向发展，提高其在生物防治中的应用潜能。

作为害虫生物防治因子的昆虫病原线虫，其遗传改良主要从两方面入手：一是从昆虫病原线虫本身出发，通过杂交育种或别的措施筛选对特定害虫的高毒力、抗低湿品系；改进线虫产业化培养方法，降低培养成本；二是从昆虫病原线虫所携带的共生菌出发，进行各种遗传改良，提高病原线虫的毒力和寄生范围。随着防治的需要和基因工程技术的不断发展，有关昆虫病原线虫的遗传改良还会不断发展。

1.昆虫病原线虫的选育和改良

筛选致病性更强的昆虫病原线虫品系。Lindegren等从小卷蛾斯氏线虫（*Steinernema carpocapsae*）墨西哥品系线虫出发，筛选出一个新品系，其产量和致病力均较前者增加。他们以大蜡螟为寄主，经过几代筛选之后，线虫较原种更为活跃，这样改造后的线虫品系用于生防线虫的规模化生产，可使产量提高 34%；用于田间防治杏仁园中的卷叶蛾、地中海实蝇、舞毒娥幼虫、尖眼草蚊，均获得了较大的成功。

脱水休眠提高昆虫病原线虫抗干燥能力。尽管昆虫病原线虫是生物防治的重要因子，但由于其不耐干燥和高温，限制了线虫商品制剂的贮藏运输能力。Glazer 发现借助脱水休眠可以提高线虫对外界不良环境的抗性。至今为止昆虫病原线虫脱水休眠方式有蒸发胁迫和高渗液胁迫两种。蒸发胁迫方法脱水休眠耗时长，不适应生产需要；而高渗液胁迫方法能在 10 h 内胁迫线虫安全脱水休眠，该方法简单、快速，能为常温贮存和长途运输提供大量脱水休眠线虫。

目前，昆虫病原线虫遗传改良的主要障碍是田间应用的线虫往往来自单个的线虫品系，其本身就丧失了诸多优良的群体遗传背景，给昆虫病原线虫的改造带来了很大的障碍。所以从不同的生态或地理种群中采集尽量多的个体，以保证有意义的等位基因的差异性不会丢失，使一个种内有广泛的遗传基础，以方便杂交品系的发展，适应田间防治的需要。

2.昆虫病原线虫共生菌的遗传改造

昆虫病原线虫的共生细菌是寄生于昆虫病原线虫肠道内的一种细菌，革兰染色呈阴性，属肠杆菌科细菌。昆虫病原线虫共生细菌具有形态变异特性，可分为初生型和次生型，侵染期线虫体内只携带初生型菌，次生型菌只出现在初生型菌的体外培养基中。

Frackman(1989)报道以 PUC18 为载体建立了异小杆线虫所携带的发光共生菌的 DNA 基因文库，克隆了生物发光的基因。Xu 等(1991)用转座子 Tn 5 诱变发光共生菌(*P.luminesens*)，已分离到各具特色的突变体，这些突变体在生化特性、营养和菌落特性上都有所不同。Bowen 等(1998)克隆到发光杆菌属的 4 个具有杀虫活性的基因，现在发光杆菌属的测序工作也已基本完成。这些研究有望获得新的毒性基因，并有可能筛选到高毒力菌株，让昆虫病原线虫携带筛选的高毒力菌株也许能大大提高其对昆虫的致病力。

由于对昆虫病原线虫及其共生菌的致病机理还不十分清楚，因此，关于昆虫病原线虫共生菌的改造还有很大难度，可以说此研究才刚刚开始。但根据以往的经验，一方面可以把其他已知的杀虫基因转入这些共生菌中，使之与线虫共生时具有更强的杀虫活性；另一方面，可通过 DNA 重组技术把共生菌的重要杀虫基因引入到其他细菌中，以创造更为优良的杀虫微生物。这些思路在改造共生细菌方面有可能具有重要意义。

第三节　抗病微生物的研究及应用前景

在农业生产中，每年由病原菌引起的植物病害和果蔬采后病害都会造成巨大的损失。因此，开发低毒、高效、无残留的生物农药已经是一项紧迫的任务。

一、植物病害和果蔬采后病害对农业生产的损害

在农业生产中，每年因为作物病害和果蔬采后病害都会造成极其重大的损失，同时，为了减少作物病害而用的防治经费更是惊人。例如，20 世纪 60 年代以来，严重危害柑橘生产的柑橘溃疡病在四川局部产区蔓延，阻碍了柑橘生产的安全发展。四川省农业厅在 1985～1995 年间为了根除柑橘溃疡病，共计销毁了显症和未显症柑橘树 25.55 万株、苗木 1783.73 万株，造成了极大的直接和间接经济损失。果蔬采后病害造成的损失也是巨大的，仅果品采后贮藏期的损失就十分惊人。我国常见水果的损失率可达 20%～50%，其中苹果轮纹病在我国苹果产区普遍发生，所造成的大量烂果已成为生产上的突出问题。果蔬采后病害不仅会带来经济上的损失，而且有些病原微生物会分泌有毒物质，甚至其本身就是人体病原菌，以至于有时会造成人类食物中毒，影响身体健康。

不仅如此，为了防治植物病害，每年需要喷施大量的农药，不但严重污染环境，而且增加了农业生产成本。另外，由于微生物变异快的特点，许多杀菌剂施用几年后就会因病菌的抗药性而影响防治效果。

二、抗病微生物在植物病害防治中的应用

（一）植物内生抗病微生物

植物是一个复杂的微生态系统，不仅在体表存在大量的细菌，在其内部组织也存在大量的细菌。关于植物内生抗病细菌与植物之间的关系，目前有两种观点：一种是传统的观点，认为植物内生抗病细菌是潜在的植物致病菌；另一种观点认为，植物内生抗病细菌与正常生长状态的植物之间是和谐共处的关系。一些植物内生抗病细菌不但可以抑制病原物的生长，而且可以促进寄主的生长。可以利用这些植物内生抗病细菌作为生物防治剂或植物促生剂应用于生产，诸如棉花、马铃薯等。

（二）植物外生抗病微生物

1.直接作用于植物表面的抗病微生物

研究直接作用于植物表面抗病微生物是目前抗病微生物研究中较为成

熟的一个方向，施用较为方便，容易实现商品化。

在作物表面，抗病微生物可以通过分泌抗性物质、产生溶菌代谢物等方式来抑制植物表层的病原菌感染，从而达到防治植物病害的目的。使用直接作用于表面的抗病微生物进行生物防治时，其效果还与接种的方法有关。有研究人员在使用喷洒芽孢杆菌的方法防治黄瓜霉病时获得了优于化学农药的防治效果。在芸苔作物的黑腐病防治上，用喷雾法在表面接种枯草芽孢杆菌也取得了很好的防治效果。

今后，对作物表面抗病微生物研究的重点在于强化抗病微生物在植物表面的定殖能力，从而形成对病原菌的强效防治，防治效果易受环境、气候条件等的影响。

2.根部病害的抗病微生物

利用抗病微生物防治植物根部病害，就是将培养好的抗病微生物以一定方式施入土壤中，从而降低土壤中病原菌的密度，抑制病原菌的活动，减轻病害的发生。

对防治根部病害的抗病细菌、放线菌的研究较多，如防治根肿病菌的Agrobacterium radiobacter strain 84、具有防病增产双重作用的假单胞属细菌等。

三、抗病微生物在果蔬防腐中的应用

在蔬菜防腐方面，目前研究和使用的抗病菌主要是酵母类，包括假丝酵母(*Candida oleophila*)、隐球酵母(*Cryptococcus*)、丝孢酵母(*Trichos*)等，这些抗病菌可以通过诱导蔬菜产生抗病性、营养或空间竞争、在病原菌上寄生等作用方式来保证蔬菜的防腐。酵母菌用于蔬菜防腐还有一个特别的优势，就是酵母菌不会产生抗生素，可以避免某些抗生素对人体健康产生不良影响。近年来，利用苹果青霉病和灰霉病、桃软腐病和褐腐病、柑橘青绿霉病和酸腐病等作为防治对象进行抗病菌筛选试验，获得了一些对病原菌有效应的抗病菌。

第四节　除草微生物农药的研发与应用

一、除草微生物农药的现状与前景

所谓微生物除草剂，是利用植物病原微生物或其代谢产物，使目标杂草感病致死的一种微生物制剂。与化学除草剂相比，微生物除草剂具有对环境

不造成污染、无残毒，对人畜毒性极低等优点。自从 19 世纪 60 年代开始对微生物除草剂研究以来，不断有新的进展，引起人们的广泛关注。特别是近 20 多年来，这一领域的研究更是发展迅速，从最初简单的采集、分离和筛选植物病原微生物，到研制活体产品制剂、释放生物的生态学和流行病学研究，并在组织学、生物化学和遗传学水平上植物病原间的相互影响以及候选微生物除草剂基因操作等方面进行了研究。

微生物除草剂所利用的病原生物主要包括病原真菌和病原细菌，用病原微生物防治杂草取得的成功很少，而在中耕作物中提高化学除草剂效力所取得的成功更少。然而，有一些不易觉察的成功，就是当外来杂草增殖时其自身携带的病原菌会很快传入来控制新环境下杂草的生长，这并不是一种农艺学意义上的杂草防治，这种输入的病原菌可将新环境下的杂草控制在最初的生态水平，使之成为一种竞争力弱的野生物种。

比较青睐化学除草剂的人认为生物防治因子没有效用，因为生物防治因子不像化学除草剂那样是广谱的除草剂。然而，植物病原菌 sclerotinia 也许会是一个很有用的例外，它可以提出预警来避免非目标杂草的散播。很多病原菌的高度特异性被认为是一种优点，但这也限制它们仅应用于小的生态环境。但小的生态环境应用并不意味着不重要，因为这些病原菌可以在其他的杂草控制方法不成功时起作用。潜在的小的生态环境应用包括：①防治和作物很接近的杂草，此时化学除草剂不能选择性识别物种；②一些从未被有效防治的杂草；③对化学除草剂产生了抗性的杂草；④麻醉性杂草，比如罂粟和古柯。

未来的生物防治制剂最有可能使用一些特异性高毒力基因，保证病原菌感染能成功高效地限制杂草的蔓延生长。另外，它还能建立自动防御机制来防止非目标杂草的散播和向邻近生物的基因漂移。尽管有研究者报道了一些被认为很有潜力的生物防治因子来防除杂草，但要取得与化学除草剂成分相竞争的地位则还有很长的路要走。

为什么一些杂草的特异性本土病原菌被高剂量接种时并没有表现出明显的防除杂草的能力？很多病原菌被宣称很有潜能，但很少有真正能进入市场的制剂产品，大多数产品在推广的过程中没有被农民所接受。这些产品失败的原因有以下几方面。

(1)生物制剂使用时气候条件没有达到病原菌使杂草致病的条件，比如不能满足长的露水期需要。早期，研究者认为简单的芽孢液体悬浊液可以用于生物防治，即使很多化学除草剂是用表面活性剂和黏性成分合成调配的。制剂很快被重新合成、调配来保证繁殖体可以存活，并且要求在 12～24 h 保持湿润，而该条件在大多数土地气候中是不能被保证的，这个障碍在 Collego

产品中得到了解决，因为湿度对稻谷来说不是一个问题，其目标杂草才是问题。其他产品加入了保湿剂来保水，并在芽孢外加了一层油层来保持潮湿直到芽孢萌发，并逐渐建立寄生关系。另外，在使用方法上，任何和传统惯例的喷雾方法相矛盾的方法都是不具有商业价值的。即将进行的创新方法包括应用芽孢制剂处理农作物种子来防治作物根部的寄生植物——独脚金。国外研制了一个伴随着发酵培养基上的真菌菌丝体急速脱水的配方，并且将无水硅酸、油以及改性淀粉与之混合形成微球体，这种方法比起应用芽孢制剂可以生产更多的繁殖体数。此外，微球体中的菌丝体再水化并开始生长的过程几乎是瞬时的，这就排除了芽孢萌发所需要的露水期，而且菌丝体的急速脱水可以使其在 4 ℃条件下至少存活一年，这比芽孢的存活时间要长。使用菌丝体还使人们能够使用不产孢子的突变体来防止非目标生物的散播，但这需要使用特殊的喷洒设备，如果从成本效益考虑，该技术应该具有广阔的市场。

(2)对病原菌和杂草间的致病反应研究不充分。柯赫法则要求特异性杂草对特别的病菌敏感，但人们仅在病害致病过程中找出了特殊的致病菌，也许忽略了其他有用的病原菌(可能不致病)，而恰恰这些有用的病原菌可能对病害是必需的，所以，人们应该努力发现能增强防治杂草效果的有效成分。

(3)菌株的毒力不够强，生物防治菌没有经过改造，现在对编码杂草高毒力因子的基因方面的研究非常少，因此应该加强这方面的研究。病原菌主要使用毒性蛋白或者次级代谢物来加强它的毒性，这些次级代谢物通常是从初级代谢途径中转移出来的酶，而且这些酶通常被一些串联的基因所编码，这些串联的基因家族通常在一些真菌中被发现。为了对抗从病原菌释放的毒力来保护自身，植物主要靠自身的防御因素。但是，一种新型的毒力因素可以通过转基因方式来加强针对杂草特异性病原体的除草能力。

现在，市场上可以见到的绝大多数微生物除草剂产品属于真菌，这些产品在整个农药市场份额中所占比例非常低，国家在这方面也应加大投资力度，以开发出多种多样的微生物除草剂。

二、真菌除草剂的研发

真菌除草剂是一类防治杂草的真菌性植物病原生物制剂，其有效成分是活的真菌繁殖体(孢子或菌丝体)，加工成一定的剂型后使用。真菌除草剂可在田间大剂量施用，人工制造杂草病害的大流行，从而迅速有效地控制草害。

(一)利用植物病原真菌控制杂草的方法

一般分为两个范畴，即经典的方法和生物除草剂的方法。

经典的方法又称古典型方法，是指从某一危害性杂草的原产地采集病原微生物后引入本地，在没有天敌的条件下接种于该危害性杂草的方法。由于病原微生物具有对这种杂草的专一性强致病力，在进行人工接种后不会伤及栽培植物，却可以让目标杂草感病死亡，这种方法不仅有效而且成本低廉，即使导入菌不能完全消灭该杂草，也可以将其控制在某一程度上。迄今已成功的事例不少，特别是锈菌的某些种类在控制杂草病害方面的效果突出。1971年，澳大利亚曾利用一种单主寄生的长生活史型锈菌——粉苞苣柄锈菌(*Puccinia chondrillina*)控制麦田杂草粉苞苣(*Chondrilla juncea*)，获得了成功。粉苞苣起源于地中海，是一种多年生草本植物，当它逐渐成为澳大利亚东南部的小麦田和牧场内的重要杂草时，人们从意大利的维埃斯特采集到一种对粉苞苣有专一性的强致病力病原锈菌，在确认了该系统的寄主特异性及安全性后，在无菌状态下引入澳大利亚，新南威尔市的调查结果显示，在引入后的3～4年间粉苞苣的种群数量由85株/m^2下降到25株/m^2。1987年，在美国进行的田间实验显示，从土耳其采集的飞廉柄锈菌(*Puccinia carduorum*)的一个分离株，对蓟属(*Cirsium*)的8个种有致病性，能够很快地侵染法国、加拿大和美国的麝香蓟(菊科)。其他一些锈菌也可用来控制杂草，如用*Puccinia jaceae*控制矢车菊(*Centaurea solstitiales*)，用纵沟柄锈菌(*Puccinia canaliculata*)控制莎草科的香附子等。此外，尾孢属的某些种类也能够引起杂草病害，如1975年美国从牙买加引入一种真菌——藿香蓟小尾孢(*Cercosporella ageratinae*)，后来此菌有幸世代定名为菊叶黑粉菌(*Entyloma compositarum*)，用于防除夏威夷森林和牧场中最严重的菊科杂草*Ageratina riparria*，在对29科40种代表植物进行了寄主范围测定后证实该菌专性寄生*Ageratina riparria*，人工接种后杂草群体在9个月内从80%降到5%。我国在这一方面的研究尚未见报道。

生物除草剂的方法是目前较常用的手段，即采用工业发酵的方法把病原真菌培养并加工成一种制剂，经注册登记后作为商品出售，使用时像化学除草剂那样喷洒接种于目标杂草，使之感病致死的方法。这种制剂就叫作真菌除草剂。

真菌除草剂大多数是选择侵染茎、叶的植物病原菌，并且已经存在于目标杂草入侵的地域，它们具有寄主专一性，且必须具备强致病力，以起到杂草防除效果。因此，一种真菌若要发展成为除草剂，通常要完成以下工作。

(1)广泛调查某一靶标杂草自然群落内的致病菌，并按柯赫法则完成鉴定。

(2)对筛选出来的致病菌进行生物学特性的研究，如致病力、寄主范围、适应温度范围等，它对目标杂草应该具备强的致病力，并能在自然种群中传播。

(3)找到大量培养的方法,并解决长期保存的方法。

(4)研究提高其效果的助剂并制剂化。

(5)进行田间试验、安全性试验、残留性试验和效果试验。

(6)完成登记工作。

(二)国内外利用病原真菌防除杂草的研究现状

虽然人类利用生物防除杂草已有200多年的历史,但就微生物除草剂来说,它还是20世纪80年代出现的,特别是近20多年来国内外都已成功地开发了一些真菌除草剂,对解决一些难防除的杂草和保护农业生产起到了一定作用,并取得了明显的经济效益。1981年,Devine制剂在美国登记注册;次年,Collego制剂也由美国Upjohn公司开发成功;之后研制的用罗得曼尼尾孢(*Cercospora rodmanii*)防除水葫芦的除草剂也获得了专利保护。1992年,加拿大农业调查研究所开发、Philom Bios公司研制的Biomal正式使用。苏联、保加利亚用镰刀菌防治杂草列当取得成功。此外,菲律宾自1989年开始进行稻田主要杂草的真菌除草剂的开发研究以来,已经发现一种防治杂草尖瓣花的叶斑病菌,并进入安全性试验阶段;荷兰开发研制的旋孢腔菌属的真菌对1～2叶期的稗草有显著作用;美国正在开发利用*Bipolaris*的2个种分别防治杂草扁叶臂形草、假高粱;朝鲜筛选的真菌*Epicoccosorus*被用来防治多年生杂草铁荸荠(地粟);日本、英国等也正在对一些有希望的真菌除草剂做进一步的深入研究。

我国利用植物病原菌防除杂草的研究起步较早,也是世界上首先将该技术应用于生产的国家之一。云南对拉宾黑粉菌防治旱田马唐、尾孢菌防治紫茎泽兰进行了研究;中国水稻研究所利用橙刺盘孢防治稻田稗草。另外,江苏、江西、湖南等地的研究者也正在广泛开展利用病原真菌防除杂草的基础性研究工作。

总之,目前发现对杂草有不同控制效果的病原真菌种类已有40多个属种,多集中在链格孢属、镰刀菌属、尾孢属、刺盘孢属、壳二孢属、旋孢腔菌属、德氏霉属、叶黑粉菌属、茎点霉属、柄锈菌属、核盘菌属、小球腔菌属、叉丝壳属等的不同种类中,在各国研究人员的共同努力下,相信会有更多的真菌除草剂品种被开发且商品化。

(三)已商品化的真菌除草剂种类

1.Devine

Devine是一种以棕榈疫霉(*Phytophthora palmivora*)的厚垣孢子为有效成分的液态制剂,防除对象是柑橘园内的杂草——莫伦藤(*Morreniaodorata*),1981年在美国登记并出售。莫伦藤是一种蔓生植物,美国从南美洲将其引种到佛罗里达州的柑橘园是作为装饰植物的，但后来却发展成与柑橘树相互竞争的恶性杂草，而且缠绕树枝，影响喷雾、收获等农事操作，发生面积达12万公顷。当时主要依靠机械耕地和化学除草的手段控制莫伦藤的蔓延，每年的费用巨大。1972年，从柑橘园内已死亡的莫伦藤根茎部分离到棕榈疫霉的厚垣孢子，在首次的小规模田间试验中10周内就有96%的莫伦藤被杀死，但棕榈疫霉的厚垣孢子除对柑橘果实有弱的致病性以外，对柑橘的其他部分则完全没有致病性。因此，在1981年Devine作为世界上最早的微生物除草剂问世。

Devine对黄瓜和西瓜有弱的致病性，对其他植物很安全，但所有藤本植物对这种制剂是敏感的，使用时应注意。Devine制剂是含有厚垣孢子6.7～10个/L的悬浮液，使用时稀释400倍，喷洒于潮湿的土壤表面，每公顷约需50 L药液。由于该菌能够在土壤内存活，故药效可保持多年。

2.Conego

Collego使用的病原菌为1969年从水稻田中分离到的盘长孢状刺盘孢合萌转化型（*Colletotrichum gloeosporioides f.sp.aeschynomene*，Cga），并于1982年在美国获得登记，是为了防除水稻及大豆田内的弗吉尼亚合萌（亦称田皂角）（*Aeschynomene virginica*）而开发出来的一种制剂。

弗吉尼亚合萌是一种豆科植物，在水稻田的密度达1～11株/m^2时可减少稻谷产量4%～19%，其种子混入稻谷后降低了稻谷的品质。Cga只对弗吉尼亚合萌有致病性，对作物和其他杂草是安全的，但有报道称在田间的条件下可能会使豌豆的一些品种受到感染。

商品的Collego制剂共有两种成分：成分A和成分B。成分A是水溶性糖液，每瓶约1 L；成分B是干燥的孢子，75.7×10^{20}个/袋。使用时，将成分A和成分B按1∶1比例混合后即可喷洒。一般接种后1周内杂草发病，5周内杂草枯死。田间试验结果表明，水田的防治效果为76%～97%，大豆田为91%～100%。与Devine相比，Collego的使用范围更加广泛，但致病菌在土壤和水中存活时间不长，药效较短。

3.Biomal

Biomal是1992年由加拿大开发并商品化的一种干粉状真菌制剂，致病菌是长盘孢状刺盘孢锦葵转化型（*Colletotrichum gloeosporioides.sp.malvae*，Cgm），该菌于1982年从锦葵杂草——圆叶锦葵的茎部炭疽病斑上分离得到，只侵染锦葵属的植物，如苘麻和蜀葵。

在30 ℃以下且结露20 h以上的人工控制条件下，按2×10^6个/mL的孢子液接种于目标杂草，经17～20 d杂草全部枯死；在田间试验条件下，用60×10^6个/mL的孢子液浓度喷洒目标杂草后，若遇48 h内降雨或者结露

12～15 h，保持 20 ℃左右的冷凉天气，则会取得成功。

4.鲁宝一号

“鲁宝一号”是我国 20 世纪 60 年代初研制成功的真菌除草剂，也是国际上利用真菌进行杂草生物控制研究起步较早且成效显著的典型事例，它对大豆菟丝子具有特殊的防治效果。

菟丝子是一种寄生性杂草，其种子萌发后通过幼茎缠绕寄主并形成吸器而营寄生生活，被寄生后的大豆不仅产量低、品质差，而且给收获造成障碍。当时，对菟丝子这一恶性杂草的防除主要靠人工拔除，费时、费工又不彻底，容易损伤大豆植株。1963 年，山东农科院植保所在济南从患病的大豆菟丝子上分离到一种专性寄生菌，后被定名为胶孢炭疽菌菟丝子转化型（*Colletotrichum gloeosporioides f.sp.cuscutae*），它对大豆田中的中国菟丝子、南方菟丝子均可侵染致病，利用该菌的培养物制成的防除制剂商品名为“鲁宝一号”，20 世纪 60 年代中、后期在山东、江苏、安徽、陕西、宁夏等 20 个省区推广面积达 60 万公顷，防治效果稳定在 85%以上，取得了巨大的经济效益。

三、真菌除草剂研究中的限制因素

（一）作用对象单一

大多数真菌除草剂的寄主范围很窄，即对目标除草的选择性强，因此，它们只能在特定的场合发挥出特有的作用，对于同一农田生态系中的其他杂草没有杀伤能力，故推广及大规模使用也受到了限制。

（二）受环境因素的影响大

由于真菌除草剂中发挥作用的主体是活的微生物体，施用后对环境条件的要求比化学除草剂更加严格，如田间的湿度、露水持续的时间、不同地区的温度和雨量等，凡一切可能影响真菌孢子体或菌丝体的生长、发育的因素都会直接或间接地影响到真菌除草剂的防治效果，这也是目前已筛选出来的许多菌株因为施用技术要求太高而不能商业化的重要原因。

（三）菌体的生产较困难

目前，工业上主要靠发酵来大量繁殖和生产真菌除草剂，发酵方法包括液体发酵和固体发酵两种，其中，液体发酵方法应用更普遍一些。实际上，由于一部分真菌很难繁殖、产孢量低或多代繁殖后其致病力下降等原因，使得真菌除草剂的大量生产和商品化受到限制。

（四）制剂加工技术

助剂种类、剂型和加工技术直接影响真菌除草剂开发的成功与否，因为适当的助剂和改良剂不仅能促进或调节孢子萌发、提高致病力，而且还可以减少对环境的污染、增加防治效果。但是，由于真菌除草剂中的活性成分是活的微生物体，且都是颗粒物质，多不溶于水，故影响了真菌除草剂制剂的湿润性、分散性和悬浮性等物理性能，限制了加工。

四、开发前景与展望

尽管在开发真菌除草剂的过程中还存在着一些问题，限制了它的应用和发展，但是由于从杂草中分离的植物病原菌对寄主植物具有种间特异性，所以对栽培植物的危害小，对环境较安全。从已经应用于生产的真菌除草剂品种的实际经验可知，对真菌除草剂的研究是很有潜力和必要的；同时，根据现代农药开发的趋势和社会对农药的要求，作为“元公害农药”的真菌除草剂将会有更加广阔的发展前景。

（一）研制真菌除草剂与草害综合治理和遗传工程相结合

草害治理是一项综合性很强的技术体系，依靠单一措施难以奏效。鉴于真菌除草剂存在的先天不足，可以通过其他方法或技术加以弥补。

（1）在防治对象方面，研究多菌合用治草、一菌治数草及虫菌并用治草等。

（2）针对真菌除草剂较窄的寄主特异活性，可采用选择寄主范围宽的高活性病原菌，然后再限制其活性谱的方法。

（3）还可以考虑真菌除草剂和其他化学除草剂、杀虫剂、杀菌剂等的混用，及其他除草方法的交叉运用。

（二）发酵技术及制剂加工将得到进一步提高和发展

工业化生产的发酵技术及合适的剂型是影响真菌除草剂大量生产和商品化的两个主要因素，这两个因素往往会引起一些高效、安全的除草剂品种出现不易繁殖、产孢量低、活力差和致病力下降等问题。因此，必须通过研制新的培养基和改善发酵工艺来提高菌体的繁殖速度和稳定性，以满足工业化生产的需要。

（三）注重加强合作、加强宣传工作

微生物农药的研究和开发不仅是一个新兴的多学科交叉领域，也是一项极其复杂的工程。因此，必须组织包括杂草学、植物病理学、微生物学、遗传学、农药学、有机化学等诸多学科的力量，开展联合攻关和协作；同时，不能忽略与国际间的合作交流，以及引进国外的先进技术和外资联合开发。此外，还必须积极开展关于真菌除草剂应用前景及其重要意义的宣传，不仅要引起主管决策部门的重视，以得到政府的重点投入和支持，也要向广大的基层群众做好这方面的宣传工作，才能使其得到快速的发展。

第五章　海洋微生物资源的开发与应用研究

海洋约占地球表面积的 70%，其中所含的资源不应被忽视。海洋生物是开发海洋药物、保健食品、营养食品等的重要生物材料。由于海水中盐分含量多(3.3%～3.7%)，水温低(一般为 10～25 ℃)，有机物质含量少，海底承受的水压高，故海洋微生物一般具有嗜压(或耐压)、嗜盐(或耐盐)、低营养需要及低温下生长的特性。

第一节　海洋微生物及其研究意义

一、海洋微生物分布的特点

(1)沿岸比外海微生物密度高，特别是江河入海口和近海养殖场海域的微生物密度高。

(2)海面下 20 ～25 cm 由于光线能够达到，细菌和浮游植物的密度高，随水深增加而密度下降；至海底淤泥处，细菌密度又急剧升高，但沙砾海底由于有机物少而微生物密度偏低。

(3)海底土中表土的微生物密度高，随深度增加，微生物密度和种类均减少。

(4)水温高的夏季，微生物密度比冬季高。

(5)附着性细菌在固形物含量多的海水中密度高。

(6)海水表层溶解氧浓度高，好氧的微生物和浮游植物密度高。

(7)有机物含量高的海水中异养微生物密度高。

(8)自浅海海水中分离的微生物对明胶、酪蛋白等蛋白质和脂肪的分解力高于对淀粉的分解力。

(9)赤道及其附近热带海域中分解蛋白质、碳水化合物等生物学活性低的异养微生物比南北极及亚寒带海域多。

二、深海微生物

深海通常指 1 000 m 以下的海洋，占海洋总面积的 3/4，而其中深海沉积物覆盖了地球表层的 50%以上。在深海中极端环境下存在一些能适应高温、低温、高酸、高盐的微生物，如嗜热菌、嗜冷菌、嗜酸菌、嗜盐菌等，它们被称为海洋极端环境微生物。

深海环境下极端微生物的研究不仅是目前生命科学最前沿的领域之一，也是海底深部生物圈研究和海底流体活动研究重要的组成部分。该项研究将回答生命起源、生物进化、外太空生命探索等生命科学的重大问题，并带动包括21世纪地球科学在内的其他学科领域的重大发展。

第二节　海洋微生物的附着生长

海洋微生物种类繁多，据统计有100万～2亿种，它们能够耐受海洋特有的高盐、高压、低营养、低光照等极端条件，在物种、基因组成和生态功能上具有多样性，因此其腐蚀形式和机理也是多样的，如图5-1所示。

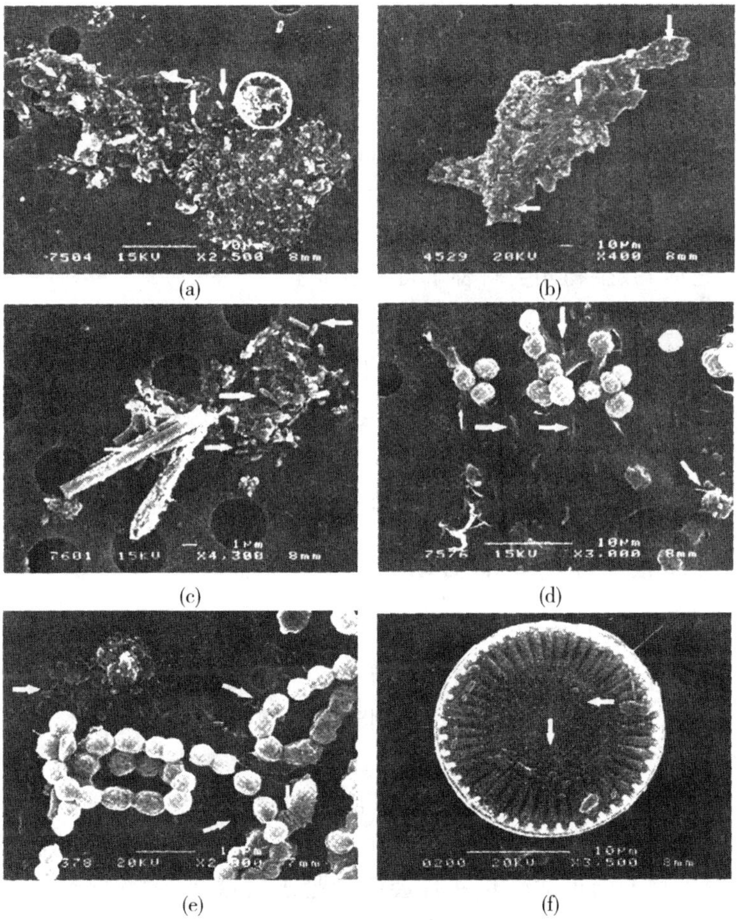

图5-1　不同海洋微生物引起的材料腐蚀

一、海洋微生物的运动轨迹

海水(或海泥)中的微生物会以各种形式被运送到固体材料表面上。在大多情况下,自然环境中存在的微生物广泛分布于液态物质(如海水、地下水等)中,而它们接触到各类表面的机制如下。

(一)沉积作用

在深海环境或海洋结构的某些边角位置,海水是相对静止的。在这种情况下,沉积作用是决定微生物能够靠近材料表面的关键因素。大多微生物都可以悬浮在海水环境中,只有在低剪切力的流动系统中,微生物才有可能沉积到材料表面;如果流动的剪切力过大,如海洋表面,沉积作用是不可能发生的。

(二)洋流动力

海水的波浪运动及海水由于温度变化和重力引起的对流作用可以长程地运输海洋微生物。在这种相对较为混乱的流动系统中,微生物会由于涡流扩散现象在大面积的固体表面均匀分布。而在近表面区域,涡流扩散只会将微生物带到一个具有黏性物质的亚表面,只有在微生物的运动速率超过表面层海水流速时,微生物才会附着于材料表面。

(三)趋化性

一旦某种可以运动的微生物接近材料表面,这种微生物就会向着营养物质聚集的材料表面移动,最终到达或接近材料。在这种情况下,微生物一般是主动趋向营养物质聚集处,或者消极地远离不利物质。大部分的微生物缓蚀剂都是利用微生物的这种特性,以达到抑制微生物附着的作用。

二、海洋微生物的生命活动

一旦附着在材料表面,在适宜的环境下,微生物就会进行自身的新陈代谢,这些生命活动都和材料的腐蚀有着密不可分的关系。所谓微生物的繁殖主要是指无性分裂使微生物的数量呈指数增长,而微生物的生长则指细胞的尺寸增长,以及胞外聚合物(Extracelluar Polymeric Substance,EPS)的产生。

材料表面的微生物可以进行新陈代谢和自我调节。海洋微生物并不仅仅在富有营养物质的表面生长,有时在寡营养聚集地[1]也可以生长。在这种情况下,微生物不能正常生长并且会逐渐趋于饥饿状态,微生物会自动降低

[1] 寡营养聚集地是指营养物质的附着量几乎为零的材料表面。

其自身代谢速率和缩小细胞体积，以达到生存的目的，而且饥饿的微生物的附着能力较正常微生物强很多。

第三节　海洋微生物腐蚀机理及研究方法

近年来，随着海洋开发事业的蓬勃发展，微生物腐蚀研究受到广泛关注。但由于微生物存在的广泛性及微生物腐蚀的复杂性，这方面的许多问题都有待于进一步研究。

一、硫酸盐还原菌引起的微生物腐蚀

由于微生物的生命活动而引起或促进材料腐蚀进程的现象统称为微生物腐蚀。微生物腐蚀现象中的厌氧菌主要是硫酸盐还原菌（SRB），SRB 是一些能够把SO_4^{2-}还原成 H_2S 而自身获得能量的各种细菌的统称，是一种以有机物为养料的厌氧菌。它们广泛分布于 pH 值为 6～9 的土壤、海水、河水、淤泥、地下管道油气井、港湾及锈层中，常生存在好气性硫细菌的沉积物下面，最适宜的生长温度是 20～30 ℃，可以在高达 50～60 ℃的温度下存活。SRB 能在厌氧条件下大量繁殖，形成垢造成水管道的堵塞，导致工业设施的毁坏。因此，微生物腐蚀及其防治一直受到人们的关注。本节结合作者研究团队最近几年的工作，对 SRB 的腐蚀作用机理、SRB 的生长变异防控措施进行了综合论述。

（一）硫酸盐还原菌对不锈钢腐蚀的影响

以最常见的 304 不锈钢为例，本节对比了其在无菌和有 SRB 环境下的电化学腐蚀性能。以 304 不锈钢为实验材料，分别浸泡在无菌海水和加入 SRB 的培养基溶液中，30 ℃水浴，实验装置示意图如图 5－2 所示。测定不同材料的 E 随时间变化的曲线，如图 5－3 所示。

有菌环境中，在最初浸泡阶段（3 天），不锈钢表面附着大量的 SRB 个体，长度在 3 μm 左右；当浸泡 40 天后，表面被一层微生物膜覆盖，看不到清晰的细菌个体。有研究证明，这个阶段主要是一些细胞外高聚物（EPS）的存在掩盖了细菌的单体。去除掉表面微生物膜后，可以看到不锈钢表面有大面积的黑色腐蚀区域和许多微孔，而在无菌环境中的不锈钢表面 40 天后只有一些微孔存在，没有明显腐蚀区域，说明微生物膜的存在有加速腐蚀的作用。

动电位扫描在金属电极刚浸入电解池到浸泡 35 天之间测定，其中扫描速率为 0.5 mV/s 。动电位扫描极化曲线如图 5－4 所示，从中可以看出，随着浸泡时间的延长，腐蚀电位负移，腐蚀电流增大。这就表明 SRB 的存在可使

不锈钢表面氧化膜遭到破坏，加速不锈钢的腐蚀。

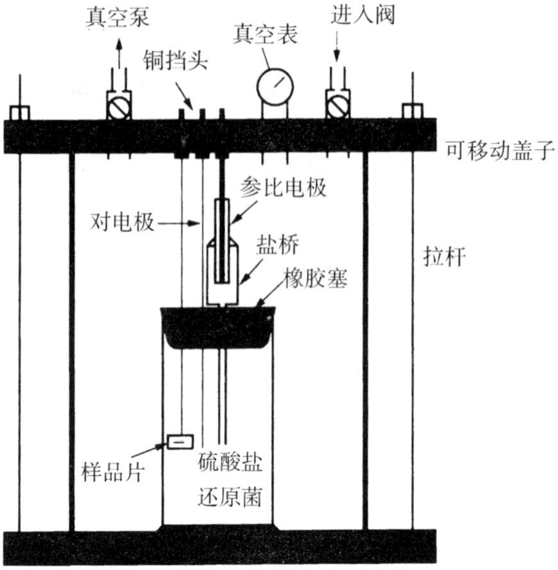

图 5－2　304 不锈钢存有菌海水中的电化学实验装置图

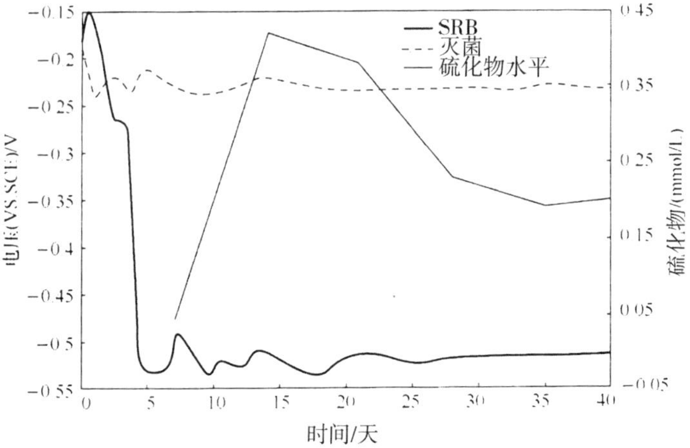

图 5－3　304 不锈钢在自然(有菌)海水中的自腐蚀电位随时间的变化曲线

304 不锈钢在 3 种环境中(无菌海水、天然海水、SRB 培养液)浸泡 7 周后的阻抗谱图，如图 5－5 所示。从图中的幅角值可以看出，无菌海水中的不锈钢电容性最强(幅角值最大)，其次是天然海水，试样在 SRB 溶液中的电容性最差，相应的极化电阻也最小，说明其耐腐蚀性最差。由此可见，SRB 的腐蚀产物 S^{2-} 和有机酸破坏了钝化膜，使之完全失去保护作用，诱导了不锈钢点蚀的发生和发展。

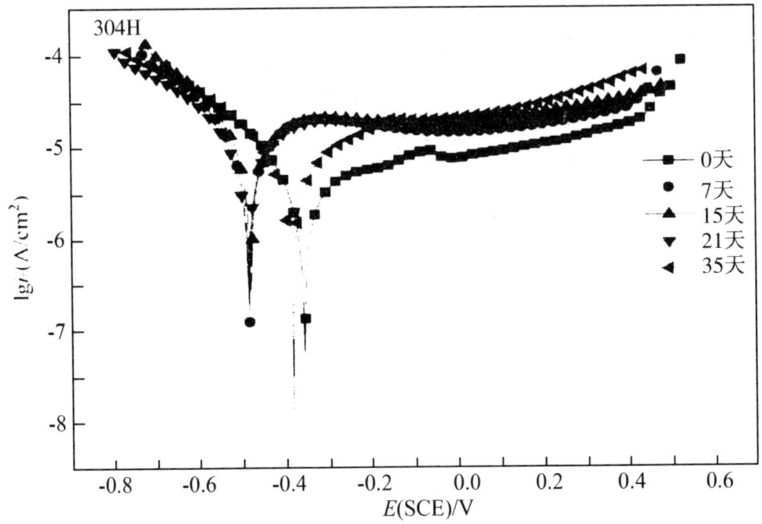

图 5－4 304 不锈钢在有菌溶液中动电位的极化曲线

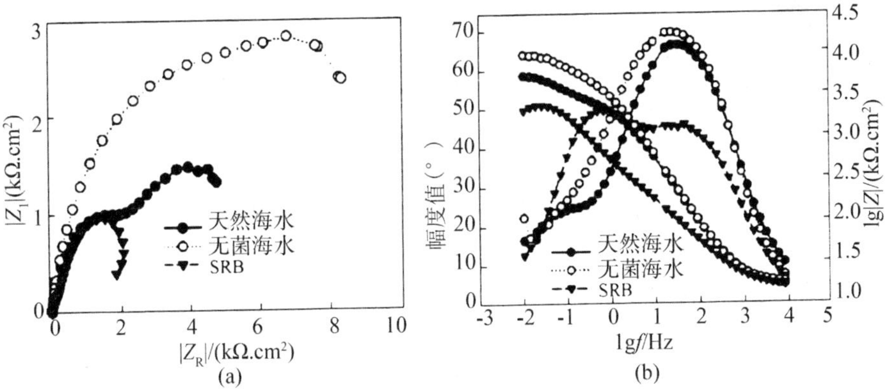

图 5－5 304 不锈钢浸泡 7 周后的阻抗谱

304 不锈钢浸泡时间变化的 Nyquist 阻抗谱如图 5－6 所示。随着不锈钢在有菌环境浸泡时间的延长，极化电阻先增大后减小，说明不锈钢在浸泡初期随着氧化层的形成，对其有一定的保护作用，但当浸泡一段时间后，微生物大量聚集在材料表面，微生物所产生的酸性物质导致了氧化膜的不均性和破损，加速了腐蚀的进行。

以上主要从实验角度分析了 SRB 对不锈钢腐蚀的影响，但其腐蚀机理在学术界还存在较大分歧。

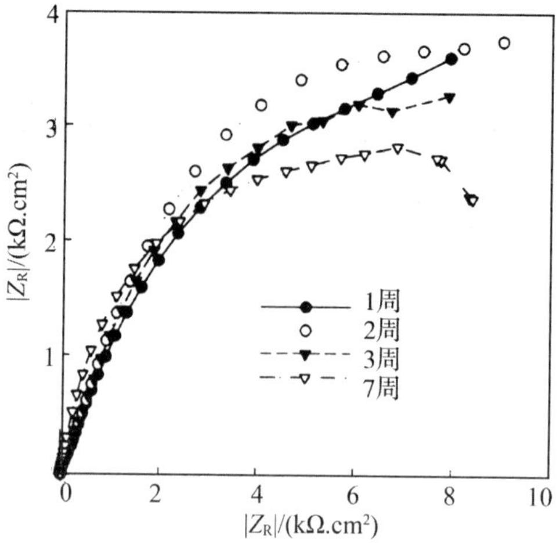

图 5－6　304 不锈钢随浸泡时间变化的 Nyquist 阻抗谱

(二)硫酸盐还原菌腐蚀防控措施

1.物理、化学方法

利用紫外线、超声波或放射线或杀菌剂来处理可杀灭 SRB。安装过滤器和反冲洗装置,选择适当孔径的过滤器能阻止 SRB 进入海洋中。

2.加防护层和阴极保护方法

应用防护层是防腐工作中常采用的方法之一。阴极保护一般和防护层联合使用。通常在土壤和水介质中,可采用耐菌的有机或无机防护层及外加电流的阴极保护等控制 SRB 造成的微生物腐蚀。

3.限制营养源

限制金属构件周围的可供 SRB 生长的营养物,或是除去 SRB 的腐蚀产物等也是降低 SRB 腐蚀危害的重要方法。

二、海洋其他优势菌引起的微生物腐蚀

铁和铝是海洋应用最广泛的两种材料,它们由于取材便利,价格低廉,是重要的工程材料。但是,由于海洋环境的特殊性,尤其是海洋微生物附着腐蚀,都在考验海洋材料的永久性应用。

(一)铁铝金属间的化合物在优势菌环境中的电化学腐蚀

Fe_3Al 材料浸泡于无菌培养基及三种不同附着微生物介质中 0 ～ 30 天的开路电位曲线如图 5－7 所示。由图可以发现,没有微生物附着的空白培养基中,Fe_3Al 材料表面开路电位变化不明显,说明材料未受到腐蚀。而有微生物膜附着的开路电位变化都是先负移再正移,说明 Fe_3Al 材料在浸泡初期,表面尚未形成完整钝化膜,极易被腐蚀。Fe_3Al 材料是铁先被腐蚀,然后铝被裸

露出来，形成钝化膜，起到一定的保护作用。但是随着材料表面形成明显的局部腐蚀，电位也会立即负移。

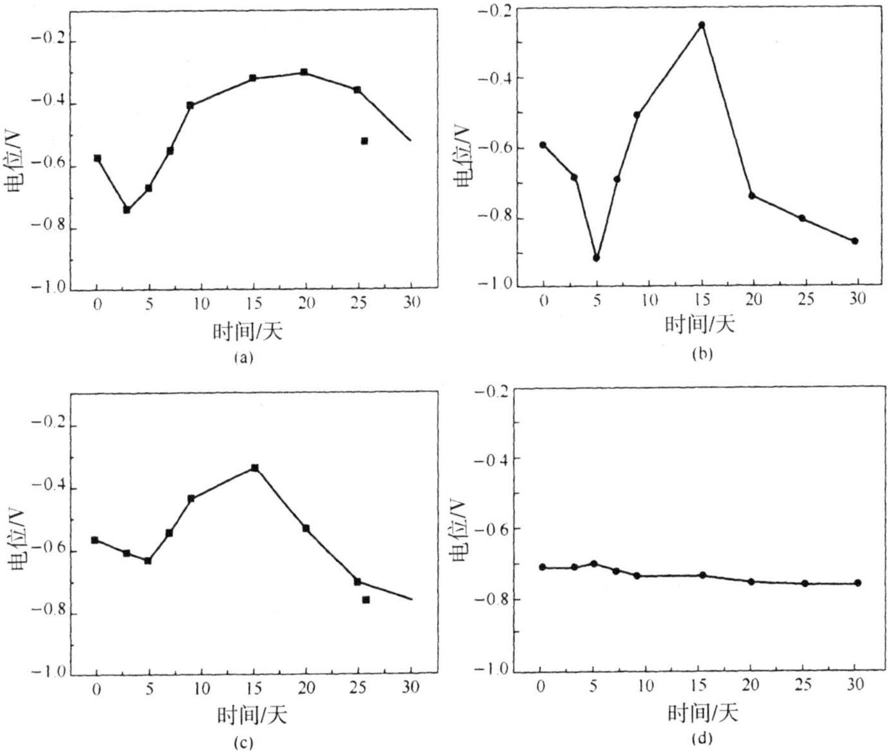

图 5-7　Fe_3Al 电极表面开路电位随浸泡时间变化曲线

(a)芽孢杆菌培养基；(b)氯酚节杆菌培养基；(c)黄色链霉菌培养基；(d)无菌培养基

芽孢杆菌微生物膜附着的 Fe_3Al 电极电化学阻抗谱如图 5-8 所示。浸泡初期，芽孢杆菌疏松多孔的微生物膜覆盖使得材料表面未形成钝化膜，阻抗谱呈现典型低阻抗特征[见图 5-8(a)、(b)]；浸泡一段时间后，电极阻抗谱低频端阻抗逐渐增加，说明表面材料表面钝化膜正在形成，阻挡电极腐蚀的进行，但是膜并不致密，有小孔存在[见图 5-8(c)、(d)]；浸泡 30 天后，材料表面相位角剩余两个时间常数，高频端的时间常数存在说明 Fe_3Al 电极已经完全被微生物膜覆盖，微生物膜致密无孔[见图 5-8(e)、(f)]。

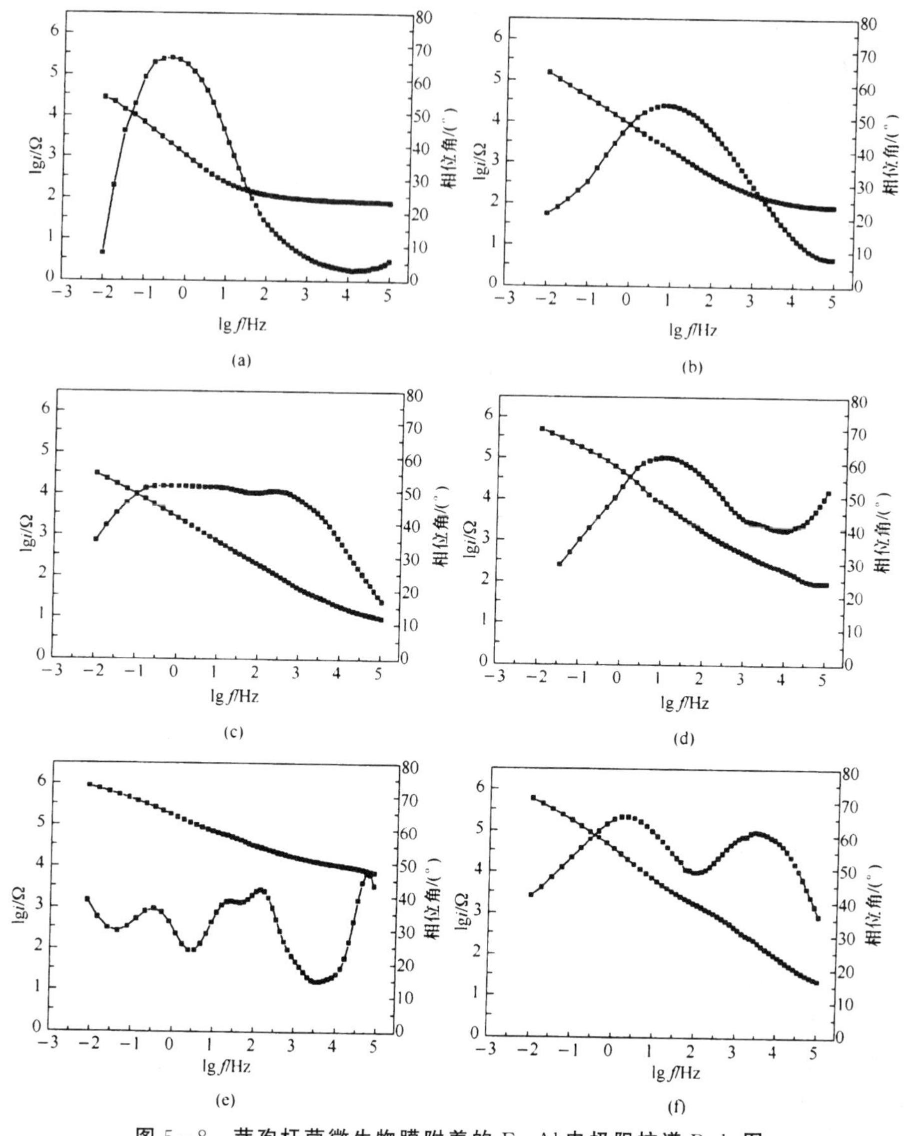

图 5-8　芽孢杆菌微生物膜附着的 Fe_3Al 电极阻抗谱 Bode 图

(a)1 天;(b)5 天;(c)10 天;(d)15 天;(e)20 天;(f)30 天

氯酚节杆菌微生物膜附着 Fe_3Al 电极的阻抗谱如图 5-9 所示。

浸泡初期,氯酚节杆菌附着对 Fe_3Al 电极的影响同芽孢杆菌附着的影响十分相似,只是在氯酚节杆菌附着 5 天后,Fe_3Al 电极的阻抗谱已经呈现钝化现象,说明浸泡初期,氯酚节杆菌及其新陈代谢产物的存在并未阻止 Fe_3Al 电极表面钝化膜的形成。Fe_3Al 电极表面阻抗随着微生物生长天数的增加而不断增大,到浸泡 20 天时达最大值,之后电极阻抗谱的高频端逐渐降低,说明氯酚节杆菌在 20 天后脱离适应期，进入快速生长繁殖期，其新陈代谢产物的释放使 Fe_3Al 电极表面逐渐出现少量的孔蚀现象，并增大了溶液中的电阻值。

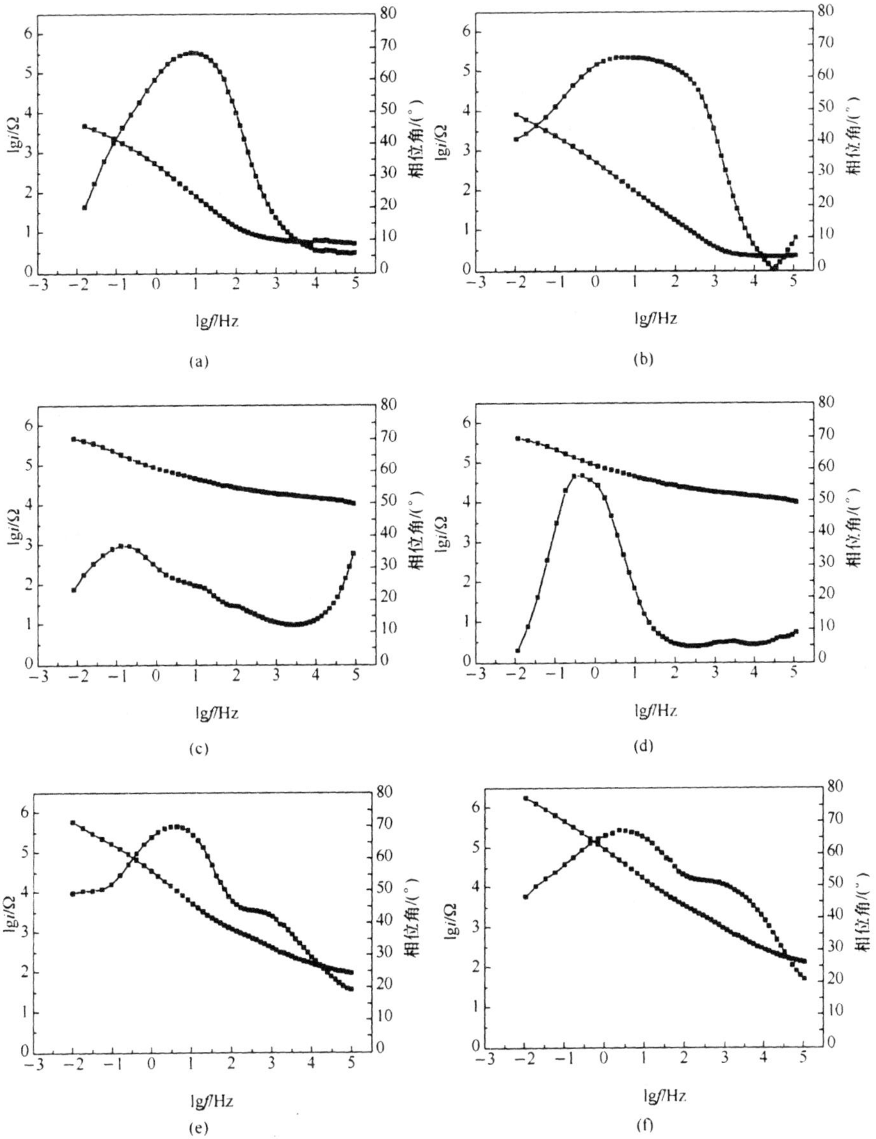

图 5-9 氯酚节杆菌微生物膜附着的 Fe_3Al 电极阻抗谱 Bode 图

(a)1 天；(b)5 天；(c)10 天；(d)15 天；(e)20 天；(f)30 天

Fe_3Al 电极在黄色链霉菌培养基中浸泡 1～30 天的阻抗谱如图 5-10 所示。

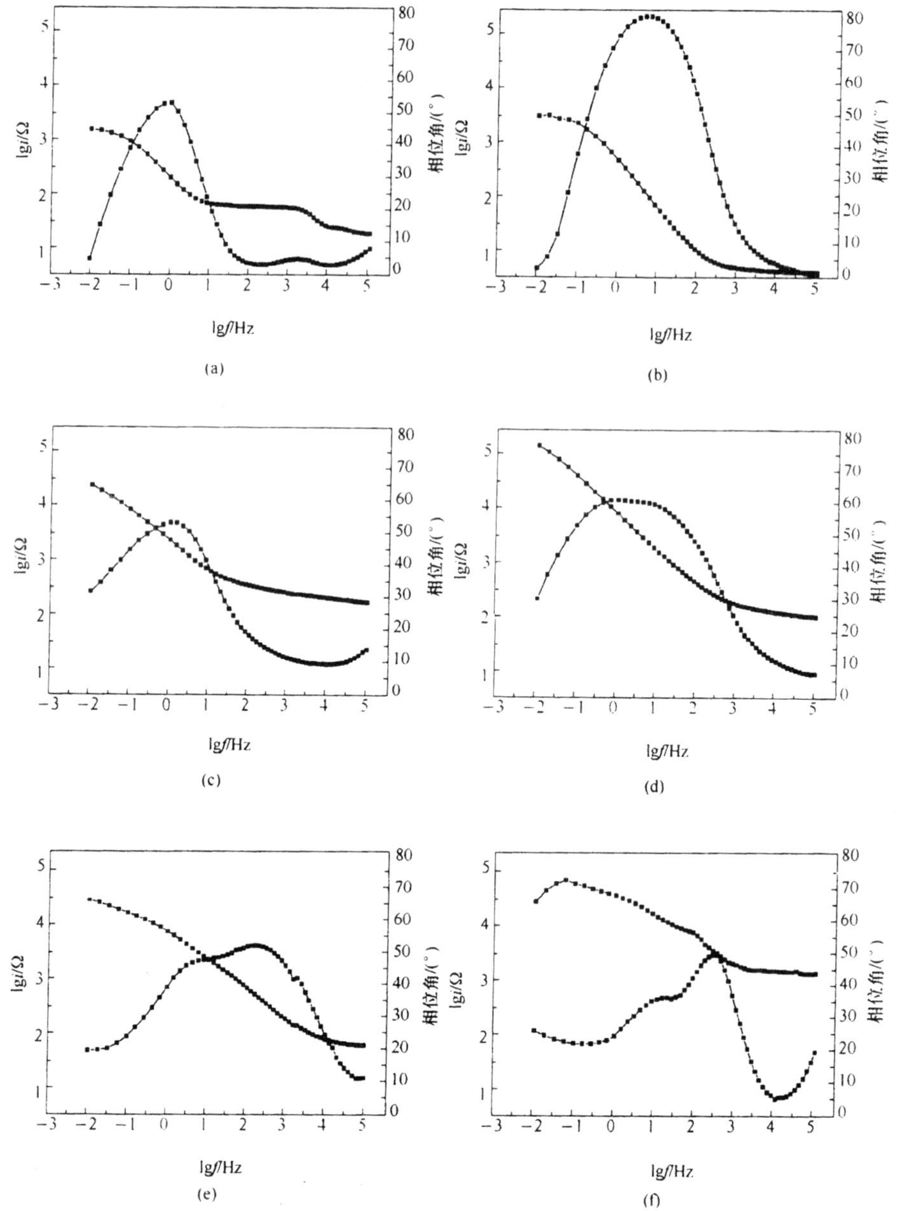

图 5－10 黄色链霉菌附着对 Fe_3Al 电极阻抗谱影响

(a)1 天；(b)5 天；(c)10 天；(d)15 天；(e)20 天；(f)30 天

阻抗谱证明，黄色链霉菌微生物膜表面的附着并未引起 Fe_3Al 电极的大量腐蚀。黄色链霉菌微生物膜使 Fe_3Al 电极的阻抗随着浸泡时间的延长不断增大，阻挡了 Fe_3Al 电极表面由于培养基溶液腐蚀导致的均匀腐蚀，对 Fe_3Al 材料有一定的缓释作用；但是由相位角曲线可知，由于黄色链霉菌微生物膜的存在，Fe_3Al 电极表面钝化膜一直不完整，有少量空隙存在，尤其在浸泡 25 天之后，相位角曲线出现高频端时间常数，说明材料表面已经出现孔蚀；到浸泡 30 天后，高频端时间常数十分明显，综合 SEM 图像可发现，此时 Fe_3Al 电极表面出现缝隙腐蚀。

Fe_3Al 电极在芽孢杆菌、氯酚节杆菌、黄色链霉菌及无菌培养基中初期及长期浸泡后，其动电位极化曲线如图 5-11 所示。

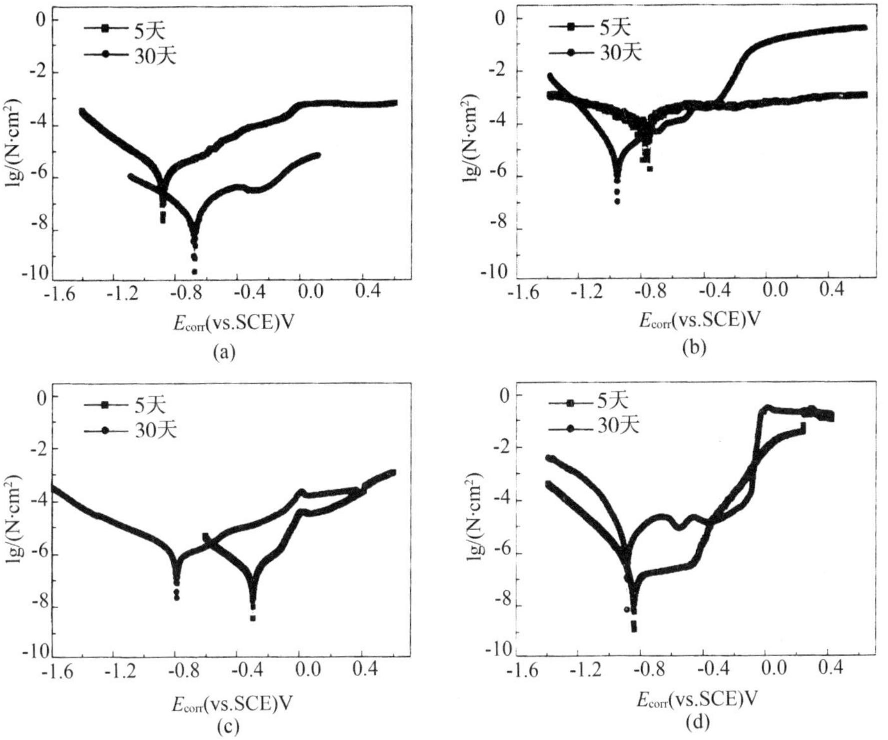

图 5-11 不同微生物附着对 Fe_3Al 电极动电位极化曲线影响

(a)芽孢杆菌；(b)氯酚节杆菌；(c)黄色链霉菌；(d)无菌

在无菌培养基中浸泡 5～30 天，Fe_3Al 电极的阴极极化曲线形状未发生改变，说明培养基的作用未改变 Fe_3Al 电极的阴极极化过程，始终由析氢反应控制，反应方程式如下：

$$2H^{+}+2e \rightarrow H_2$$

而浸泡一段时间后，Fe_3Al 电极的阳极曲线变化较大，E_{corr} 及 i_{corr} 均明显正移，曲线钝化区增加，Fe_3Al 电极处于钝化状态。

Fe_3Al 电极在芽孢杆菌微生物膜覆盖的电极中浸泡 5～30 天，其阴极极化反应一直为吸氧反应，即由氧的扩散速率决定整个腐蚀过程的进行，反应方程式如下：

$$O_2 + 2H_2O + 4e \longrightarrow 4OH^-$$

这是因为芽孢杆菌属于一种产酸菌类，新陈代谢活动需消耗大量的游离氧，细胞膜内外及材料表面与内部氧含量的差异导致氧浓度差电池的产生，促进了材料表面的局部腐蚀进行，而阳极曲线则未见明显钝化区域，说明材料表面未形成有效钝化，始终裸露新鲜表面，进行均匀腐蚀。

(二) Fe_3Al 表面微生物膜结合力分析

根据牛顿流体力学外围环形流动理论得知，如果外围流体半径相对中心转动轴半径足够大，可忽略流体环流过程中的涡流现象，可认为浸泡于流体中的 Fe_3Al 试样表面只存在平行于材料表面的剪切力作用。当该剪切力达到微生物膜与材料表面的临界界面结合力时，微生物膜将会被剥离材料表面。

牛顿流体旋转流动半径方向线速度方程为

$$\rho\left(\frac{\partial v_r}{\partial t} + v_r \frac{\partial v_r}{\partial r} + \frac{v_\theta}{r}\frac{\partial v_r}{\partial \theta} - \frac{v_\theta v_r}{r} + v_z \frac{\partial v_\theta}{\partial z}\right)$$
$$= \frac{\partial p}{\partial r} + \mu\left[\frac{\partial}{\partial r}\left(\frac{1}{r}\frac{\partial}{\partial r} r v_r\right) + \frac{1}{r^2}\frac{\partial^2 v_r}{\partial \theta^2} + \frac{2}{r^2}\frac{\partial v_\theta}{\partial \theta} + \frac{\partial^2 v_r}{\partial z^2}\right] + \rho g_r$$

角速度方程为

$$\rho\left(\frac{\partial v_\theta}{\partial t} + v_r \frac{\partial v_\theta}{\partial r} + \frac{v_\theta}{r}\frac{\partial v_\theta}{\partial \theta} - \frac{v_\theta v_r}{r} + v_z \frac{\partial v_\theta}{\partial z}\right)$$
$$= -\frac{1}{r}\frac{\partial p}{\partial \theta} + \mu\left[\frac{\partial}{\partial r}\left(\frac{1}{r}\frac{\partial}{\partial r} r v_\theta\right) + \frac{1}{r^2}\frac{\partial^2 v_\theta}{\partial \theta^2} + \frac{2}{r^2}\frac{\partial v_r}{\partial \theta} + \frac{\partial^2 v_\theta}{\partial z^2}\right] + \rho g_\theta$$

垂直方向运动速度方程为

$$\rho\left(\frac{\partial v_z}{\partial t} + v_r \frac{\partial v_z}{\partial r} + \frac{v_\theta}{r}\frac{\partial v_z}{\partial \theta} - \frac{v_\theta v_z}{r} + v_z \frac{\partial v_z}{\partial z}\right)$$
$$= -\frac{\partial p}{\partial r} + \mu\left[\frac{1}{r}\frac{\partial}{\partial r}\left(r \frac{\partial v_z}{\partial r}\right) + \frac{1}{r^2}\frac{\partial^2 v_z}{\partial \theta^2} + \frac{\partial^2 v_z}{\partial z^2}\right] + \rho g_z$$

假设此时溶液只有水平方向的速度，则分速度 v_r、v_z 都为 0，方程转换为半径分量和角速度分量。

半径分量

$$-\rho\frac{v^2{}_\theta}{r} = -\frac{\partial p}{\partial r}$$

角速度分量

$$0 = \frac{\mathrm{d}}{\mathrm{d}r}\left(\frac{1}{r}\frac{\mathrm{d}}{\mathrm{d}r} r v_\theta\right)$$

垂直方向分量

$$0 = -\frac{\partial p}{\partial z} + \rho g_z$$

对于边界条件，$r=kR, v_\theta=0; r=R, v_\theta=2\pi v_0 R$，得到 v_θ 的表达式为

$$v_\theta = \Omega_0 R \frac{\frac{kR}{r}-\frac{r}{kR}}{k-\frac{1}{k}}$$

则水平剪切力 $\tau_{r\theta}$ 的表达式为

$$\tau_{r\theta} = -\mu\left[r\frac{\mathrm{d}}{\mathrm{d}r}\left(\frac{\Omega_0 R}{r}\frac{\frac{kR}{r}-\frac{r}{kR}}{k-\frac{1}{k}}\right)\right] = -2\mu\Omega_0 R^2\frac{1}{r^2}\frac{k^2}{1-k^2}$$

上式为依据计算 Fe_3Al 试样表面承受的剪切力，也是不同种类微生物在 Fe_3Al 试样表面的临界结合力。

由不同转速下微生物膜剥离 Fe_3Al 试样表面的 r 值及由此计算得出的不同微生物膜在 Fe_3Al 试样表面附着临界界面结合力可知，不同转速对最终得到的界面结合力有一定影响。可能是由于转速越小，微生物膜在流动灭菌海水中浸泡的时间越长，最终得到的计算结果就会偏小。下面以 4.8 r/s 的实验结果讨论不同微生物膜在材料表面附着临界界面结合力随生长时间变化的趋势，如图 5－12 所示。

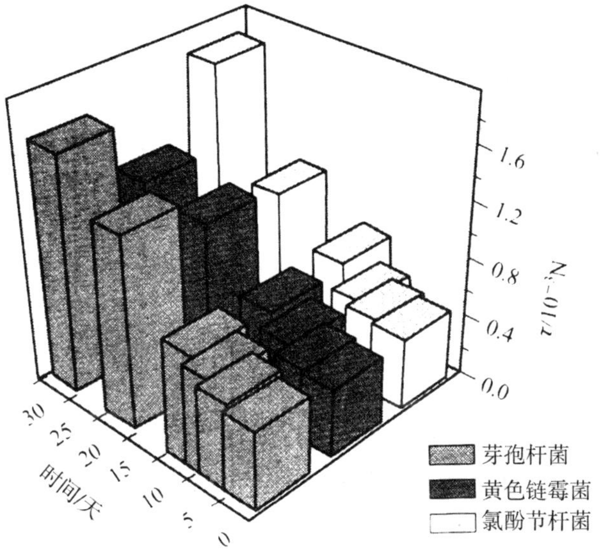

图 5－12 三种优势附着微生物膜与 Fe_3Al 材料界面结合力随时间变化

由图 5－12 可知，三种优势附着微生物膜与材料界面之间的临界结合力在浸泡初期都较低。这是由于在浸泡初期，微生物膜未能完整覆盖整个材料表面，微生物在生长适应期内未大规模进行新陈代谢作用，胞外分泌物较少，

微生物膜易脱落，处于可逆附着阶段；随微生物生长时间的不断延长，三种优势附着微生物膜与 Fe_3Al 材料之间的界面结合力也不断增加，附着由可逆过程逐渐转变为不可逆过程，其中，与 Fe_3Al 材料结合最为紧密的是芽孢杆菌。这说明在微生物生长过程中，虽然有死去的微生物脱落 Fe_3Al 材料表面，微生物膜层的厚度也一直在变化，但是，微生物膜同材料之间的界面结合却越来越牢固，这样的结合强度既能够保证微生物膜抵抗水流运动等外界因素影响，又可以保证新生微生物继续在材料表面附着。

第四节　有益菌在海水养殖中的应用

目前，可在实验室培养的有益菌主要包括三大类：产甲烷细菌、嗜热酸细菌和嗜盐细菌。产甲烷细菌可以参与地球上的碳素循环；嗜热酸细菌可以在获得能量时完成硫的转化；嗜盐细菌可以在盐饱和的环境中生长。

一、产甲烷细菌

产甲烷细菌在海洋环境中大量存在，与天然气的产生有密切关系。在自然界中，产甲烷细菌与水解菌和产酸菌等协同作用，使有机物甲烷化，产生有经济价值的生物能物质——甲烷。

产甲烷细菌的细胞结构：细胞封套（包括细胞壁、表面层、鞘和荚膜），细胞质膜，原生质和核质。产甲烷细菌有革兰氏阳性菌（G^+）和革兰氏阴性菌（G^-），它们的细胞壁结构和化学组分有所不同。

产甲烷细菌是专性厌氧菌，它分离和培养等的操作均需要在特殊环境下用特殊的技术进行，如在液面加石蜡或液体石蜡的深层培养法、抽真空的培养法、在封闭培养管中放入焦性没食子酸和碳酸钾除去氧的培养方法、Hungate 的厌氧滚管法、Hungate 的厌氧液体培养法、Balch 的厌氧液体培养增压法等。

二、嗜热酸细菌

嗜热酸细菌是一个异源生物类群，在低 pH 值和高温条件下生长，代表性菌株在 90 ℃和 pH 值低于 1 的环境中仍有活性。有些属如瓣硫球菌能在实验室的有机培养基上生长，但在自然界中则是通过氧化含硫化合物（氧化结果产生硫酸，pH 值酸化）的化能自养方式生长。

三、嗜盐细菌

在海洋环境中，嗜盐细菌的生存要求 12%～15%的 NaCl，甚至在 NaCl

饱和液中生长良好。嗜盐细菌为化能异养型，也能以独特的光合磷酸化机制产生能量。极端嗜盐细菌的细胞壁由富含酸性氨基酸的糖蛋白组成，这种细胞壁结构的完整由离子键维持，高 Na^+ 浓度对于其细胞壁蛋白质亚单位之间的结合，保持细胞结构的完整性是必需的。

四、深海极端环境微生物的培养

要研究深海微生物的腐蚀行为和机理，首要问题是建立适应深海微生物的培养方法。深海微生物大多具有嗜热、嗜压、嗜碱、嗜酸、嗜盐、嗜冷等极端嗜好，其培养机制也各有不同。

在深海中，生活着大量的耐压或嗜压微生物。有关深海细菌的分离报道已有不少，但多数的研究仍然是采用常压分离和培养技术，或以分子生物学方法对未纯化培养的微生物的 DNA 进行研究，其研究结果并不能反映深海细菌的环境适应特性。目前，深海压力适应菌可分为三类：耐压菌、嗜压菌和极端嗜压菌。其中，耐压菌在 1.013×10^5～4.053×10^5 Pa 之间都能生长，在 1.013×10^5 Pa 下生长更好，超过 5.066×10^5 Pa 不生长；嗜压菌在 1.013×10^5 Pa下也具有生长能力，但高压下生长更好，4.053×10^5 Pa 是其最适生长压力；极端嗜压菌生活在 10 000 m 以下，它们不但耐受压力而且生长也需要压力，不能在低于 4.053×10^5 Pa 压力下生长。汪保江等对一株来自深海沉积物的低温嗜压菌进行了分离鉴定，通过研究得知该种菌在常压的条件下生长很缓慢，而且生长过程中会产生 H_2S 气体。游志勇等则通过自行改进的高压培养罐及高压设备，对深海沉积物进行可培养微生物的筛选，获得六株具有较强耐受压力的细菌。16S rDNA 的测序结果表明，这些细菌分别属于六个不同的菌属；压力生长试验的结果表明这六株细菌在 40 MPa 的条件下仍然具有较强的生长能力，属于兼性嗜压菌。

海洋嗜酸菌早期的研究主要集中在中温菌，如嗜酸氧化亚铁硫杆菌和嗜酸氧化硫硫杆菌。周洪波等讨论了嗜中高温嗜酸古菌（*Ferroplasma thernophilum*）的培养条件优化，通过研究嗜中高温嗜酸古菌摇瓶培养时的最佳生长条件，单因素考察结果表明最适培条件为：温度 500 ℃，初始 pH 值为0.5，250 mL 的摇瓶装液量为 50 mL，无机氮源为 $(NH_4)_2SO_4$。通过正交试验确定了 $FeSO_4\cdot7H_2O$、酵母粉和蛋白胨最适组合为 $FeSO_4\cdot7H_2O$ 40 g/L，酵母粉 0.3 g/L，蛋白胨 0.2 g/L。该结果可为该类古菌的扩大培养及工业应用提供参考。目前大多应用倾注平板法检测耐热嗜酸菌（TAB），使用振荡摇床培养箱进行培养。检测中使用 YSG 培养基配比为：酵母膏 2 g，葡萄糖 1 g，可溶性淀粉 2 g，溶于 1 L 蒸馏水中，用 1－2N 硫酸或盐酸调节 pH 值为 3.7±0.1，并分装于三角瓶中，121 ℃灭菌 15 min，冷却。首先要对样品进行稀释，取

10～100 g样品用已灭菌的YSG三角瓶液体培养基稀释10倍或更多，混匀。用酸或碱溶液调节样品的pH值为3.5～4.0。稀释后的样品水浴(70±1)℃保温20 min，立即在冰水浴中冷却至室温以下，在45 ℃预培养3～5天，一般为3天。取1 mL预培养的样品加到平板中，然后再加入20 mL的YSG琼脂培养基混匀后冷却凝固。如果检测TAB的数量，需要确定稀释倍数。培养时平板倒置，45 ℃培养3～5天，一般为5天。深海生物研究是一个依赖于工程技术的高投入项目，促进我国深海极端环境下材料腐蚀机理的研究还有漫长的道路要走，除了环境的模拟和菌种的提取外，探测材料的制备和筛选也是今后研究的重点。

第五节　海洋防污涂料的应用

海洋微生物的腐蚀与其附着行为密不可分，因此，不能将两个过程割裂开来分析。尤其对于海洋船舶材料，防止微生物附着更是重中之重。

一、防污剂研究的发展与现状

(一)金属化合物防污剂

金属化合物防污剂包括无机类与有机类，其中无机类包括氧化亚铜、氧化汞、氯化锌等；有机类包括有机锡化合物、有机氯化合物等。其中铜基防污剂的毒性比有机锡化合物小得多，目前应用最广，但也有很多局限性。但有研究认为，大量使用铜基防污剂会导致船底漆中铜和铝之间产生使铝溶解的电荷，损伤船体，因此建议配方中少用铜。

(二)碱性硅酸盐类防污剂

海洋生物适宜生存繁殖的海水pH值为7.5～8.5，在极端环境中，海洋生物将难以生长。新浇铸的混凝土表面呈强碱性，其水下结构在相当时期内无海洋生物附着，因此碱性硅酸盐可作为无毒防污剂。该涂料既便宜又无毒，具有优良的防污性能，而且耐海水和耐候性都很好。典型的防污涂料组合物为：水泥10%，$CaCO_3$ 60%，SiO_2 5%，$Ca(OH)_2$ 5%，与乙酸乙烯树脂20%混合后制得。

(三)人工合成防污剂

目前被大量使用的人工合成防污剂有Sea-Nine211(4,5-二氯代-2-正辛基-4-异噻唑啉-3-酮)、CopperOM ADINE(吡啶硫酮铜，又称奥麦丁酮)等。其中Sea-Nine211是一种含有异噻唑啉酮的新型高效广谱杀生剂，具有很强的抑制、杀灭作用。它通过断开细菌、真菌和藻类蛋白质的键，迅速抑制其生长，导致生物细胞死亡。该产品具有低毒、对 pH 值适应范围广、杀菌效率高、不产生残留、操作安全等优点，并可通过水解、光降解和生物降解很快分解，不会产生累积效应，对海洋环境非常安全，通常与氧化亚铜等杀生剂配合使用，对船舶的防污损效果更好。

二、防污涂料及技术的最新研究进展

防污涂料的发展趋势是真正意义上的无毒、对环境友好，一些新技术正应用于防污涂料的研发并已具雏形。

(一)抗蛋白质吸附涂层

一些细菌和水生生物利用材料表面吸附的蛋白质和多糖形成生物膜，而蛋白质也是组成 EPS 的主要成分。因此，如果想从根本上防止微生物的附着，首先要阻止蛋白质的吸附。因此，本节借鉴了许多生物医学领域已经成熟的方法对其进行探讨，希望可以为海洋材料的防污提供一种思路。

聚乙二醇(PEG)是一种阻止蛋白质吸附到表面最常用的手法之一。关于聚乙二醇基防污涂层已经有大量报道。物理吸附、化学吸附、共价连接和嫁接共聚合是几种将聚乙二醇固定到表面的技术。但物理吸附和共价连接聚乙二醇链通常不能十分有效地减小蛋白质吸附，因为这两种方法限制了聚合物链的空间分布密度。

Jeon 等研究了聚乙二醇的功能化表面抗蛋白质附着的机理，如图 5-13 所示。

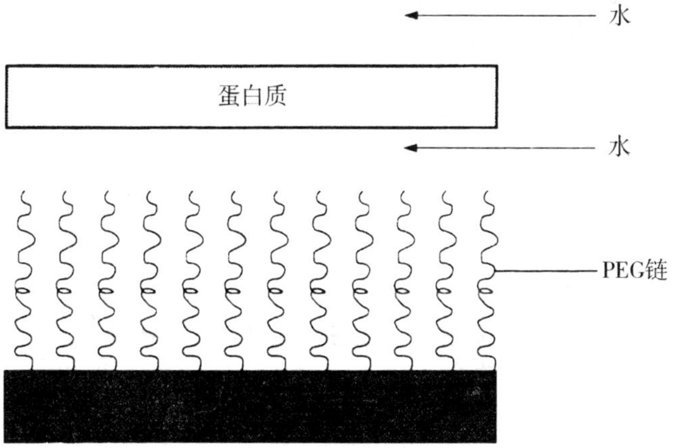

图 5-13　聚乙二醇链防蛋白质附着机理示意图

他们认为，聚乙二醇链末端被连接到疏水性的基体，蛋白质吸附到基体表面时导致聚乙二醇链压缩从而产生排斥力。另外，压缩过程中脱去含水聚合物链的水分子产生了一个热力学的渗透损失，这种弹力和渗透压形成了排斥力，其大小取决于表面密度和聚乙二醇链的长度。他们认为表面的抗蛋白质吸附性应该随着嫁接聚乙二醇的密度和其链的长度线性增加。

Prime和Whitesides在自组装单分子层构建防蛋白质污损表面领域做出了突破。他们测试了四种在结构和分子质量方面都不同的蛋白质的吸附情况，分别是纤维蛋白原、丙酮酸激酶、溶菌酶、核糖核酸（RNA酶）。虽然之前的研究已经表明，只有表面嫁接长链的聚乙二醇才能阻止吸附蛋白质，但Prime等则构建了只含有两个环氧乙烷基团的烷硫醇自组装单分子膜。然而Prime等的结论与前人的结论并不矛盾，因为前人的研究是将聚乙二醇共价连接到表面，用长链的好处是能更好地覆盖表面，而自组装时是要尽量在单位面积的表面上结合更多的链，从而有可能以较短的链长度获得更有效的表面覆盖范围。另外他们还发现用—OCH_3取代环氧乙烷的—OH不降低减少蛋白质吸附的能力。

Szleifer应用单链平均场理论解释Prime等报道的短链抗蛋白质吸附机理。他们考虑了蛋白质和聚合物修饰的表面之间的相互作用力。按照他们的结论，决定聚乙二醇层阻碍蛋白质吸附的关键是接近基体区域的聚合物分子密度，但是蛋白质吸附的动力学依赖于聚合层的厚度。所以，嫁接技术中单位面积只有有限的聚合链可以连接上，增加链的长度有利于增加厚度，构建起一个阻止蛋白质吸附到表面的动力学屏障。

目前单分子层自组装是简单可行的方法，但是容易出现缺陷并且耐久性差。聚乙二醇或者聚合物通过共价连接到基体表面结实耐久，但是不能像分子自组装那样有效阻碍蛋白质的吸附。Ma等报道了一种结合分子自组装的高表面密度和易操作性等优点的嫁接聚合物的方法，形成了更厚、更结实稳定的膜。

研究者也试图采用仿生方法连接聚乙二醇到各种基体表面。Dalsin等用贻贝黏合蛋白中的3,4-二羟基苯丙氨酸（DOPA），通过在表面上形成的DOPA和Ti—OH之间的电子转移集合体，把聚合物固定到了TiO_2表面。这种方法修饰的表面经测试具有很好的防污性能。采用这种方法，单位面积上吸附的聚乙二醇质量要超过之前报道的方法。

Costerton等应用一种铁螯合剂连接m-聚乙二醇和TiO_2表面。他们合成了一种包含端单甲氧基聚乙二醇（m-PEG）和铁螯合剂片段的化合物，然后接合到TiO_2表面，处理后的表面展现出非常好的防污性。Roosjen等介绍了应用相同等级的共聚物把聚乙二醇接合到金属氧化物表面，共聚物具有能与负电性氧化物表面结合的正电性的胺基，亲水的不带电的聚乙二醇链自由分布在水溶液里，形成了梳子状的结构。这样处理过的表面有很好的防污性。总而言之，近些年来人们发展了各种各样的方法把聚乙二醇固定到不同类型的基体表面以制备具有防污性能的表面。

另外，虽然聚乙二醇是表面抗蛋白质吸附的最常用的物质，但是在有氧环境下容易被氧化形成醛，而使表面失去了防污性能，因此应该寻找具有防污性的替代分子。Deng 设计丙烯亚砜低聚物代替乙二醇的聚合物，重点保留了三点特性，即亲水性、与水形成氢键的能力及构象灵活性。从结果来看，这种分子膜完全能够预防 RNA 和纤维蛋白原的吸附。这种分子膜和聚乙二醇的分子膜在防污方面性能相当。

Chapman 等利用光学表面等离子共振技术测试了包含不同官能团的分子膜的防污性，从这些成分测试结果来看，对于防蛋白质污损影响较大的通常主要有四个方面：极性官能团的存在，无任何净电荷，氢键受体基团的存在，减少氢键。Ostuni 等又延伸了 Chapman 的工作，设计了几种方便获得的化合物。这些化合物的膜用酸酐法在金包覆的玻璃表面制成，他们考察了乙烯醇及乙醚的衍生物，胺、铵盐、氨基化合物及氨基酸、冠醚、腈、糖及含其他官能团的物质抗蛋白质吸附的能力。通过多种氨基酸测试氢键对基体惰性的影响。当氨基上一个氢原子被甲基代替之后，将会减少氢键的数量，这也增强了基体的惰性，这很好地符合了减少分子膜中氢键将增强防污性的假设。对于乙二醇的衍生物来说，防污性随着乙烯醇的聚合度增加而增强。

磷酸胆碱基的两性分子膜同样被用来大量研究其防污性。最主要的假设是磷酸胆碱基的两性分子与水强力结合，形成了一个水性层，阻止了蛋白质分子黏合到表面。在 Tegoulia 等的一些相关文献中，制备了单组分和双组分的磷酸胆碱基的单分子膜及磷酸胆碱基和甲基或端羟基硫醇的单分子膜，所有这些分子膜都展现了相当好的防污性。含有磷酸胆碱基的聚合表面或分子刷也有类似的防污性，而且人们还发现乙烯醇的低聚物和磷酸胆碱基基团在防污性方面有协同作用，复合烷基硫醇比相应的聚乙二醇一硫醇具有更强的防污性。

Holmlin 等制备了硫醇上带有相反末端电荷的复合单分子膜，当两种电荷数比例为 1∶1 时，对蛋白质溶菌酶和纤维蛋白原具有很好的防污性，而含有单一电荷的分子膜则几乎吸附满了蛋白质。

Kane 等提出一种特定分子抗蛋白质吸附机理的假设。他认为在大分子、水、蛋白质多重体系中，当某些蛋白质周围的物质浓度小于净体积浓度时，这些物质就会被优先排出，如图 5－14 所示。Kane 等通过查阅大量文献发现，大多数已知的抗蛋白质吸附表面都有这种现象发生。Dilly 等对 N－氧化三甲胺（TMAO）抗蛋白质吸附的研究也从某种程度上验证了这一假设的正确性。

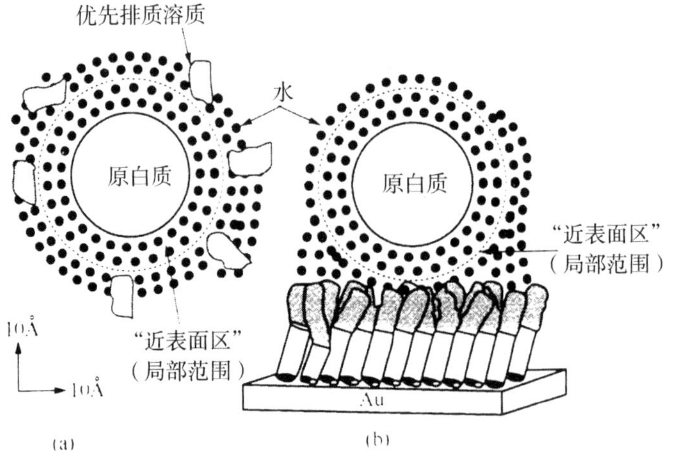

图 5-14　Kane 等设计防蛋白质吸附示意图

Haag 和合作者认为，树枝状聚甘油(PGs)的结构复合防蛋白质污损表面的基本特征，形成高灵活性、脂肪族聚醚或者亲水基团及多枝状的构型。因此，他们在金表面包覆了各种相对分子质量的含硫的树枝状的甘油衍生物。研究表明，这些表面展现出了类似于聚乙二醇分子膜的防污性。除此之外，通过热重分析可知，甘油本身比聚乙二醇具有更高的热力学和氧化稳定性。

按照 Whitesides 等提出的规则，Guan 与合作者设计了一种侧链多醚衍生物的糖类，其结构与聚乙二醇中的多醚结构类似，但其是一种侧链的多醚而不是主链上的多醚。通过 SPR 分析，多醚分子膜对于纤维蛋白原和溶菌酶等蛋白质具有防污性。

(二)蛋白质降解薄膜

涂层中加入蛋白酶是使表面具有蛋白质降解能力的方法之一。在最早的利用蛋白酶制备抗蛋白质污损涂层中，Kim 等通过溶胶凝胶法或共价接合法固定链霉蛋白酶和 α-糜蛋白酶(α-CT)等水解酶到聚二甲基硅氧烷(PDMS)基质上，他们发现这种酶 PDMS 体系可以直接制备成生物催化膜或者油性涂层。所有的这种含酶体系都有生物催化性，对于 α-CT 来说，溶胶凝胶情况下比共价接合时活性更高，活性降低的原因归结于酶与 PDMS 形成共价键而部分变性，而链霉蛋白酶的活性在共价结合时活性高。当加入聚乙烯吡咯烷酮时，含有 α-CT 膜的水解活性将增强。链霉蛋白酶和 α-CT 的共价连接的 PDMS 膜都能有效阻止蛋白质的吸附。蛋白酶类膜上蛋白质吸附减少的原因归结为蛋白质分子降解导致构想熵的增大，因而减少了吸附肽片段时的吉布斯自由能。Kim 等还制备了含有 α-CT 的硅酸盐，与前面结论一致，共价连接比溶胶凝胶包覆 α-CT 的硅酸盐更加稳定，这归功于酶的微浸出和保护作用。有趣的是，α－CT 硅酸盐能明显降低蛋白质结合量，具体来说，在硅酸盐表面上包含 10%的 α－CT 相比于没有 α－CT，对人类血清蛋白的吸附大概能减少超过 80%。最近，Asuri 等应用纳米管作为支撑材料固定酶，发现纳米级支撑材料能够使酶的功能性更强并且更加稳定。另外，由于纳米管的圆柱结构可以更好地被聚合物基质包覆，可以减少基质中所固定酶的流失。利用这些特性，Asuri 制备了包含结合枯草杆菌蛋白酶的纳米管的聚合材料。

(三)防细菌附着涂层

细菌附着到表面通过几种机制，包括超疏水和静电相互作用，一旦附着到生物材料表面将有可能导致生物膜形成。不同的细菌其相互作用的类型在不断变化，即便是对于某一种特定细菌来说，也有可能因为变异而导致变化，所以使得问题更加复杂。我们知道，聚乙二醇能使表面抗蛋白质附着，很多人就试图用聚乙二醇制备防细菌附着涂层，因为聚乙二醇链的灵活性以及链与链之间展现出的空间排斥力，可以防止微生物接近表面。

Park 等制备了修饰过的聚乙二醇处理的聚亚氨酯基体，用大肠埃希氏菌(大肠杆菌)和葡萄球菌测试了末端是羟基、氨基和磺酸基的聚乙二醇分子。他们测试了细菌在不同介质(胰蛋白酶、人类血浆等)中的吸附，发现细菌吸附与介质、末端基团以及聚乙二醇分子质量有很大关系。大体来说，相对分子质量较大的聚乙二醇具有更好的防附着性，另外，末端连有磺酸基也会对防附着有很大影响。

Roosjen 等研究了聚乙二醇的链长对于附着不同类型的细菌的影响。蛋白质和聚合物刷的相互作用已经得到了很好的研究，但是细菌尺寸上更大、结构上更复杂。他们研究了葡萄球菌和绿脓杆菌及热带念珠菌和白色念珠菌，发现相对分子质量较大的聚乙二醇及大分子刷有更好的抗生物附着性，同时他们发现相对疏水性的细菌而言，亲水性的细菌附着更牢固。附着到聚乙二醇刷上的细菌比直接附着到基体上的细菌更容易被气泡除下，这说明在聚乙二醇处理表面附着力很弱。

正如以上所讨论的，Ostuni 等设计的含有很多功能性基团的单分子膜在防止非特异性蛋白质附着方面和聚乙二醇类的分子膜相当。研究者深入研究了分子膜抗蛋白质吸附和耐微生物附着的关系，他们制备了含有不同官能团的烷基硫醇，并且比较了其对细菌吸附的情况，发现对于某一特定表面来说，耐微生物附着和抗蛋白质吸附并不存在线性关系。所以设计抗蛋白质吸附的要素并不能完全满足耐微生物附着的要求，虽然用聚乙二醇处理表面是一种被广泛研究的防蛋白质污损的方法，但是并不是一种抗菌附着的有效途径，这可能是由于细菌附着到表面的复杂机理，并且聚乙二醇在复杂介质中容易被氧化而不宜长期使用。

(四)聚阳离子涂层

较早的报道中,Tiller 等将功能性的基团共价连接到各种材料表面上,如金属、聚合物、陶瓷等。Tiller 等认为,季铵化聚阳离子基团作为抗菌剂的机理是通过与细胞壁成分的相互作用实现细胞渗透的。他们认为固定的这些双亲性的聚合物能够在一定程度上使这些基团稳定在玻璃表面。具体来说,这些被拴住的基团通过疏水性的烷基链部分相互吸引,以及通过阳离子之间的静电斥力达到动态平衡。二者之间的互动平衡是通过优化烷基链的长度来实现的,对其稳定性和杀菌活性具有重要作用。据推测,这些聚阳离子通过与阴离子多糖网络相互作用,扰乱革兰氏阴性菌的细胞膜并进入膜内部的通道,引起更深伤害。也有人提出,这些阳离子组通过渗透革兰氏阳性菌外部的肽聚糖层到达细胞膜。虽然目前还不清楚是外部膜还是胞质膜结合阳离子而导致细菌死亡,但是他们认为聚阳离子可通过诱导自溶“积极参与”其杀菌过程。

Lin 等进一步研究了是否用相同的方法可以扩展到不同功能组成的聚阳离子的涂料配方。他们用 N -烷基化的 PEI 获得了杀菌性,N -烷基化不但提高了聚合物基团的正电性,还可通过增强疏水性使其更加稳定。对 PEI -衍生物对水中的革兰氏阴性菌和革兰氏阳性菌杀菌的有效性进行的测试发现效果明显,纳米材料宏观上也拓宽了 N -烷基化 PEI 的应用范围。例如,纳米涂层与 N -烷基化 PEI 可作为油漆的抗菌成分使用。Milovic 等使用荧光基膜的完整性检测和平板计数的可行性试验弄明白了杀菌的相关机制和动力学。结果表明,N -己基甲基- PEI 涂料迅速且严重地破坏细菌细胞壁的完整性,从而接触灭活或杀死细胞。Klibanov 认为这种涂层的缺点之一是功能化阳离子抗菌表面暴露于微生物环境中,其抗菌能力的持久性差,但是这种表面一旦遭受污染,可以用阳离子洗涤剂洗涤恢复。

Nablo 等发明了热力学驱动表面富集杀菌基团方法,用聚亚胺酯表面改性剂制备了接触活性涂层。结果表明,较长的烷基链(C12)比短链(C6)有更强的杀菌活性。关于侧链的影响,三氟侧链比类似聚乙二醇的甲氧基、乙氧基侧链要好,对于 C6 烷基链来说有更高的表面富集。用这种方法制备的聚氨酯涂料,在 30 min 的接触内能杀死绿脓杆菌、大肠杆菌和葡萄球菌。

Lee 等在玻璃和纸张表面使用原子转移自由基聚合(ATRP),控制抗菌聚阳离子聚合物的相对分子量和分散性。随着甲基丙烯酸二甲胺基乙酯(DMAEMA)被溴乙烷季铵化并通过 ATRP 聚合,玻璃和纸张表面呈杀菌活性。

(五)纳米载体材料

我们知道,有些纳米颗粒具有抗菌活性,除了纳米银,其他的如 TiO_2、SiO_2、MgO、CuO、ZnO 具有很好的抗菌性。此外,最近的一些研究称碳纳米管也有较强的杀菌能力。

Kang 等发现高纯的单壁纳米管对于大肠杆菌具有很强的抗菌性,直径 0.75～1.2 nm 的单壁碳纳米管(SWNTs)悬浮在溶液中或沉积成薄膜时,这些纳米管对大肠杆菌细胞表现出非常良好的杀菌活性。荧光检测是用来衡量杀菌活性的,碘化丙啶(PI,红色染料)用于染色死细胞,苯基吲哚(DAPI,蓝色染料)用于染色活细胞。SEM 照片显示,纳米管薄膜的细胞形态较单纯聚偏氟乙烯膜有明显差异,作者推测,圆柱形结构和碳纳米管的高宽比,使其可以刺穿细胞膜,并造成永久性损坏。对加入和未加入单壁纳米管的溶液中的细菌胞质外流进行了测试,试验表明含有碳纳米管的溶液中的质粒 DNA 的浓度增长了五倍,RNA 浓度增加了两倍,可能是由于细胞质通过受损的细胞膜外流。因此,单壁碳纳米管提供了一种凭借独特力学结构并结合自身抗菌活性进行防污的崭新方法。

ZnO 纳米粒子对革兰氏阳性菌和革兰氏阴性菌表现出良好的杀菌活性,这些纳米粒子的杀菌活性,取决于它们的大小和浓度。Li 等讨论了在聚氨酯塑料薄膜和聚氯乙烯纳米粒子膜上涂覆纳米氧化锌制造抗菌材料。这些涂层对金黄色葡萄球菌(革兰氏阳性菌)比大肠杆菌(革兰氏阴性菌)具有很好的抗菌活性,但没有表现出任何的抗真菌活性。这些薄膜抗菌活性的确切机制还不是很清楚,有研究者认为这种膜的抗菌活性可能是由于 Zn^{2+} 的释放或者是与纳米 ZnO 相互作用而使细胞膜破裂有关。几十年来,铜及其化合物已显示出很好的杀菌、抗菌、防污性能。Perelshtein 等在超声波处理的棉面料的表面上沉积 ZnO 和 CuO 纳米粒子,这些面料对大肠杆菌和金黄色葡萄球菌表现出杀菌活性。从这些研究来看,似乎目前纳米粒子作为抗菌材料有着巨大潜力。然而,最近的一些研究表明,较高剂量的纳米粒子、量子点、碳纳米管对人类有毒性,并可能产生严重的环境问题。

(六)抗污涂层表面的微观形貌

材料表面化学成分和微观形貌决定了材料的润湿性和自清洁效果。受自然界的启发(如荷叶表面),具有微观粗糙表面的仿生材料也开始应用于海洋污损领域。Petronis 等设计了表面具有微观结构和规整性的硅树脂,表面锥状微凸起高为 23～69 μm,间隔为 33～97 μm。实验证明,这种类鲨鱼皮结构对于微生物附着具有很好的抑制作用。最近,Carman 等研究了不同突起结构的表面对于生物附着的抑制性能,包括柱状、带状、条状、点状等结构。经过大量实验表明,有效防污涂层表面微观结构尺寸应小于附着生物尺寸。例如,利用石莼属孢子作为附着生物进行实验,当表面突起尺寸小于孢子的尺寸时,孢子在材料表面附着量比在光滑表面下降了86%。Scardino等的研究表明,附着强度主要与附着生物与涂层之间的接触点的多少有关,而这又取决于生物尺寸与涂层特征尺度的差异。因此,减弱生物附着力的方法就是使得附着生物的尺寸大于材料表面微观突起的尺寸。基于之前的研究,Efimenko等认为涂层表面微观结构只具有一种长度或尺度不能有效地阻止海洋生物的附着,因为海洋生物多种多样(如细菌、海藻、硅藻、甲壳类动物等),其尺寸也相差较大。因此,涂层应具有分级粗糙表面形貌,尺度范围从纳米到微米不等。

总之,杀菌和防菌的重要方法包括表面释放抗生素或银、表面修饰聚阳离子或抗菌肽(AMPs)、光敏表面、含酶涂层等。抗生素和银释放系统早已被用来杀死微生物污染物,它们的广泛使用导致细菌产生耐药性。此外,这种方法采用释放机制,因此随着时间的推移将耗尽。最近,基于抗菌肽、酶、阳离子聚合物和光敏材料杀菌涂层的方法获得了极大的关注,并且很有发展前景。然而,这些材料有一定的弊端,如AMPs和酶等生物大分子纳入到涂料后可能会失去活性。尽管如此,AMPs和酶的活性可以使用适当的纳米材料作为载体来提高。双亲聚阳离子的功能化表面显示接触时有很好的抗菌活性。虽然这些涂料不能防止细胞碎片沉积,但抗菌性能可以使用表面活性剂清洗而得到恢复。光敏材料(如TiO_2)的效果主要受入射光的辐射强度的限制。TiO_2的吸收主要在紫外区,因此,研究人员正研究在TiO_2中掺杂其他物质,如铂、金、银、铜或氮,以提高其在可见光区域的效率。卟啉代表一种二氧化钛替代材料,因为它们在可见光区域有光敏抗菌效果,然而由于光漂白,随着持续照射,抗菌活性可能会丢失。

以上回顾了防污涂层的几种有效方法,这些策略大多在防止微生物污损方面是有效的,但也有稳定性、毒性或制造工艺的缺陷。因此,积极寻求新的方法和材料对于解决海洋生物污损问题具有重要的意义。

第六章　工业微生物的研究与工程应用

在生物进化过程中，微生物形成了完善的代谢调节机制，使细胞内复杂的生物化学反应能高度有序地进行和对外界环境条件的改变迅速作出反应。因此，处于平衡生长、进行正常代谢的微生物不会有代谢产物的积累。为了实现某种微生物代谢产物的积累这一目的，就必须设法解除或突破微生物的代谢调节控制，进行优良性状的组合，或者利用育种的方法人为改造或构建所需要的菌株。

第一节　工业微生物优良菌种的选育

一、诱变育种的筛选方法及策略

诱变育种是指通过利用物理或者化学方法来处理微生物细胞群，让其突变率明显增加，进行跳出少数符合育种的突变株，以供应工业生产或科学实验之用。

(一)筛选方法

诱变处理后，要得到产量提高较显著的正变株筛选较为困难，这就要求设计高效率的科学筛选方案和采取适合的筛选策略。

1.设计筛选方案

在筛选工作中，应分为初筛与复筛两个阶段。通过初筛确定一个较大的菌株数量，再通过复筛，精确测定菌株的各项数据，缩小筛选范围。如将选定的一个出发菌株，经诱变剂处理后，选出 200 个单孢子菌株，再经初筛选出 50 株，最后进行复筛选出 5 株，如未获得良好的结果，可再以这 5 株复筛所得的菌株为出发菌株进行第二轮的诱变，直至选出理想的诱变株。

2.筛选实施

初筛一般在培养皿平板上进行。利用在平板上的生化反应进行筛选，如变色圈、透明圈、抑制圈、生长圈等，其优点是快速简便，工作量小，结果直观性强，符合初筛工作量大的要求。复筛一般是将微生物接种在三角瓶内的培养液中作振荡培养，然后再对培养液进行分析测定。

(二)筛选策略

虽然微生物可产生大量目的产物,但是微生物完善的调节机制限制细胞只产生够它们自身需要的“经济量”的产物。菌种诱变后,要想获得产生大量目的代谢产物的微生物,除了选择合适的筛选方法外,还需有正确的筛选策略,如利用营养缺陷型突变株、结构类似物突变株、抗生素抗性突变株以及条件抗性突变株等进行筛选。

二、微生物诱变育种

(一)诱变原则

1.诱变剂的选择

常用的物理诱变剂有非电离辐射类的紫外线、激光以及能引起电离辐射的X射线、γ射线和快中子等,尤以紫外线为最方便和常用。另外,离子诱变技术近年来也得到了广泛应用。化学诱变剂主要有N-甲基、N′-硝基、N-亚硝基胍(NTG)、甲基磺酸乙酯(EMS)、氮芥、乙烯亚胺和环氧乙烷等,其中效果最为显著的为“超诱变剂”NTG。

2.诱变剂的用量

合适的剂量,需要经过多次试验才能得到,普通微生物突变率往往随剂量的增高而提高,但达到一定程度后,再提高剂量反而会使突变率降低,而且正变较多地出现在偏低的剂量中,而负变则较多地出现于偏高的剂量中,多次诱变更容易出现负变。因此,在诱变育种工作中,比较倾向于采用较低的剂量。紫外诱变中常采用杀菌率为70%～75%的诱变剂量。

3.利用复合处理的协同效应

诱变剂的复合处理常呈现一定的协同效应,复合处理主要有两种或多种诱变剂的先后使用;同一种诱变剂的重复使用;两种或多种诱变剂的同时使用。赵辉(2007)以能发酵戊糖的短乳杆菌HF1.7为出发菌株经过紫外诱变后,发酵玉米芯半纤维素水解液,L-乳酸产率从17.5 g/L提高到20 g/L,经过硫酸二乙酯诱变后,L-乳酸产率从17.5 g/L提高到19.5 g/L,而出发菌株先经过紫外诱变,从中挑选出产量最高的菌株,再进行硫酸二乙酯诱变,筛选出产酸量最高的菌株达到24.5 g/L。

(二)紫外线诱变

紫外线诱变一般采用15W紫外线杀菌灯,照射时间依菌种而异,一般为几秒至几十分钟。一般常以细胞的死亡率表示,希望照射的剂量死亡率控制在70%～80%为宜。

被照射的菌悬液细胞数，细菌为10^6个/mL左右、霉菌孢子和酵母细胞为10^6～10^7个/mL。由于紫外线穿透力不强，要求照射液不要太深，约0.5～1.0 cm厚，同时要用电磁搅拌器或手工进行搅拌，使照射均匀。

（三）离子注入（诱变）育种

离子注入是20世纪80年代兴起的一种材料表面处理技术。中国科学家独辟蹊径，将离子注入这一高技术应用于微生物的菌种改良中。离子注入法是利用离子注入设备产生高能离子束（40～60 keV）并注入生物体引起遗传物质的永久改变，然后从变异菌株中选育优良菌株的方法。其作用机制是相当复杂的，目前可大致将离子注入分为能量沉积、动量传递、粒子注入和电荷交换等四个原初反应过程。

1.离子注入装置

离子注入装置有离子注入机，离子注入机由离子源、质量分析器、加速器、四极透镜、扫描系统和靶室组成，可以根据实际需要省去次要部位。离子源是离子注入机的主要部件，作用是把需要注入的元素电离成离子，决定注入离子的种类和束流强度。离子源直流放电或高频放电产生的电子作为轰击粒子，当外来电子的能量高于原子的电离电位时，通过碰撞使元素发生电离。碰撞后除原始电子外，还出现正离子和二次电子。正离子进入质量分析器选出需要的离子，再经加速器获得较高的能量（或先加速后分选），由四极透镜聚焦后进入靶室，进行离子注入。

2.操作步骤

用离子注入法进行微生物诱变育种，一般采用生理状态一致、处于对数生长期菌体的单细胞进行处理，这样才能使菌体均匀接触诱变剂，减少分离现象的发生，获得较理想的效果。对于以菌丝生长的菌体，则利用孢子来诱变。通过菌体的前期处理获得高活性的单细胞是离子注入法育种微生物的关键。目前主要方法是利用菌膜法（干孢法）进行离子注入效果较好。

（四）诱变育种实例

1.螺旋霉素产生菌菌种选育

提高螺旋霉素产量最有效的方法就是通过菌种选育手段，改变微生物遗传特性，培育出高产菌株。王筱兰等（1994）以紫外线（15 W紫外灯、距离30 cm）和亚硝酸（0.025 mol/L）为诱变剂进行复合诱变，以螺旋霉素链霉菌（*Streptomyces spiramycetiius*）为出发菌株，选用螺旋霉素的前体L-甲硫氨酸和L-缬氨酸的结构类似物L-乙硫氨酸和L-α-氨基丁酸进行定向筛选，进行二级发酵，摇床转速250 r/min，28 ℃振荡培养48 h，以8%接种量接入发酵摇瓶，同种子培养条件下培养96～102 h，进行效价分析，获得了耐高浓度前体的高产菌株。

2.L-缬氨酸菌种选育

L-缬氨酸是人体必需氨基酸之一，具有多种生理功能，可广泛应用于食品、饲料和医药等方面，但生产成本高，价格昂贵。张伟国等(1995)以黄色短杆菌(*Brevibacterium flavum*)XQ5122为出发菌株，经化学诱变[DES(硫酸二乙酯)和NTG(1-甲基-3-硝基-卜亚硝基胍)]处理，α-AB(α-氨基丁酸)、AHV(α-氨基-β羟基戊酸)、2-TA(2-噻唑丙氨酸)等药物平板定向选育，采用纸色谱和氨基酸自动分析仪分析的方法，成功地选育到一株L-缬氨酸高产菌ZQ-2(Leut、AB^r、AHV^r、$2-TA^r$)。

3.高活力糖化酶菌种选育

糖化酶又称葡萄糖淀粉酶，是工业生产中的重要酶类之一，也是我国产量最大的酶制剂产品。谷海先等(1998)对黑曲霉(*Aspergillusniger*)AN-149菌进行自然分离、紫外线(30 W，距离30 cm，照射时间1～10 min)、亚硝基胍(NTG，1 mg/mL，处理30 min)复合处理，在筛选平皿上，经培养挑选水解圈产生早且水解圈大的菌落，并经摇瓶发酵筛选，得到了一株糖化酶高产菌株WG-93，经30 m^3罐发酵试验，发酵总浓度30%，发酵周期为135 h条件下，酶活力达29 kU/mL，生产试验证明WG-93菌是一株优良的糖化酶生产菌。

三、原生质体融合育种

(一)原生质体融合的原理

原生质体融合❶的研究起源于20世纪60年代，70年代末匈牙利的Pesti首先报道了融合育种提高了青霉素的产量，之后原生质体融合技术发展成为工业育种的一项新技术，是继转化、转导和接合之后的一种更有效的转移遗传物质的手段。

(二)原生质体融合的基本操作

原生质体融合的主要步骤为：①选择两个有不同价值的并带有选择性遗传标记的细胞作为亲本；②在高渗溶液中，用适当的脱壁酶(如细菌或放线菌可用溶菌酶或青霉素处理，真菌可用蜗牛酶或其他相应的脱壁酶等)去除细胞壁；③将形成的原生质体进行离心聚集，并加入促融合剂PEG(聚乙二醇)或通过电脉冲等促进融合；④在高渗溶液中稀释，涂在能使其再生细胞壁和

❶通过人为的方法，使遗传性状不同的两细胞的原生质体发生融合，并进而发生遗传重组以产生同时带有双亲性状的、遗传性稳定的融合子(fusant)的过程，称为原生质体融合。

进行分裂的培养基上，形成菌落后，通过影印接种法，将其接种到各种选择性培养基上，鉴定是否为阳性融合子；⑤测定其他生物学性状或生产性能。操作示意图，如图 6－1 所示。

原生质体融合在育种工作中已有大量研究和报道，如有报道原生质体融合重组频率已大于 10^{-1}，不同菌株间或种间可以进行融合，属间、科间甚至更远缘的微生物或高等生物细胞间也可以融合，近年来，还有报道用加热或紫外线灭活的原生质也可作为原生质体的一方参与融合。

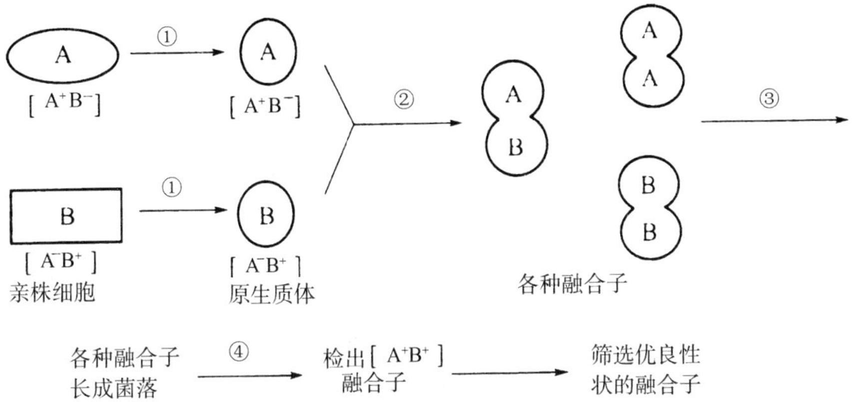

图 6－1 原生质体融合操作示意图

①去壁（高渗下）；②PEG 或电脉冲离心，促融（高渗下）；
③稀释，涂皿使细胞壁再生；④影印接种

四、基因工程育种

基因工程是指在基因水平上的遗传工程，它是用人为的方法将所需要的某一供体生物的遗传物质—— DNA 大分子提取出来，在离体条件下用适当的工具酶进行切割后，把它与作为载体的 DNA 分子连接起来，然后与载体一起导入某一更易生长、繁殖的受体细胞中，以让外源遗传物质在受体细胞中重组，进行正常的复制和表达，从而获得新物种的育种技术。基因工程的基本操作如图 6－2 所示。

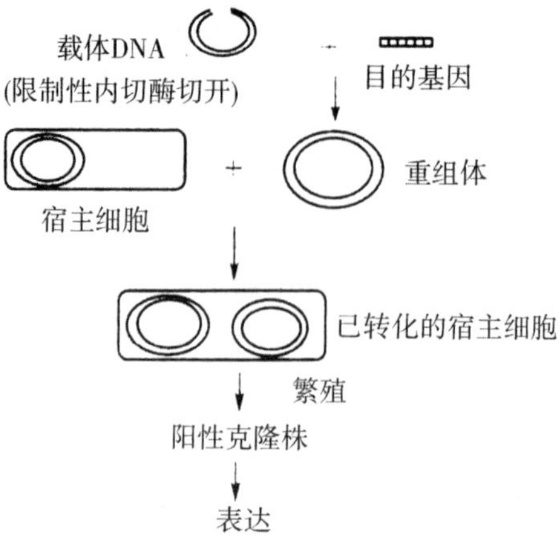

图 6－2　基因工程的基本操作示意图

五、生产用种子制备

种子的扩大培养过程又称种子制备，是指将保存在砂土管、冷冻干燥管中处于休眠状态的生产菌种接入试管斜面活化后，再经过扁瓶或摇瓶及种子罐逐级放大培养而获得足够数量和优等质量的纯种过程。这些纯种培养物称为种子。

(一)菌种扩大培养的目的及作为种子的准则

菌种扩大培养的目的主要体现在以下三个方面：

(1)提供大量并且新鲜的、具有较高活力的菌种，目的是缩短发酵周期，降低能耗，减少染菌的机会；为了使目的菌种在数量上取得绝对的优势，抑制杂菌的生长。

(2)让菌种从固体试管-液体试管-小三角瓶-大三角瓶-小发酵罐，逐步适应；如啤酒酵母培养过程中，逐步梯级降温以提高酵母对低温发酵的适应性。

(3)菌种经过扩大培养，可以提高生产的成功率，减少“倒罐”现象。

(二)种子的制备过程

种子制备的过程大致可分为实验室种子制备和生产车间种子制备两个阶段，种子制备工艺流程如图 6－3 所示。

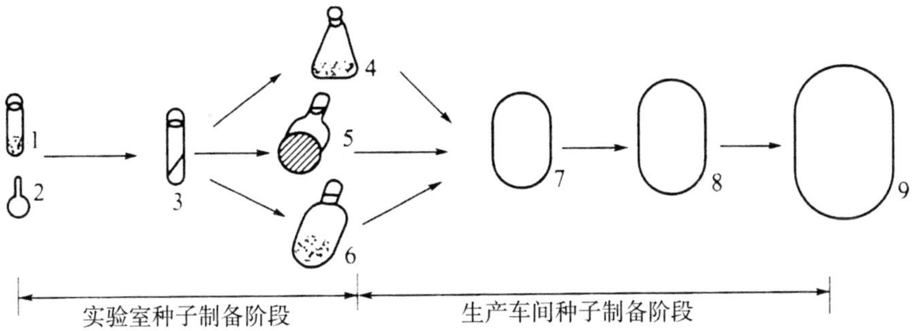

图 6-3 种子扩大培养流程

1-砂土孢子;2-冷冻干燥孢子;3-斜面孢子;4-摇瓶液体培养(菌丝体);
5-茄瓶斜面培养;6-固体培养基培养;7,8-种子罐培养;9-发酵罐

1.实验室种子的制备

实验室种子的制备一般采用固体培养基和液体摇瓶法两种方式。固体培养基培养的孢子一般易于发芽和生长,可作为种子罐的种子。而液体培养基的孢子能力不强,一般适于卡那霉菌(*S.kanamyceticus*)和链霉菌(*S.griseus*)等的培养。

(1)孢子(固体种子)的制备。

1)细菌种子的制备。细菌的斜面培养基多采用碳源限量而氮源丰富的配方,温度一般为 30~37 ℃,细菌菌体培养时间一般为 1 ~ 2 d,产芽孢的细菌培养则需要 5 ~ 10 d 。

2)酵母种子的制备。一般采用麦芽汁琼脂培养基或 ZYCM 培养基(ZYCM 培养基:3 g 蛋白胨,0.5 g 酵母浸膏,0.5 g 酪蛋白分解物,4.0 g 葡萄糖,0.4 g 硫酸锌,2 g 琼脂,溶解于 1 000 mL 蒸馏水中)和 MYPG 培养基(MYPG 培养基:0.3 g 麦芽浸出物,0.3 g 酵母浸出物,0.5 g 蛋白胨,1.0 g 葡萄糖,2 g 琼脂,溶解于 1 000 mL 蒸馏水中)。培养的温度一般为 28~30 ℃,培养时间一般为 1 ~ 2 d 。

3)霉菌孢子的制备。霉菌孢子的培养一般以大米或小米等天然农产品为培养基,培养温度一般为 25~28 ℃,培养时间一般为 4~14 d。

4)放线菌孢子的制备。放线菌的孢子培养一般采用琼脂斜面培养基,培养温度一般为 28 ℃,培养时间为 5 ~ 14 d 。放线菌培养基碳氮源不应过于丰富,碳源太多(大于 1%)容易造成酸性环境,不利于孢子繁殖;氮源太多(大于 0.5%)利于菌丝繁殖而不利于孢子形成。

霉菌和放线菌常以大米或小米为培养基制成米孢子,米孢子的制备过程如图 6-4 所示。

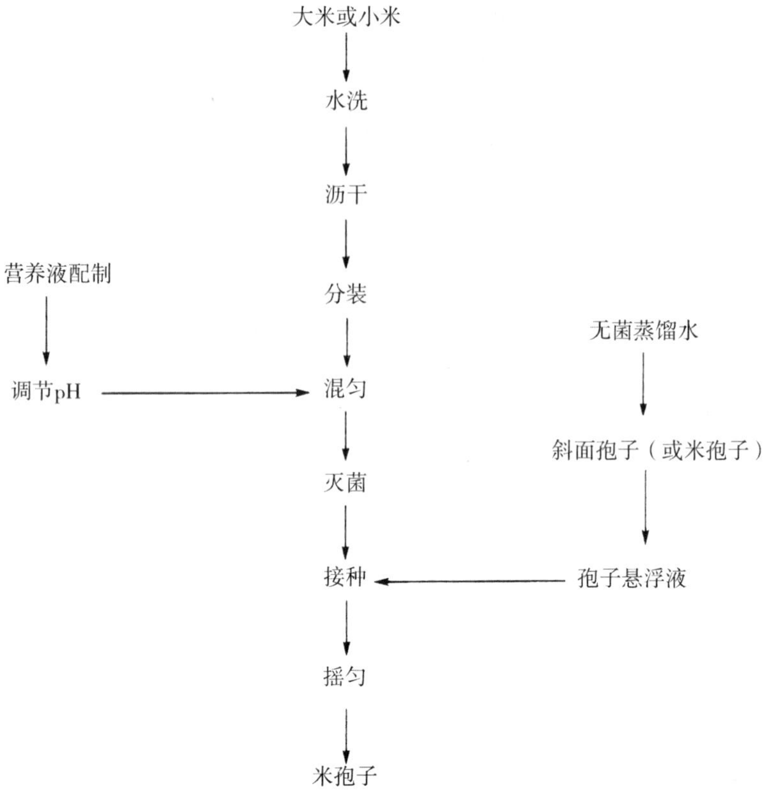

图 6-4 米孢子的制备过程

(2)液体种子制备。将孢子接入含液体培养基的摇瓶中,于摇瓶机上恒温振荡培养,获得菌丝体,作为种子。摇瓶种子制备流程如图 6-5 所示。

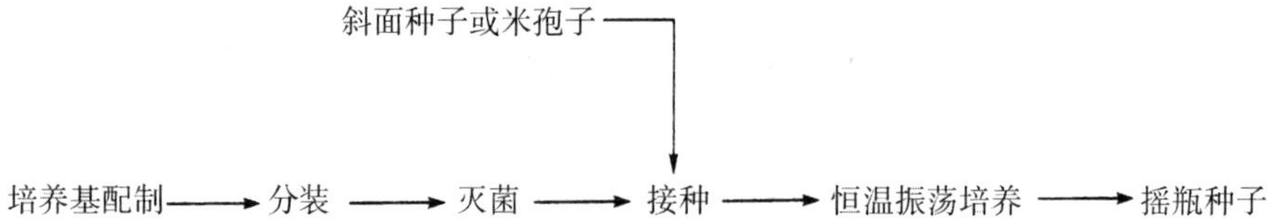

图 6-5 摇瓶种子制备流程

2.生产车间种子制备

实验室制备的孢子或液体种子移种至种子罐进行扩大培养。如果是需氧菌,还需要提供足够的空气,并不断进行搅拌,使培养基中的菌丝可以得到足够的氧气。种子罐的作用主要是使孢子可以发芽,以利于合成产物。种子罐的种子培养过程如图 6-6 所示。

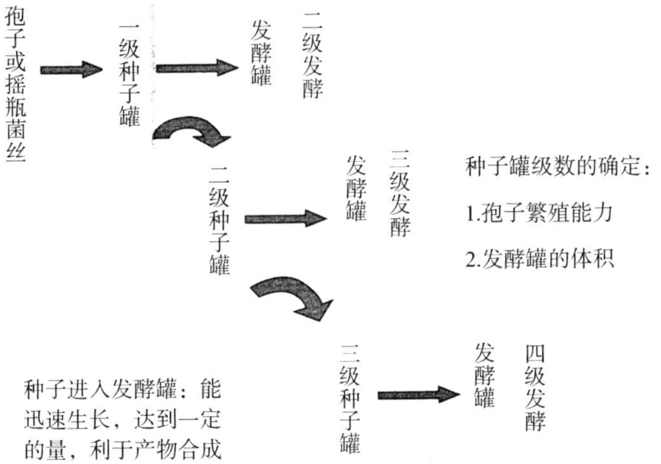

图 6－6 种子罐的种子培养

(三)种子质量的控制

1.影响固体种子质量的因素及其控制

影响固体种子(孢子)质量的因素通常有：培养基、培养温度、培养湿度、培养时间、冷藏时间和接种量等。

(1)培养基。生产过程中经常出现种子质量不稳定的现象，其主要原因之一是原材料质量波动或水质影响。例如，在四环素、土霉素生产中，配制产孢子斜面培养基用的麸皮，因小麦产地、品种、加工方法及用量的不同对孢子质量的影响也不同；蛋白胨加工原料不同，如鱼胨或骨胨对孢子影响也不同；无机离子含量不同，如微量元素 Mg^{2+}、Cu^{2+}、Ba^{2+}能刺激孢子的形成；磷含量太多或太少也会影响孢子的质量；地区不同、季节变化和水源污染，均可造成水质波动，影响种子质量。

菌种在固体培养基上可呈现多种不同代谢类型的菌落，氮源品种越多，出现的菌落类型也越多，不利于生产的稳定。

主要解决办法为：培养基所用原料要经过发酵试验合格后才可使用；严格控制灭菌后培养基的质量；斜面培养基使用前，需在适当温度下放置一定时间；供生产用的孢子培养基要用比较单一的氮源，可抑制某些不正常的菌落出现，作为选种或分离用的培养基则采用较复杂的有机氮源。

(2)接种量。接种量大小影响到培养基中孢子的数量，进而影响菌体的生理状况，接种量过小斜面上长出的菌落稀疏，而接种量过大则斜面上菌落密集成一片，接种后菌落均匀分布于整个斜面、隐约可见分散菌落者为正常接种量。

2.影响液体种子质量的因素及其控制

生产过程中影响种子质量的因素通常有：固体种子的质量、培养基、培养条件、种龄和接种量。

(1)培养基。

液体种子培养基应满足如下要求：营养成分适合种子培养的需要；选择有利于孢子发芽和菌体生长的培养基；营养上要易于被菌体直接吸收和利用；营养成分要适当丰富和完全，氮源和维生素含量要高；营养成分要尽可能与发酵培养基相近。

(2)培养条件。

1)温度。温度是微生物生长的重要环境条件之一。从总体上看微生物生长和适应的温度范围从－12 ℃至 100 ℃或更高，但具体到某一种微生物，则只能在有限的温度范围内生长，并具有最低、最适和最高三个临界值。例如乳酸链球菌虽然在 34 ℃条件下生长最快，但获得细胞总量最高的温度是25～30 ℃，其他微生物的试验也得到了类似的结果。

2)通气量。在种子罐中培养的种子除保证供给易被利用的培养基外，适当的通气量可以提高种子质量。例如，青霉素的生产菌种在制备过程中将通气充足和不足两种情况下得到的种子分别接入发酵罐内，它们的发酵单位可相差一倍。

3)种龄。种龄是指种子罐中培养的菌丝体开始移入下一级种子罐或发酵罐的培养时间。通常种龄是以处于生命力极旺盛的对数生长期，菌体量还未达到最大值时的培养时间较为合适。

4)接种量。接种量是指移入的种子液体积和接种后培养液体积的比例。接种量的多少取决于生产菌种在发酵罐中生长繁殖的速度，采用较大的接种量可以缩短发酵罐中菌体繁殖达到高峰的时间，使产物的形成提前，并可减少杂菌的生长机会，但过大的接种量会引起菌种活力不足，影响产物合成，而且会过多地移入代谢废物，也不经济。通常接种量细菌为 1%～5%，酵母菌为 5%～10%，霉菌为 7%～15%(有时为 20%～25%)。

(四)种子染菌的原因以及预防

1.种子染菌的原因

种子带菌又分为种子本身带菌和种子培养过程中染菌。加强种子管理，严格无菌操作，种子本身带菌是可以克服的。在每次接种后应留取少量的种子悬浮液进行平板、肉汤培养，检查种子是否带有杂菌。种子染菌的原因主要包括：无菌室的无菌条件不符合要求；保藏斜面试管菌种染菌；培养基和器具灭菌不彻底；种子转移和接种过程染菌；种子培养所涉及的设备和装置染菌；操作不当等。

2.种子染菌的预防

防止种子染菌的具体措施有:严格控制无菌室的污染,根据生产工艺的要求和特点,建立相应的无菌室,交替使用各种灭菌手段对无菌室进行处理;在制备种子时对砂土管、斜面、三角瓶及摇瓶均应进行严格管理,以防止杂菌的进入使种子受到污染。为了防止染菌,种子保存管的棉花塞应有一定的紧密度,且有一定的长度,贮藏温度应尽量保持相对稳定,不宜有太大变化;对每一级种子的培养物均应进行严格的无菌检查,确保任何一级种子均未受杂菌污染后才能使用;对菌种培养基或器具进行严格的灭菌处理,在利用灭菌锅进行灭菌前,应完全排除锅内的空气,以免造成假压,使灭菌的温度达不到预定值,造成灭菌不彻底而使种子染菌。

第二节 微生物发酵工艺原理

代谢是一切生命活动的基本规律。正常的生物代谢具有三大特点:一是反应都在温和条件下进行,大多为酶所催化;二是反应具有顺序性;三是具有灵敏的自动调节机制。近年来,随着世界各国对代谢控制发酵理论的深入研究,许多发达国家转向了发酵菌株本身的研究,获得了一些优秀的氨基酸高产菌株。核酸类物质发酵生产菌也以代谢控制理论进行选育,成为后起之秀。

一、微生物细胞的代谢调节机制

(一)微生物初级代谢产物调节机制

微生物细胞对环境具有很强的适应能力,对环境的变化和刺激可作出相应反应,进行自我调节。根据微生物代谢过程中产生的代谢产物对微生物本身的作用不同,可分为初级代谢[1]和次级代谢[2]。在正常情况下,细胞只合成本身所需要的中间代谢产物,若一些氨基酸或者核苷酸过量积累时,则细胞会停止这类物质的合成。这就是微生物细胞自身的代谢调节,其本质就是依靠参与调节的有关酶的活性和酶量,即反馈抑制和反馈阻遏作用,为微生物代谢调节示意图如图 6-7 所示。大量研究表明,酶的生物合成受基因的控制并受代谢物影响。

---

[1]初级代谢是使环境中的营养物质转换成菌体细胞物质,维持微生物正常生命活动的生理活性物质或能量的代谢,其产物为初级代谢产物,如氨基酸、核苷酸、蛋白质、核酸、脂类、碳水化合物等。

[2]次级代谢为某些微生物在特定条件下进行的非细胞结构物质和非维持微生物正常生命活动的非细胞必需物质的代谢,其产物主要有抗生素、生物碱、毒素、激素、维生素等。

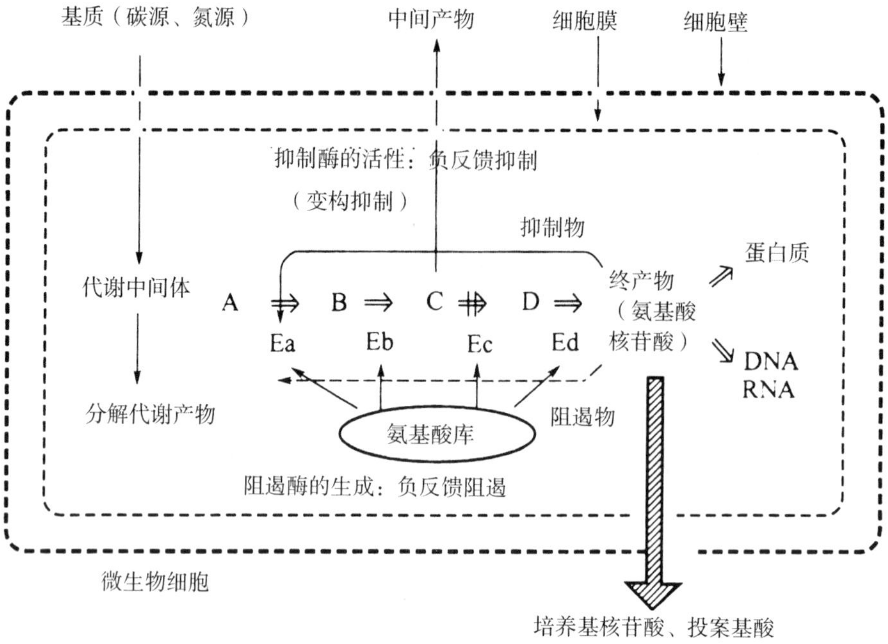

图 6－7　微生物细胞氨基酸、核苷酸的调节机制示意

——→反馈抑制线路；－－－→反馈遏制线路；‖ 遗传缺陷；------渗透性增高了的细胞膜；

------渗透性增高了的细胞壁；Ea～Ed　酶 a～酶 d

在 DNA 的分子水平上说，细胞中还有一种调节基因，能够产生一种细胞质阻遏物，细胞质阻遏物与酶反应的终产物或其他阻遏物结合时，由于变构效应而使结构改变，导致和操纵基因的亲和力增大，从而使有关的结构基因不能合成 mRNA，使酶的合成受到阻遏。另一方面，诱导物也能和细胞质阻遏物结合，使其结构发生改变，减少与操纵基因的亲和力，使操纵基因恢复自由，允许结构基因进行转录合成 mRNA，进而翻译合成微生物需要的酶，如图6－8所示。

控制酶活性的控制机制，是“细调”，即调节酶分子的催化活力；控制酶的生物合成，包括诱导酶的合成和阻遏酶的合成，是“粗调”，二者往往密切配合和协调，以达到最佳调节效果。

酶活性的调控，实质上就是通过酶的变构调节来实现的。在发酵过程中，要想办法解除或降低微生物的调控，使目标产物最大化。具体而言，就是要解除或降低对关键变构酶的抑制，主要是反馈抑制。微生物代谢反馈抑制有两种类型。

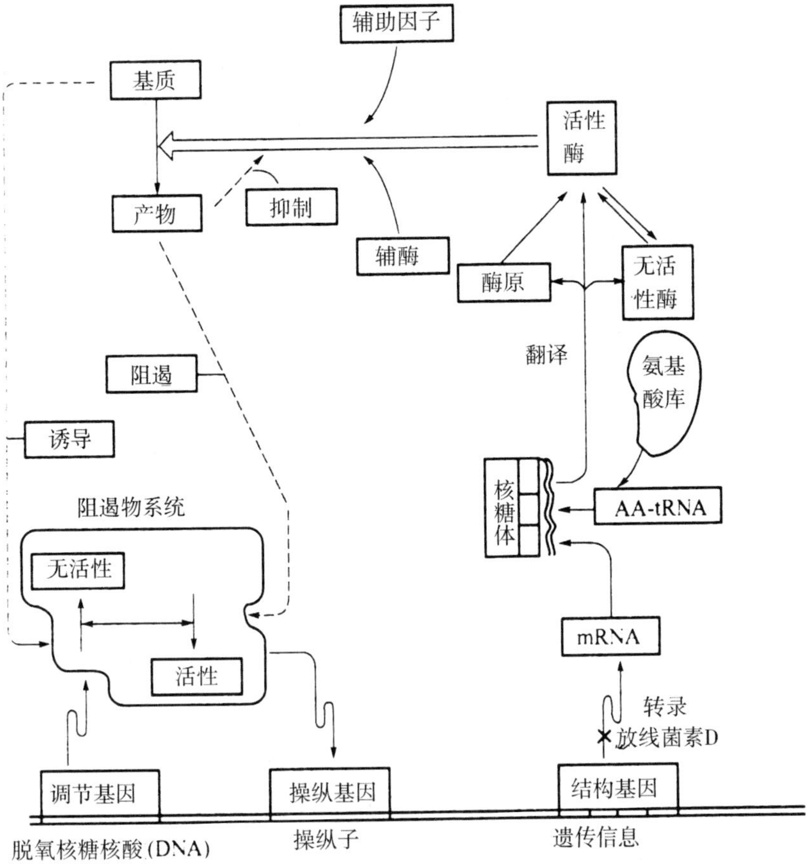

图 6-8 酶的生物合成和活性的控制示意图

1.直线式代谢途径中的反馈抑制

这是一种最简单的反馈抑制类型，如异亮氨酸合成时，因产物过多可抑制途径中的第一个酶——苏氨酸脱氨酶的活性，使后续的反应减弱或停止，如图 6-9 所示。

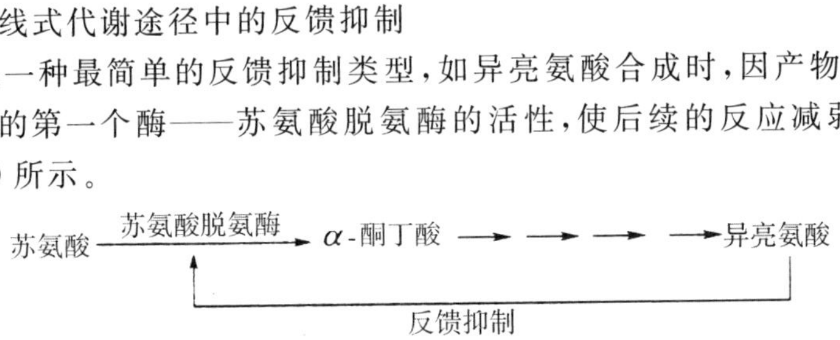

图 6-9 异亮氨酸合成途径中的直线式反馈抑制示意图

2.分支代谢途径中的反馈抑制

分支代谢途径中的反馈抑制的发生比较复杂。一般是为避免在一个分支上的产物过多时影响另一分支上产物的供应，微生物已发展出多种调节方式。

(1)同工酶❶调节。同工酶的主要功能在于其代谢调节。在一个分支代谢途径中,如果在分支点以前的一个较早的反应是由几个同工酶所催化时,则分支代谢的几个最终产物往往分别对这几个同工酶发生抑制作用,如图6－10所示。

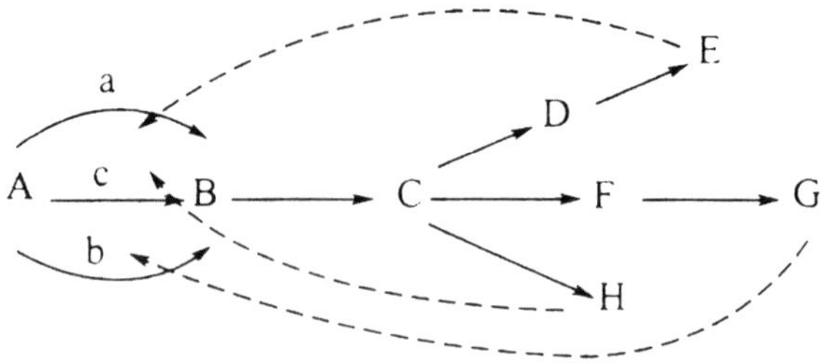

图 6－10　同工酶调节示意图

(2)协同反馈抑制。指分支代谢途径中的几个末端产物同时过量时才能抑制共同途径中的第一个酶的一种反馈调节方式,如图 6－11 所示。

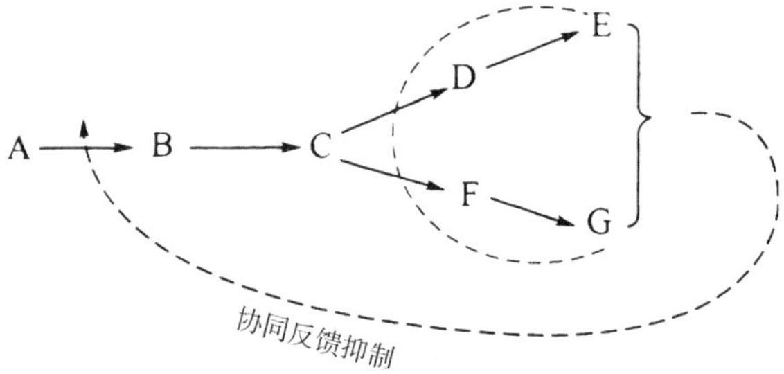

图 6－11　协同反馈抑制示意图

(3)合作反馈抑制。系指两种末端产物同时存在时,可以起着比一种末端产物大得多的反馈抑制作用,又称增效抑制,如图 6－12 所示。

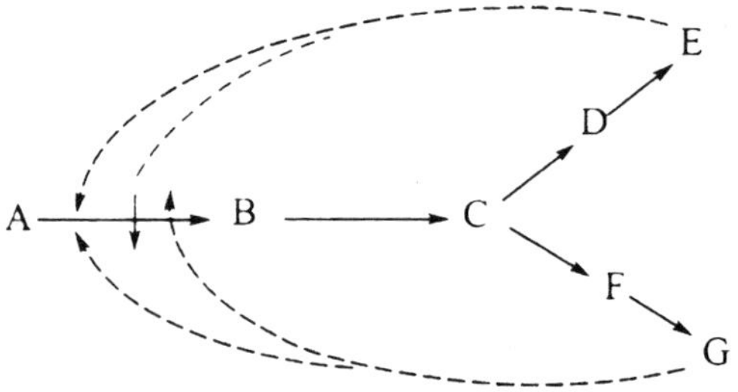

图 6－12　合作反馈抑制示意图

(4)积累反馈抑制。每一分支途径的末端产物按一定百分率单独抑制共同途径中前面的酶,当几种末端产物共同存在时,它们的抑制作用是累积的,

❶同工酶是指能催化相同的生化反应,但酶蛋白分子结构有差异的一类酶,它们虽同存于一个个体或同一组织中,但在生理、免疫和理化特性上却存在着差别。

如图 6-13 所示。

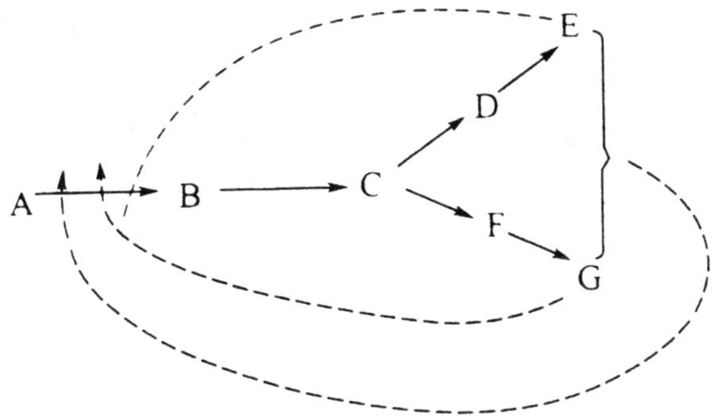

图 6-13 积累反馈抑制示意图

E 可单独抑制 20%,G 可单独抑制 50%,当 E 与 G 同时存在时为 20%+(100-20)×50%=60%

(5)顺序反馈抑制❶。

当 E 过多时,可抑制 C、D,这时由于 C 的浓度过大而促使反应向 F、G 方向进行,结果又造成了另一末端产物 G 浓度的增高。由于 G 过多就抑制了 C、F,结果造成 C 的浓度进一步增高。C 过多又对 A、B 间的酶发生抑制,从而达到了反馈抑制的效果。这一现象最初是在研究枯草杆菌的芳香族氨基酸生物合成时发现的,如图 6-14 所示。

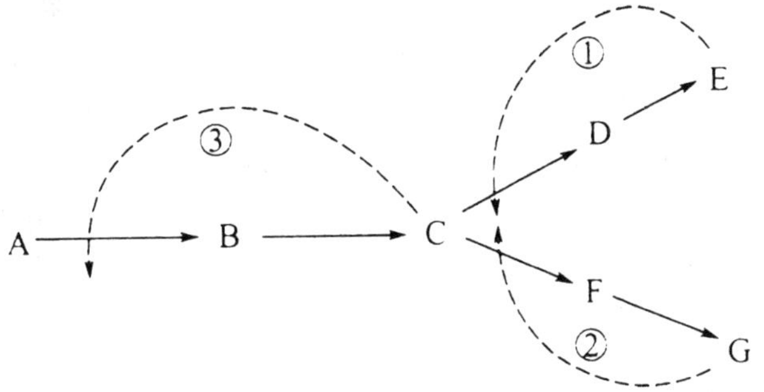

图 6-14 顺序反馈抑制示意图

①、②、③表示抑制的先后顺序

(二)微生物细胞的次级代谢调节机制

1.次级代谢与初级代谢的关系

次级代谢是一些微生物为了避免代谢过程中某些代谢产物的积累造成的不利影响而产生的有利于自身生存的代谢类型,通常是在生长后期产生。次级代谢产物如抗生素、生物碱、色素等,它们并不是微生物生长所必需的,

❶这种通过逐步有顺序的方式达到的调节,称为顺序反馈抑制。

与菌体的生长繁殖无明确关系，但对产生菌的生存可能有一定的作用。

微生物初级代谢与次级代谢并非独立的代谢途径，两者有密切的关系。初级代谢的中间体或产物往往是次级代谢的前体或起始物，如图 6－15 所示。

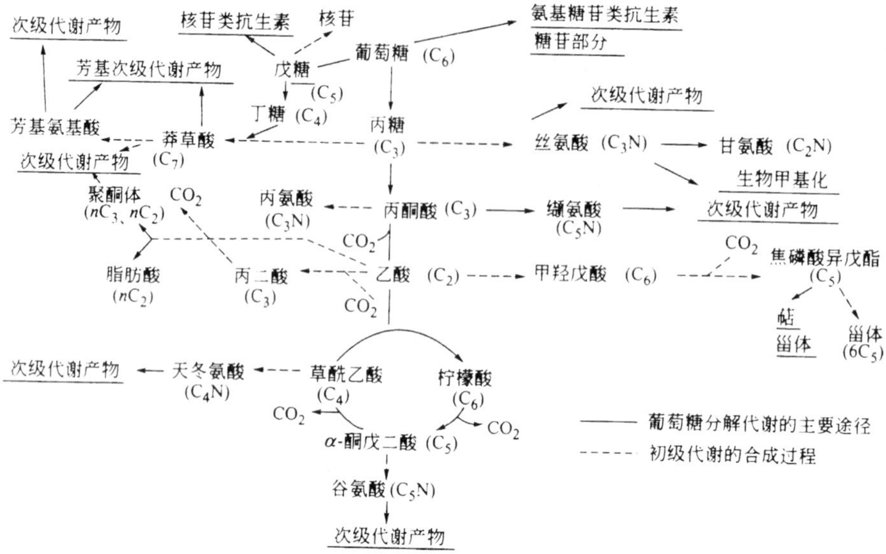

图 6－15　初级代谢与次级代谢的关系

在图 6－15 中，尽管初级代谢产物的合成路径几乎是微生物共有的，但次级代谢产物的合成对各种具体的产物而言却仅限于各种特殊的微生物。即图 6－15 中的次级代谢生产物图是把几个不同种类的微生物代谢总结在一个图上，并不是把所有的微生物次级代谢产物都表示出来了，产生次级代谢产物的微生物有放线菌、丝状菌或有孢子的细菌等，在肠细菌中没有发现过有次级代谢。因此，与初级代谢产物不同，可以认为次级代谢产物和微生物的形态一样也有很强的特异性。

因为初级代谢产物是次级代谢产物的前体，所以初级代谢对次级代谢调节的作用更大。在代谢调节方面很多是与初级代谢调节相同的，但次级代谢对分解代谢产物和磷酸盐等较敏感，也是影响抗生素产量的主要因素。归纳起来可将其主要调节类型分为反馈抑制和阻遏调节、诱导调节、分解代谢产物调节、磷酸盐的调节、细胞膜透性的调节等。

(1)反馈抑制和阻遏调节。抗生素合成过程中，若积累过量，也会出现类似初级代谢的反馈调节现象，包括初级代谢产物的反馈调节和抗生素自身的反馈调节。

1)初级代谢产物的反馈调节。根据初级代谢产物与次级代谢产物的相互关系，主要有如下三类调节方式：

一类是直接参与次级代谢产物的合成。这种情况下初级代谢产物往往是合成抗生素的前体，当初级代谢产物积累产生反馈抑制自身合成时，也就影响了抗生素的合成。如用产黄青霉发酵生产青霉素时，若缬氨酸过量积累，就会反馈抑制合成途径中关键酶——乙酰乳酸合成酶的活性，使缬氨酸合成减少，进而影响青霉素的合成，如图 6-16 所示。因此，可通过诱变筛选缬氨酸抗性突变株和添加缬氨酸前体增加青霉素产量。

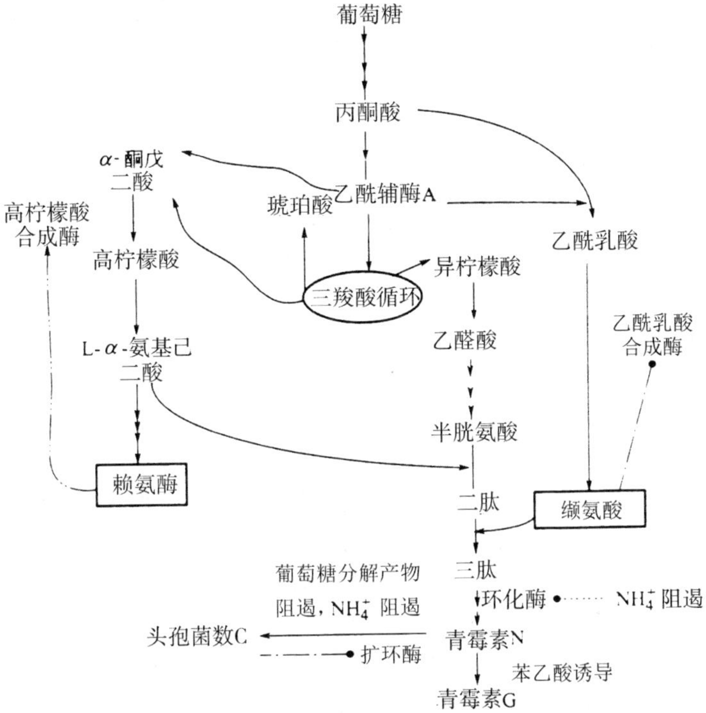

图 6-16　青霉素 G 和头孢菌素 C 的生物合成与调控示意图

—·—→反馈抑制；—·—● 分解产物阻遏

另一种调节类型是分支途径反馈调节。这种情况下，分支途径的终产物反馈抑制抗生素合成过程中的共同关键酶，同时各分支分别抑制分支途径的第一个酶。

还有一类情况是初级代谢产物合成与次级代谢产物合成有一条共同的合成途径，通过初级代谢产物的积累，反馈抑制共同途径中某个酶的活性，从而抑制了次级代谢产物的合成。

2）抗生素自身的反馈调节。抗生素本身的过量积累，存在着与初级代谢相似的反馈调节现象。根据抗生素对其产生菌本身的影响分成两种情况：一种情况是抗生素对其他生物有毒性而对抗生素产生菌本身无毒性，如青霉素和头孢菌素等可抑制细菌细胞壁成分肽聚糖的合成，而用于生产青霉素的霉菌的细胞壁主要成分为几丁质和纤维素，没有这类抗生素作用的肽聚糖，因此，这类抗生素发酵只受抗生素自身浓度反馈调节，对产生菌无影响；另一种情况是抗生素对产生菌和其他生物都有毒性，如抑制其他生物体蛋白质和核酸合成的链霉素也抑制产生菌（放线菌）自身的蛋白质和核酸的合成，生产中可采用透析培养和选育对自身抗生素脱敏的突变株等方法提高产量。

（2）诱导调节。诱导调节，即在抗生素生物合成过程中参与次级代谢的酶是诱导酶，需要有诱导物存在时才能形成。次级代谢过程中除了前体或前体的结构类似物起诱导作用外，一些促进抗生素合成的因子并非是该种抗生素的前体或前体结构类似物，但对抗生素合成有诱导调节作用。

（3）分解代谢产物调节。

1）碳源分解代谢物调节。20 世纪 40 年代初期就发现，青霉素发酵过程中，虽然葡萄糖被菌体利用最快，但对青霉素合成并不适宜。而乳糖利用虽然较为缓慢，却能提高青霉素产量。如果细菌在葡萄糖和乳糖的混合培养基中生长，那么在抗生素合成前，菌体一般首先利用葡萄糖，在葡萄糖耗尽后，抗生素合成开始，此时菌体才利用第二种碳源。这种情况说明，次级代谢的碳源分解代谢调节比初级代谢更为复杂。

2）氮源分解代谢物调节。氮源分解代谢物调节是类似于碳源分解调节一类的分解阻遏方式。它主要是指含氮底物的酶（如蛋白酶、硝酸还原酶、酰胺酶、组氨酸酶和脲酶）的合成受快速利用的氮源，尤其是氨的阻遏。

（4）磷酸盐的调节。磷酸盐不仅是菌体生长的主要限制性营养成分，而且还是调节抗生素生物合成的重要参数。磷酸盐调节抗生素的生物合成有不同的机制。按效应来说，有直接作用（即磷酸盐自身影响抗生素合成）和间接效应（即磷酸盐调节胞内其他效应剂，如 ATP、腺苷酸、能荷和 cAMP），进而影响抗生素合成。具体地说，磷酸盐能影响抗生素合成中磷酸酯酶和前体形成过程中某种酶的活性；ATP 直接影响某些抗生素合成和糖代谢中某些酶的活性。

（5）细胞膜透性的调节。微生物的细胞膜对于细胞内外物质的运输具有高度选择性。如果细胞膜对某物质不能运输或者运输功能发生了障碍，细胞内合成代谢的产物不能分泌到胞外，必然会产生反馈调节作用，影响发酵物的生产量，另一方面的可能是细胞外的营养物质不能进入细胞内，从而影响产物的合成，造成产量下降。因此，细胞膜的通透性是代谢调节的一个重要方面。

二、微生物发酵代谢控制的基本方法

发酵代谢控制就是对微生物的代谢途径进行控制。其关键是微生物细胞自我调节控制机制是否能够被有效解除。最有效的方法就是造就从遗传上解除了微生物正常代谢控制的突变株,这样就突破了微生物的自我调节控制机制而使代谢产物大量积累。目前采取的基本措施有应用营养缺陷型菌株、选育抗反馈调节的突变株、选育细胞膜通透性突变株、应用遗传工程技术,构建理想的工程菌株等很多方法,从大的方面可归纳为遗传学方法与生物化学方法两大类。

(一)遗传学方法

1.应用营养缺陷[1]突变株切断支路代谢

由于微生物在合成途径中某一步骤发生缺陷,致使终产物不能积累,因此,也就遗传性地解除了终产物的反馈调节,使得中间产物或另一分支途径的末端产物得以积累。

(1)对于直线式代谢途径。选育营养缺陷型突变株只能积累中间代谢产物。如图 6-17 所示,C 变成 D 的酶被破坏,可导致中间产物 C 的积累。但末端产物 E 对生长乃是必需的,所以,应在培养基中限量供给 E,使之足以维持菌株生长,但又不至于造成反馈调节(阻遏或抑制),这样才能有利于菌株积累中间产物 C 。

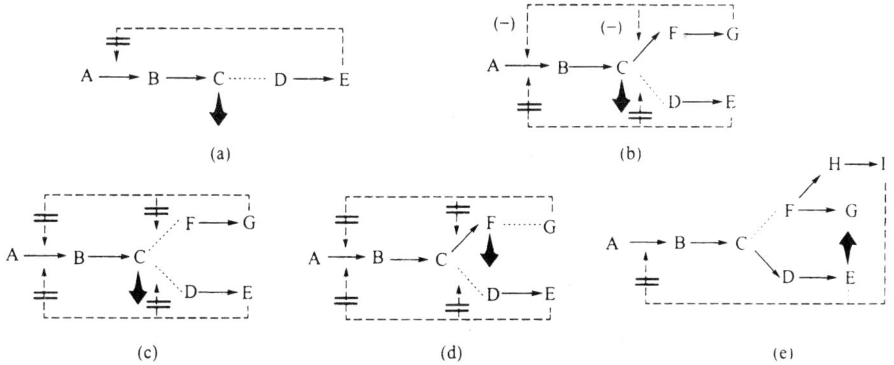

图 6-17 直线式和分支代谢途径营养缺陷型示意图

各图成立的条件:(a)限量添加 E;(b)限量添加 E;(c)限量添加 E 和 G;(d)限量添加 E 和 G;(e)限量添加 I;"…"表示营养缺陷突变位置;"≠"表示

[1] 所谓营养缺陷型就是指原菌株由于发生基因突变,致使合成途径中某一步骤发生缺陷,从而丧失了合成某些物质的能力,必须在培养中外源补加该营养物质才能生长的突变型菌株。

反馈调节解除。

(2)分支代谢途径。情况较复杂,可利用营养缺陷性克服协同或累加反馈抑制积累末端产物,亦可利用双重缺陷发酵生产中间产物。

在实际生产中,次黄嘌呤核苷就是利用营养缺陷型进行生产的。当选用腺嘌呤缺陷型(Ade^-)时,由于切断了IMP到AMP这条支路代谢,通过在培养基中限量控制腺嘌呤的含量,就可以解除腺嘌呤系化合物对PRPP转酰胺酶的反馈调节,因而可使肌苷得以积累。如果在Ade^-的基础上再诱变成黄嘌呤缺陷型(Xan^-)或鸟嘌呤缺陷型(Gua^-),那么就可以切断IMP到GMP这条支路代谢,通过在培养基中限量控制黄嘌呤或鸟嘌呤的含量,就可以解除鸟嘌呤系化合物所引起的反馈调节,从而增加肌苷的积累。肌苷发酵就是通过代谢流的阻塞来消除终产物的反馈调节,来达到中间产物的积累的,如图6-18所示。

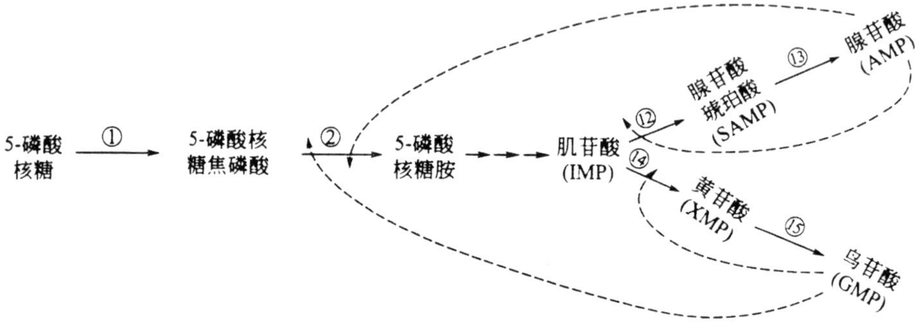

图6-18 营养缺陷型生产次黄嘌呤核苷

①5-磷酸核糖焦磷酸激酶;②5-磷酸核糖焦磷酸转氨酶;⑫腺苷酸琥珀酸合成酶;⑬腺苷酸琥珀酸分解酶;⑭肌苷酸脱氢酶;⑮黄苷酸转氨酶;虚线箭头表示反馈抑制

另外,在分支合成途径中,由于存在着多个终产物单独存在时都不能对其合成途径的关键酶实现全部的反馈抑制或阻遏这一现象,因此,可以利用这种机制选育营养缺陷型菌株,造成一个或两个终产物合成缺陷而使另外的终产物得以积累。较典型的例子就是用高丝氨酸营养缺陷型(Hom^-)或苏氨酸营养缺陷型(Thr^-)菌株使赖氨酸积累。

天冬氨酸激酶在赖氨酸或苏氨酸单独一种存在时不受抑制,仅是当两者共存并都过量时才起抑制作用。因此,在苏氨酸限量培养时,即使赖氨酸过剩,也能进行由天冬氨酸生成天冬氨酰磷酸的反应。在苏氨酸缺陷型中,天冬氨酸半醛可以进一步转变为赖氨酸和高丝氨酸,高丝氨酸又进而转变为蛋氨酸(甲硫氨酸),却不能生成苏氨酸,如图6-19所示。

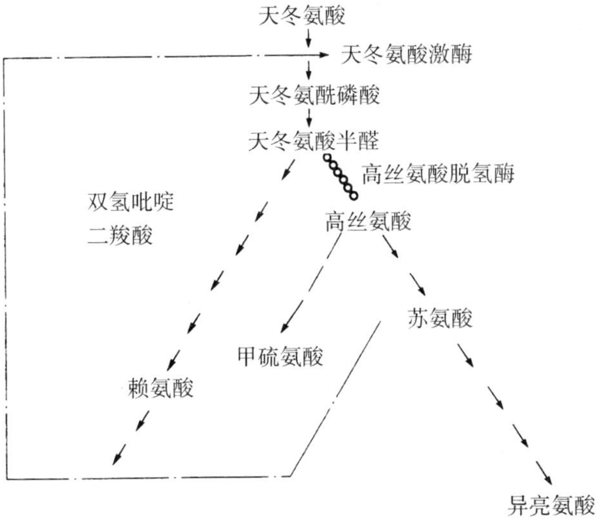

图 6-19 高丝氨酸或苏氨酸缺陷型菌株积累赖氨酸 28

2.应用渗漏突变株降低支路代谢

渗漏缺陷型就是指遗传性障碍不完全的缺陷型，渗漏缺陷型可以少量地合成某一种代谢最终产物，所以不会造成反馈抑制而影响中间代谢产物的积累。例如，张克旭等使枯草芽孢杆菌腺嘌呤缺陷（Ade^-）和组氨酸缺陷（His^-）的双重缺陷突变株再带上黄嘌呤渗漏缺陷（Xan^-）标记，结果使得肌苷的积累量提高了近 70%。

3.选育抗类似物突变株解除菌体自身反馈调节

抗类似物突变株也称为代谢拮抗物抗性突变株，是指对反馈抑制不敏感或对阻遏有抗性，或两者兼有菌株。选用抗代谢拮抗物突变株是应用代谢调节控制理论于育种及发酵生产的另一条途径。在多数情况下，与营养缺陷型的筛选相配合，是走向选育高产菌株的有效方法。一般来说，在分支合成途径中使用抗性突变株往往难于达到产量提高之目的。故首先必须选取合适的营养缺陷型，同时又选取具有一定抗性突变的菌株，产量才会大幅度提高。

精氨酸(Arg)就是利用抗类似物突变株发酵产生的，如图 6-20 所示。由于精氨酸的生物合成要受精氨酸本身的反馈抑制和反馈阻遏，要积累这样非支路代谢途径的终产物，主要采用抗精氨酸类似物突变株，如精氨酸抗性突变株、精氨酸氧肟酸盐抗性突变株，以解除精氨酸自身的反馈调节，使精氨酸得以积累。例如，使谷氨酸棒状杆菌带上 D^- 精氨酸和精氨酸氧肟酸盐抗性标记后，该突变株在含 15% 糖蜜的培养基中可产生 16.6 mg/mL 的精氨酸。

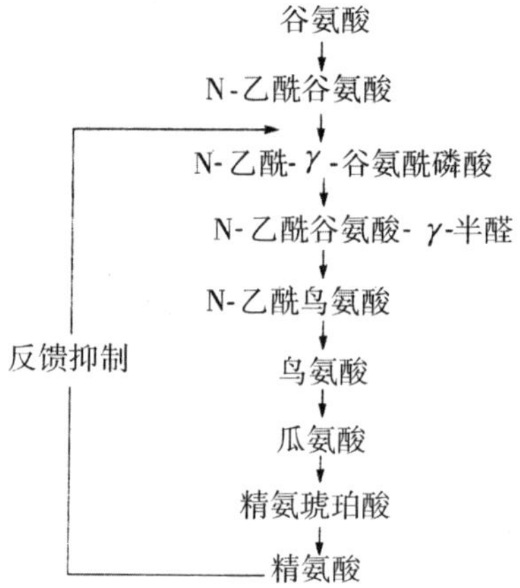

图 6-20　精氨酸的生物合成途径示意图

(二)生物化学方法

1.增加前体物质

增加前体物质可绕过反馈控制点,使某种代谢产物大量产生。例如,预苯酸是苯丙氨酸和酪氨酸的共同前体物质。选育丧失预苯酸脱氢酶(PD)的酪氨酸缺陷型,在限量供给酪氨酸的条件下,可积累苯丙氨酸,部分增加预苯酸可提高苯丙氨酸产量。在这种场合下,对苯丙氨酸生物合成途径中的预苯酸脱水酶(PT)的反馈抑制机制仍是正常的。

2.添加诱导剂

从提高诱导酶合成量来说,最好的诱导剂往往不是该酶的底物,而是底物的衍生物。例如,在青霉素生产中,添加苯乙酸,既是前体,又是外源诱导物。

3.改变细胞膜的通透性

微生物的细胞膜对于细胞内外物质的运输具有高度选择性。细胞内的代谢产物常常以很高的浓度累积着,并自然地通过反馈阻遏限制了它们的进一步合成。采取生理学或遗传学方法,可以改变细胞膜的透性,使细胞内的代谢产物迅速渗漏到细胞外。例如,由葡萄糖生产谷氨酸的途径,如图 6-21 所示,主要途径是经过 EM 途径和三羧酸循环的前几步。

在正常情况下 α-酮戊二酸在循环中被转化为琥珀酰辅酶 A,因缺乏 α-酮戊二酸脱氢酶,后者被谷氨酸脱氢酶还原为谷氨酸。

在葡萄糖培养基内生长期间,谷氨酸产生菌在细胞内累积谷氨酸直到细胞被谷氨酸饱和,约 50 mg/g 干重。然后,由于反馈调节谷氨酸的积累中止,除非改变通透障碍,不然氨基酸难以排泄。这种通透性的改变受生物素或添加试剂如青霉素或脂肪酸衍生物的影响。在对数生长期加入青霉素能启动谷氨酸的分泌，使细胞内的氨基酸浓度迅速下跌到 5 mg/g 细胞。细胞连续分泌谷氨酸 40～50 h；从光密度的测量或显微镜检并未发现裂解。谷氨酸的通透性的增加似乎只是由里向外的。谷氨酸产生菌（生物素缺陷）细胞只是以正常细胞速率的 10％摄取外来的谷氨酸。细胞形态从球形变为膨胀的棒状。洗涤细胞可引起细胞氨基酸库的损失；细胞没有溶解，但细胞的离心压缩体积减小。所有这些变化都说明因生物素受到限制或加入青霉素或脂肪酸衍生物而导致细胞通透性的改变。

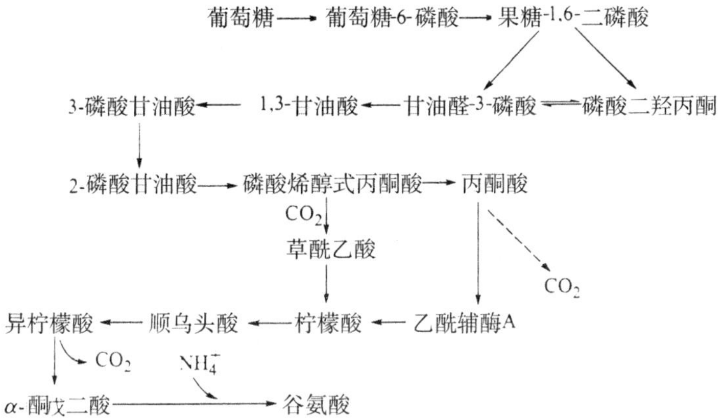

图 6－21　由葡萄糖生产谷氨酸的途径

生物素控制通透性是通过它在脂肪酸合成中的作用。生物素的缺乏（同加入脂肪酸衍生物或青霉素一样）引起谷氨酸产生菌外壳的脂质成分的显著变化。这种缺陷的主要后果是生成的细胞膜缺乏磷脂。生物素的浓度对于谷氨酸发酵的成败是关键之一。所用浓度介于每升 1～5 μg 之间。生物素浓度提高到每升 15 mg 会增加生长速率和减少谷氨酸的分泌使有机酸积累。要使青霉素或脂肪酸衍生物影响细胞的通透性必须在生长对数期内加入。甘油缺陷型也可用来生产谷氨酸。如同生物素一样，必须采用生长限制浓度的甘油以产生适当形式的通透膜。

三、微生物发酵动力学

（一）微生物发酵动力学分类

1.偶联型

产物形成速率与细胞生长速率有着紧密联系，合成的产物通常是分解代谢的直接产物。这类初级代谢产物的生成速率与生长直接有关。如下式：

$$\frac{dP}{dt} = Y_{P/X}\frac{dX}{dt} = Y_{P/X}\mu X$$

或

$$Q_P = Y_{P/X}\mu$$

式中，$Y_{P/X}$ 为以菌体细胞量为基准的产物生成系数，g/g 细胞；P 为产物浓度，g/L；X 为菌体浓度，g/L；μ 为比生长速率，1/h；$\frac{dP}{dt}$ 为产物生成速率，g/(L·h)；Q_P 为产物比生成速率，1/h；$\frac{dX}{dt}$ 为细胞生长速率，g/(L·h)。

2.混合型

生长与产物生成相关，发酵产物生成速率可由下式描述：

$$\frac{dP}{dt} = \beta X \frac{dP}{dt} = \alpha \frac{dX}{dt} + \beta X = \alpha\mu X + \beta X$$

或

$$Q_P = \alpha\mu + \beta$$

式中，α 为与生长偶联的产物形成系数，g/(g 细胞·h)；β 为非生长偶联的比生产速率，g/(g 细胞·h)。

该复合模型复杂的形成是将常数 α、β 作为常数，它们在分批生长的四个时期分别具有特定的数值。

（二）发酵方法

微生物发酵过程根据发酵条件要求分为好氧发酵和厌氧发酵。无论好氧与厌氧发酵都可以通过深层培养来实现。这种培养均在具有一定径高比的圆柱形发酵罐内完成，通常采用连续式操作方式进行运作。反应开始后，以一定的速度将底物连续输送到反应器中，同时以同样速度将反应液连续不断地取出，使微生物可以在近似的环境下进行反应。连续发酵又可以分为开放式连续发酵和封闭式连续发酵。

1.开放式连续发酵

在开放式连续发酵系统中，培养系统中的微生物细胞随着发酵液的流出而一起流出，细胞流出速度等于新细胞生成速度。另外，最后流出的发酵液如部分（反馈）发酵罐进行重复使用，则该装置叫作循环系统。开放式连续发酵又可分为单罐均匀混合连续发酵、管道非均匀混合连续发酵和塔式非均匀混合连续发酵。

（1）单罐均匀混合连续发酵。如图 6－22 所示，培养液以 αF 速度流入到培养基中，然后通过搅拌以 $(\alpha+1)F$ 流速连续流出。如果用一个装置将流出的发酵液中部分细胞返回发酵罐，就构成了循环系统（图中虚线所示）。

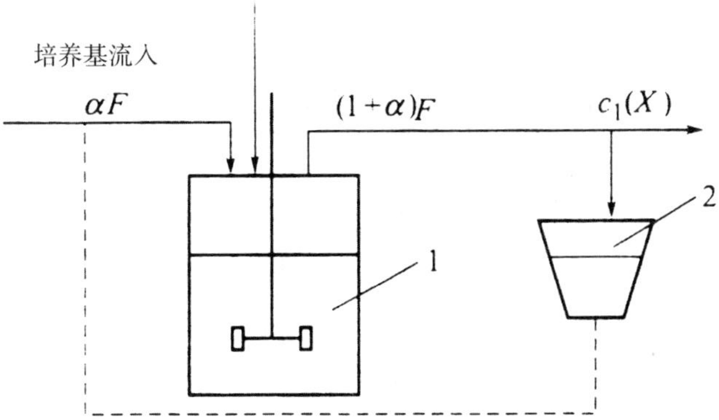

图 6-22　单罐连续发酵

1-发酵罐;2-分离器

(2)管道非均匀混合连续发酵。这种发酵方式主要用于厌氧发酵,每一个分隔相当于一台发酵罐。培养液和从种子罐出来的种子不断流入管道发酵器内,使微生物在其中生长、繁殖和积累代谢产物,如图 6-23 所示。

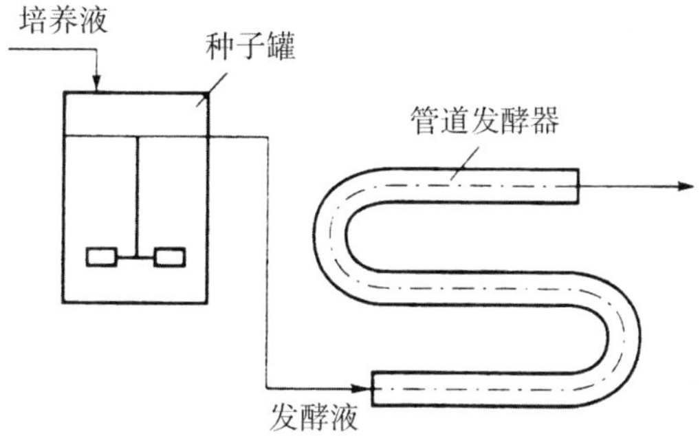

图 6-23　管道连续培养发酵

(3)塔式非均匀混合连续发酵。如图 6-24 所示是一种气液并流型连续发酵塔式装置,培养液和空气从塔底部并流进入,在用多孔板分隔的多段发酵室中培养后由塔顶流出。

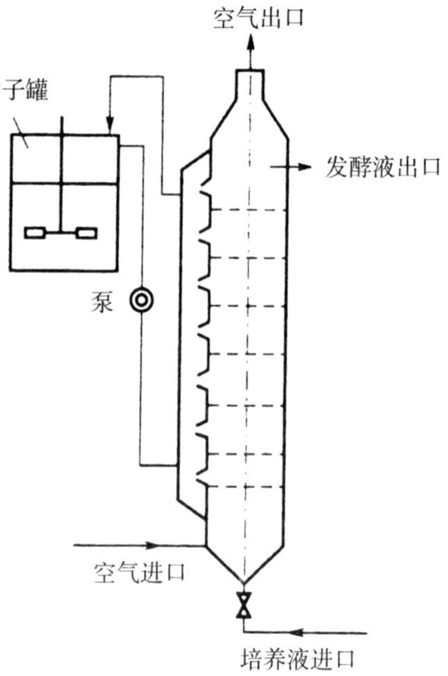

图 6-24 气液并流型塔式连续发酵

2.封闭式连续发酵

在封闭式连续发酵系统中，运用某种方法使细胞一直保持在培养器内，并使其数量不断增加。这种条件下，某些限制因素在培养器中发生变化，最后大部分细胞死亡。因此，在这种系统中，不可能维持稳定状态。

(三)分批培养发酵动力学

分批培养又称分批发酵，是指在一个密闭系统内投入有限数量的营养物质后，接入少量的微生物菌种进行培养，使微生物生长繁殖，在特定的条件下只完成一个生长周期的微生物培养方法。

在分批培养操作中，由于底物消耗和产物生成是同时进行的，因此细胞所处的环境是时刻发生变化的，这样导致细胞不能在一个最优的环境下生存。从这个意义上看，分批培养并不是一个好的操作方式，但是这种方式也有着操作简单和易于掌控的好处，因此也是最常见到的操作方式。

1.微生物的生长曲线

在分批培养过程中，随着微生物的生长和繁殖，细胞量、底物、代谢产物的浓度等不断发生变化，微生物的生长可分为四个阶段：延滞期(a)、对数生长期(b)、稳定期(c)和衰亡期(d)，如图 6-25 所示，菌体细胞和代谢的变化曲线模式如图 6-26 所示。

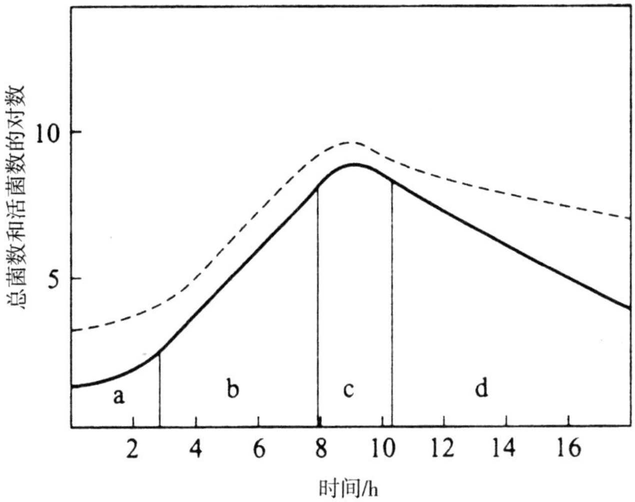

图 6-25 分批培养过程中典型的细胞生长曲线

——活菌数；------总菌数

a-停滞期；b-对数生长期；c-稳定期；d-衰亡期

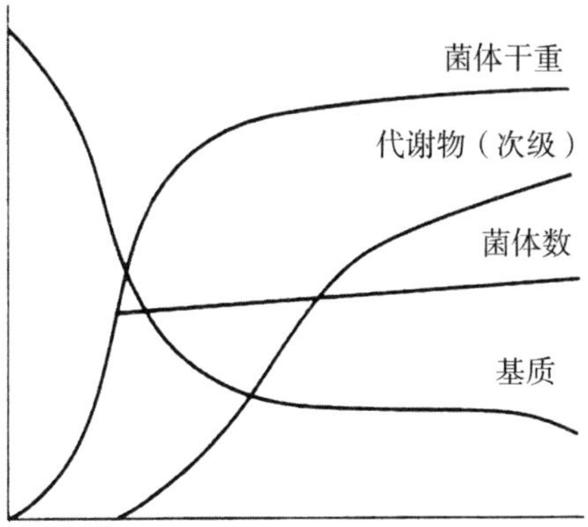

图 6-26 微生物培养代谢曲线模式

(1)延滞期。当细胞由一个培养基转到另一个培养基时，细胞数量并没有增加，处于一个相对停止生长状态。但细胞内却在诱导产生新的营养物质运输系统，可能有一些基本辅助因子会扩散到细胞外，同时参加初级代谢的酶类在调节状态以适应新的环境。这个时期是微生物细胞适应新环境的过程。

(2)对数生长期。在对数生长期，随着时间的推移，培养基中的成分不断发生变化，这个时期的细胞生长速率基本保持不变。在这个过程中，菌体的浓度、基质浓度和抑制剂浓度的关系为：

$$\frac{dX}{dt}=f(X,S,I)$$

式中，X 为菌体浓度，g/L；S 为限制性基质浓度，g/L；I 为抑制剂浓度，g/L；$\frac{dX}{dt}$ 为生长速率，g/(L·h)。

如果单从 X 与 $\frac{dX}{dt}$ 的关系来看，则菌体生长速率与培养液中的菌体浓度成正比，即

$$\frac{dX}{dt}=\mu X$$

式中，t 为培养时间，h；μ 为单位菌体的生长速率，称为比生长速度，其单位为时间的倒数，1/h。

比生长速率与许多因素有关，当温度、pH 值、基质浓度等条件改变时，μ 随之改变。当培养条件一定，μ 为常数时，上式表示指数生长式，即生长速率与已有细胞重量成正比。这时，积分得：

$$\int_{x0}^{x}\frac{dx}{x}=\mu\int_{0}^{t}dt$$

$$\ln\frac{X}{X_0}=\mu t$$

式中，X_0 为初始细胞浓度，g/L。

微生物的生长有时可用"倍增时间"（t_d）表示，其定义为微生物细胞浓度增加一倍所需要的时间，即

$$t_d=\frac{\ln 2}{t}=\frac{0.693}{\mu}$$

微生物细胞比生长速率和倍增时间因受遗传特性及生长条件的控制。

应当指出的是，也存在与上述速率不同的情况，如当以碳氢化合物作为微生物的营养物质时，营养物质从油滴表面的扩散速度会引起对生长限制，使生长速率不符合对数规律。在这种情况下，细胞显示为直线式生长，即

$$\frac{dX}{dt}=K$$

$$X=X_0+Kt$$

式中，K 为常数。

在某些情况下，丝状微生物的生长方式是顶端生长，而营养物质则通过整个丝状菌体扩散，营养物质在细胞内的扩散限制也使其生长曲线偏离上述规律。其生长速率可能和菌丝体的表面积成正比，或与细胞重量的 2/3 次方成正比，即

$$\frac{dX}{dt}=KX^{\frac{2}{3}}$$

$$\mu = \frac{1}{X}\frac{dX}{dt} = KX^{-\frac{1}{3}}$$

(3)稳定期。微生物的生长造成了营养物质的消耗和微生物产物的分泌。随着培养基中营养物质的消耗和代谢产物的积累或释放,微生物的生长速率也就会下降,直至生长停止。当所有微生物细胞分裂,或细胞增加速度与死亡速度相当时,微生物数量就达到平衡,微生物的生长也就进入了稳定期。这时细胞重量基本维持恒定,但细胞数目可能下降。

(4)衰亡期。当发酵过程处于衰亡期时,微生物细胞内所储存的能量已基本耗尽,细胞开始在自身所含的酶的作用下死亡。

需要指出的是,微生物细胞生长的停滞期、对数生长期、稳定期和衰亡期的时间长短取决于微生物的种类与所用培养基。在工业生产中,通常在对数生长期的末期或衰亡期开始以前,结束发酵过程。

2.分批培养中微生物生长动力学

20 世纪 40 年代以来,人们一直在研究微生物生长过程中生长速率与营养物质浓度的关系。其中,最为代表的是 Monod 提出的关于微生物细胞的比生长速率与限制性营养物质的浓度之间的关系,即 Monod 方程。

$$\mu = \frac{\mu_m S}{K_S + S}$$

式中,μ_m 为微生物的最大比生长速率, 1/h ; S 为限制性营养物质的浓度, g/L ; K_S 为饱和常数, g/L 。

当限制性底物浓度非常小时,即 $S < K_S$ 时, $K_S + S \approx K_S$,于是 Monod 方程简化为:

$$\mu = \frac{1}{X}\frac{dX}{dt} = \frac{\mu_{max}}{K_S}S$$

此时,比生长速率与限制性底物浓度成正比,微生物的生长显示为一级反应。当限制性底物浓度很大时,即 $S > K_S$ 时, $K_S + S \approx S$,于是 Monod 方程变为:

$$\mu = \frac{1}{X}\frac{dX}{dt} = \mu_{max}$$

$$\frac{dX}{dt} = \mu_{max}X$$

此时,比生长速率达到最大比生长速率,菌体的生长速率与底物浓度无关,而与菌体浓度成正比,微生物的生长显示为零级反应。

对于某些微生物,当 μ 达某一值时,再提高底物浓度,比生长速率反而下降,这时,μ_{max} 仅表示一种潜在的力量,实际上是达不到的,如图 6 - 27 所示。在纯培养情况下,只有当微生物细胞生长受一种限制性营养物制约时,

Monod方程才与实验数据相一致。

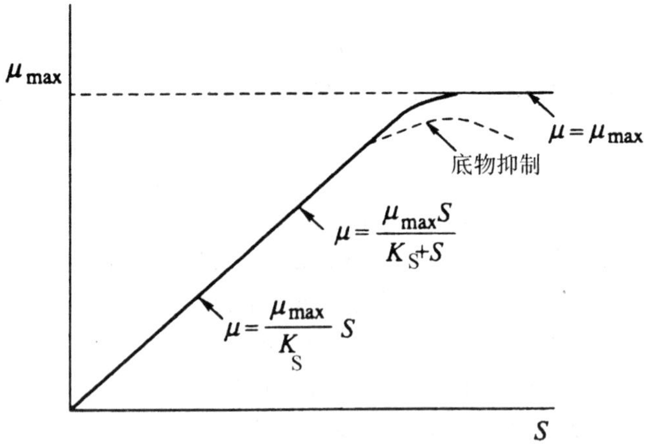

图 6-27 限制性底物浓度对比生长速率的影响

3.分批培养时基质的消耗速率

在实际生产中,最常用的是细胞生长得率系数($Y_{X/S}$)和产物得率系数($Y_{P/S}$)。其含义为:细胞生长得率系数($Y_{X/S}$),即消耗单位质量营养物质生成细胞的质量;产物得率系数($Y_{P/S}$),即消耗单位质量营养物质生成产物的质量。

这两种得率为表观得率,可通过测定一定时间内细胞和产物的生成量以及营养物质的消耗量来进行计算,而理论得率却不能直接测定。

$$Y_{X/S}=\frac{X-X_0}{S_0-S}=\frac{\Delta X}{\Delta S}$$

$$Y_{P/S}=\frac{P-P_0}{S_0-S}=\frac{\Delta P}{\Delta S}$$

发酵培养基中基质的减少是由于细胞和产物的形成,即

$$-\frac{dS}{dt}=\frac{\mu x}{Y_{X/S}}$$

$$\frac{dP}{dt}=Y_{P/S}\frac{dS}{dt}$$

如果限制性基质是碳源,消耗掉的碳源中一部分形成细胞物质,一部分形成产物,一部分维持生命活动,即有

$$-\frac{dS}{dt}=\left(-\frac{dS}{dt}\right)_G+\left(-\frac{dS}{dt}\right)_m+\left(-\frac{dS}{dt}\right)_P$$

即

$$-\frac{dS}{dt}=\frac{\mu x}{Y_G}+mX+\frac{1}{Y_P}\frac{dP}{dt}$$

式中,Y_G 为菌体的理论得率系数,角标 G 表示生长;Y_P 为产物的理论得

率系数，角标 P 表示产物；m 为维持系数，$m = 1/x * (-\mathrm{d}S/\mathrm{d}t)_m$，角标 m 表示维持。

$Y_{X/S}$、$Y_{P/S}$ 分别是对基质总消耗而言的；Y_G 和 Y_P 是分别对用于生长和产物形成所消耗的基质而言的，如果用比速率来表示基质的消耗和产物的形成，则有：

$$q_S = -\frac{1}{X}\frac{\mathrm{d}S}{\mathrm{d}t}$$

$$q_P = \frac{1}{X}\frac{\mathrm{d}P}{\mathrm{d}t}$$

式中，q_S 基质比消耗速率，mol/(g 菌体·h)；q_P 为产物比生成速率，mol/(g 菌体·h)。

根据比生长速率的关系式和基质消耗速率的关系可得到下列关系：

$$q_S = \frac{\mu}{Y_{X/S}}$$

也可得到下式：

$$q_S = \frac{\mu}{Y_G} + m + \frac{q_P}{Y_P}$$

若产物可忽略（以细胞培养为目的），可得：

$$\frac{1}{Y_{X/S}} = \frac{1}{Y_P} + \frac{m}{\mu}$$

由于 Y_G、m 很难直接测定，只要得出细胞在不同比生长速率下的 $Y_{X/S}$，可根据图解法求得 Y_G、m 的值，从而可得到基质消耗的速率。

4.分批培养时产物形成动力学

微生物发酵中，不同的发酵生产有着不同的动力学模式。描述这种关系的模式有三种，即偶联型模式、非生长关联型模式和混合型模式。营养物质以化学计量关系转化为单一产物（P），产物形成速率与生长速率的关系如图 6-28 所示。

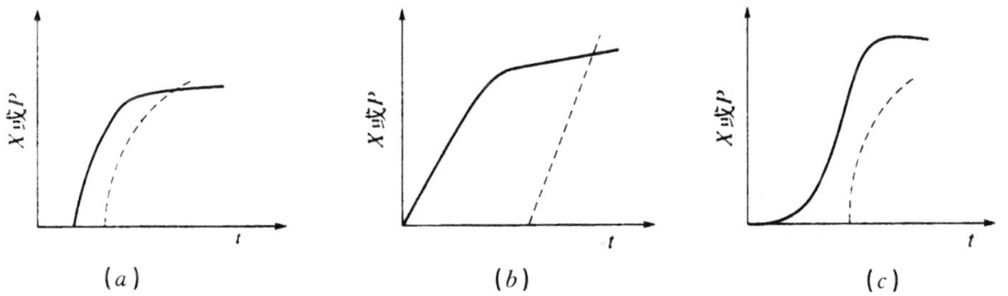

图 6-28　微生物细胞的分批培养中微生物细胞的生长与产物形成的动力学模式

(a)产物形成与细胞生长相关；(b)产物形成与细胞生长部分相关；

(c)产物形成与细胞生长无关

(1)偶联型模式。在这种模式中，当底物以化学计量关系转变成单一的一种产物 P 时，产物形成速率与生长速率成正比关系。即

$$\frac{\mathrm{d}P}{\mathrm{d}t}=\alpha\frac{\mathrm{d}X}{\mathrm{d}t}$$

式中，α 为比例常数。

偶联型模式的代谢产物一般称为初级代谢产物，这类代谢产物的发酵称为初级代谢发酵。

(2)非生长关联型模式。在这种模式中，产物的形成速率只和细胞浓度有关，即

$$\frac{\mathrm{d}P}{\mathrm{d}t}=\beta X$$

式中，β 为比例常数，与酶活力相似，可以认为它所表示的是单位细胞重量所具有的产物生成的酶活力单位数。

(3)混合型模式。Luedeking 等研究以乳酸菌发酵生产干酪乳时，得出如下动力学模式：

$$\frac{\mathrm{d}P}{\mathrm{d}t}=\alpha\frac{\mathrm{d}X}{\mathrm{d}t}+\beta X$$

此式为前两式复合而成，前一项表示生长联系，后一项表示非生长联系。当 $\alpha>\beta$ 时，即为生长偶联型；$\alpha<\beta$ 时，即为非生长关联型。

四、连续培养

连续培养是指以一定的速度向培养系统内添加新鲜的培养基，同时以同样的速度流出培养液，从而使培养系统内培养液的量维持稳定，使微生物能在近似的环境下生长。

(一)单级连续培养的动力学

1.单级连续培养细胞的物料平衡

为了描述恒定状态下恒化器的特性，必须求出细胞和限制性营养物质的浓度与培养基流速之间的关系方程。细胞量的变化方程为：

$$V(\mathrm{d}X/\mathrm{d}t)=V\ (\mathrm{d}X/\mathrm{d}t)_G-XF$$

式中，F 为培养基液体流量，m^3/s；V 发酵罐培养液体积，m^3；$(\mathrm{d}X/\mathrm{d}t)_G$ 为因细胞生长造成的细胞浓度变化率；$\mathrm{d}X/\mathrm{d}t$ 为总的培养液中细胞浓度变化率，$kg/(m^3\cdot s)$。

整理方程可简化为

$$-\frac{FX}{V}+\mu X=\frac{\mathrm{d}X}{\mathrm{d}t}$$

定义稀释率 $D = \frac{F}{V}(1/h)$，其含义是单位时间内加入的培养基体积占发酵罐内培养基体积的分率，t 表示培养液在发酵罐内的平均停留时间，于是有

$$\frac{dX}{dt} = (\mu - D)X$$

在恒定状态时，$\frac{dX}{dt} = 0$，比生长速率等于稀释率，即

$$\mu = D$$

这就表明，在一定范围内，人为地调节培养基的流量，细胞可以按照控制的比生长速率来生长。但稀释率的大小有一定的限制，不能超过一定的数值，即有一临界稀释率。

2.限制性营养物质的物料平衡

对生物反应器（发酵罐）而言，营养物质的平衡可表示为：

$$V(dS/dt) = FS_0 - FS - V(dS/dt)_c$$

式中，$(dS/dt)_c$ 为因细胞消耗造成的限制性基质浓度变化速率，kg/（m^3 • s）；dS/dt 为培养液中限制性基质变化速率，kg/（m^3 • s）。

整理得

$$dS/dt = D(S_0 - S) - (dS/dt)_c$$

即

$$dS/dt = D(S_0 - S) - \mu X/Y_{X/S}$$

式中，S_0,S 分别为流入和流出发酵罐的营养物的浓度，g/L；$Y_{X/S}$ 为细胞生长的得率系数。

在恒定状态下，$dS/dt = 0$，则

$$D(S_0 - S) = \mu X/Y_{X/S}$$

因为在恒定状态下 $\mu = D$，所以

$$X = Y_{X/S}(S_0 - S)$$

$$X = Y_{X/S}[S_0 - K_S D/(\mu_m - D)]$$

3.产物平衡

$$VdP/dt = FP_0 + V(dP/dt)P - FP$$

式中，$(dP/dt)P$ 为由于细胞合成产物而引起的产物浓度变化速率；dP/dt 为培养液中产物浓度变化速率。

整理后得

$$dP/dt = (dP/dt)P - D(P - P_0)$$

$$dP/dt = q_P X - D(P - P_0)$$

当连续培养处于稳态，且加料中不含有产物($P_0 = 0$)时，

$$DP = q_P X$$

$$P = q_P X/D$$

式中，P 为产物浓度；q_P 为产物比合成速率。

4.细胞浓度与稀释率的关系

前面已介绍，单级连续培养情况下在一定范围内，可人为地调节培养基的流量，也就是调节稀释率来控制细胞的比生长速率，但不能超过一定的数值，即有一临界稀释率。临界稀释率的大小可根据莫诺德方程计算。

若设流加液中的限制性基质浓度为 S_0，则临界稀释率为

$$D_c = \mu_m S_0/(K_S + S_0)$$

若稀释率超过临界稀释率即 $D > D_c$ ，则细胞的比生长速率小于稀释率，随着时间的延长，细胞的浓度不断降低，最后细胞从发酵罐中被洗光。

当 $D < D_c$ 时，发酵罐中限制性基质的稳态浓度为

$$S = K_S D/(\mu_m - D)$$

可知

$$X = Y_{X/S}(S_0 - S) = Y_{X/S}\left(S_0 - \frac{DK_S}{\mu_m - D}\right)$$

式中，S 和 X 对培养基流量(相当于 D)的依赖关系。当流量低即 D 值较小时，营养物全部被细胞利用，$S \to 0$，细胞浓度 $X = Y_{X/S}S_0$。如果 D 增加，X 减小，当 $D \to \mu_{\max}$ 时，$S \to S_0$，$X \to 0$，即达到"洗出点"，当 D 在 μ_m 以上时，为非恒定状态。

5.最适稀释率

最适稀释率并不是指连续培养过程所允许的最大稀释率，而是指使细胞或产物的生产能力达到最大时的稀释率。在发酵生产中，生产能力是指单位时间培养液中产生产品的浓度，其单位 g/(L·h) 。对于细胞，其生产能力即为生长速率；对于代谢产物，其生产能力亦称为生产速率。

对于单级连续培养，假定进料液中没有细胞和产物，则其生产能力为：

对于细胞

$$D(X - X_0) = DX = DY_{X/S}\left(S_0 - \frac{DK_S}{\mu_m - D}\right)$$

对于产物

$$DP = DY_{P/S}\left(S_0 - \frac{DK_S}{\mu_m - D}\right)$$

令

$$\frac{\mathrm{d}(DX)}{\mathrm{d}D} = Y_{X/S}\left[S_0 - \frac{2K_S D(\mu_m - D) + K_S D^2}{(\mu_m - D)^2}\right] = 0$$

则得

$$(S_0 + K_S)D^2 - 2\mu_m(S_0 + K_S)D + S_0\mu_m^2 = 0$$

解方程可得

$$D = \mu_m\left[1 \pm \sqrt{K_S/(S_0 + K_S)}\right]$$

由于稀释率 D 不可能大于 μ_m，故取

$$D = \mu_m\left[1 - \sqrt{K_S/(S_0 + K_S)}\right]$$

通过数学的方法可以证明在此稀释率处，生产能力 D_X 有最大值，因此被定义为最适稀释率，并以 D_m 表示：

$$D_m = \mu_m\left[1 - \sqrt{K_S/(S_0 + K_S)}\right]$$

（二）多级串联连续培养动力学

如果各级发酵罐的培养基体积相同，并且第二级以后的发酵罐中不加入新培养基，那么根据各级发酵罐的物料平衡，可得出稳态下第 n 个发酵罐中的细胞浓度、比生长速率、限制性基质浓度和产物浓度。

$$X_n = DX_{n-1}/(D - \mu_n)$$

$$\mu_n = D(1 - X_{n-1}/X_n)$$

$$S_n = S_{n-1} - \mu_n X_n/DY_{X/S}$$

$$P_n = P_{n-1} + q_P X_n/D$$

由于前一级发酵罐流出液中的限制性基质浓度已经有所降低，因此，在后一级发酵罐中的细胞的增长就不多了，这样从第二级开始，细胞的比生长速率不再与稀释率相等。在第二级发酵罐中细胞的比生长速率为

$$\mu_2 = D(1 - X_1/X_2)$$

$$X_2 = Y_{X/S}(S_0 - S_2)$$

根据 Monod 方程

$$\mu_2 = \mu_m S_2/(K_S + S_2)$$

$$X_1 = Y_{X/S}\left[S_0 - K_S D/(\mu_m - D)\right]$$

也可得到

$$D(1 - X_1/X_2) = \mu_m S_2/(K_S + S_2)$$

整理得到

$$(\mu_m - D)S_2^2 - \left[\mu_m S_0 - K_S D^2/(\mu_m - D) + K_S D\right]S_2 + K_S^2 D^2/(\mu_m - D) = 0$$

解此方程可得到第二级发酵罐中的稳态时限制性基质浓度 S_2，再由 $X_2 = Y_{X/S}(S_0 - S_2)$ 确定 X_2。以此类推，可求得 n 级发酵罐的基质浓度、产物浓度和细胞浓度等参数。

(三)案例分析

类胡萝卜素(carotenoid)是存在于植物和微生物中较为广泛的一种重要天然色素,其具有多种生理功能,如具有转化维生素A的生物活性及预防癌症和心血管疾病等作用。采用响应面分析法对高产类胡萝卜素红酵母菌株(*Rhodotorula* sp.D)的发酵培养基进行优化,为促进类胡萝卜素的进一步开发利用服务。

(1)方法。对影响类胡萝卜素生产的20个营养因素($X_1 \sim X_{20}$)进行考察,实验选用$N = 24$的Plackett - Burman设计,每个因素设计成高(+)和低(—)两个水平。实验设计见表6 - 1。

表6 - 1　$N = 24$的Plackett - Burman实验设计和结果

批次	X_1	X_2	X_3	X_4	X_5	X_6	X_7	X_8	X_9	X_{10}	X_{11}	X_{12}	X_{13}	X_{14}	X_{15}	X_{16}	X_{17}	X_{18}	X_{19}	X_{20}	产量/(mg/L)
1	+	—	—	—	—	+	—	+	—	—	+	+	—	—	+	+	—	+	—	+	6.5
2	+	+	—	—	—	—	+	—	+	—	—	+	+	—	—	+	+	—	+	—	5.9
3	+	+	+	—	—	—	—	+	—	+	—	—	+	+	—	—	+	+	—	+	7.9
4	+	+	+	+	—	—	—	—	+		+			+	+			+	+	—	5.5
5	+	+	+	+	+	—	—	—	—	+		+			+	+		—	+	+	13.9
6	—	+	+	+	+	+	—	—	—	—	+		+			+	+	—	—	+	4.6
7	+	—	+	+	+	+	+	—	—	—	—	+		+			+	+	—	—	12.5
8	—	+	—	+	+	+	+	+	—	—	—	—	+		+			+	+	—	4.9
9	+	—	+	—	+	+	+	+	+	—	—	—	—	+		+		—	+	+	8.9
10	+	+	—	+	—	+	+	+	+	+	—	—	—	—	+		+	—	—	+	6.6
11	—	+	+	—	+	—	+	+	+	+	+	—	—	—	—	+		+	—	—	10.2
12	—	—	+	+	—	+	—	+	+	+	+	+	—	—	—	—	+	—	+	—	8.9
13	+	—	—	+	+	—	+	—	+	+	+	+	+	—	—	—	—	+	—	+	13.8
14	+	+	—	—	+	+	—	+	—	+	+	+	+	+	—	—	—	—	+	—	14.9
15	—	+	+	—	—	+	+	—	+	—	+	+	+	+	+	—	—	—	—	+	4.6

续表

批次	X_1	X_2	X_3	X_4	X_5	X_6	X_7	X_8	X_9	X_{10}	X_{11}	X_{12}	X_{13}	X_{14}	X_{15}	X_{16}	X_{17}	X_{18}	X_{19}	X_{20}	产量/(mg/L)
16	−	−	+	+	−	−	+	+	−	+	−	+	+	+	+	+		−	−	−	5.5
17	+	−	−	+	+	−	−9	+	+	−	+	−	+	+	+	+	+	−	−	−	7.2
18	−	+	−	−	+	+	−	−	+	+	−	+	−	+	+	+	+	+	−	−	8.0
19	+	−	+	−	−	+	+	−	−	+	+	−	+	−	+	+	+	+	+	−	9.2
20	−	+	−	+	−	−	+	+	−	−	+	+	−	+	−	+	+	+	+	+	4.4
21	−	−	+	−	+	−	−	+	+	−	−	+	+	−	+	−	+	+	+	+	5.6
22	−	−	−	+	−	+	−	−	+	+	−	−	+	+	−	+	−	+	+	+	6.0
23	−	−	−	−	+	−	+	−	−	+	+	−	−	+	+	−	+	−	+	+	8.9
24	−	−	−	−	−	−	−	−	−	−	−	−	−	−	−	−	−	−	−	−	8.5

(2)中心组合实验。采用中心组合设计，对 PB 实验筛选到的关键因子进行进一步研究，获得影响该红酵母菌发酵产类胡萝卜素的优化培养基。

(3)数据分析方法。实验数据均用 SAS(Version 9.0，SAS Institute Inc.，Cary，NC，USA)处理分析，并拟合出模型。

(4)类胡萝卜素产量测定。液态发酵液经盐酸提取、水浴、离心、沉淀等方法，得上清液类胡萝卜素提取液，以紫外分光光度法测定最大吸收波长，计算出类胡萝卜素产量Y(mg/L)。

(5)发酵培养基关键影响因素的确定。按照 PB 法设计的培养基进行发酵实验，得到不同培养基各因素的主要效应见表 6－2。

表 6－2　各因素的主要效应

因素	(−)/(g/L)	(+)/(g/L)	$T-t$ 检验	$Pr>1$	重要性排序
X_1.蔗糖	30	50	3.483 523	0.039 953	3
X_2.葡萄糖	25	35	−1.075 95	0.360 774	10
X_3.麦芽糖	10	15	0.181 101	0.867 833	18
X_4.乙醇	5	10	−0.564 61	0.611 802	13

续表

因素	(－)/(g/L)	(＋)/(g/L)	$T-t$ 检验	$Pr>1$	重要性排序
X_5.硫酸铵	5	15	3.611 359	0.036 469	2
X_6.氯化铵	0.1	0.2	－0.181 1	0.867 833	19
X_7.硝酸钠	0.1	0.2	－0.223 71	0.837 35	17
X_8.亚硝酸钠	0.1	0.2	－1.054 64	0.369 018	11
X_9.尿素	0.1	0.2	－1.118 56	0.344 821	9
X_{10}.酵母膏	0	5	3.696 583	0.034 359	1
X_{11}.牛肉膏	0	5	0.479 384	0.664 442	14
X_{12}.蛋白胨	0	5	1.715 129	0.184 83	5
X_{13}.氯化镁	0	5	－1.352 93	0.269 008	7
X_{14}.硫酸镁	0.02	0.05	－0.458 08	0.674 804	15
X_{15}.磷酸氢二钾	0.05	0.15	－2.141 25	0.121 709	4
X_{16}.磷酸二氢钾	0.05	0.15	－1.310 32	0.281 382	8
X_{17}.氯化钙	0.1	0.2	－1.438 15	0.245 966	6
X_{18}.番茄汁	0.002	0.004	－0.415 47	0.705 729	16
X_{19}.花生油	0.001	0.002	0.117 183	0.914 12	20
X_{20}.核黄素	0.003	0.005	－1.012 03	0.386 057	12

SAS 9.0 软件分析表明，代码为 X_{10}、X_5 和 X_1 的培养基的类胡萝卜素产量最高，方差分析表明，酵母膏、$(NH_4)_2SO_4$ 和蔗糖对类胡萝卜素产量影响显著（$P<0.05$），而其他因素对类胡萝卜素产量影响不显著。

(6)二次回归设计。通过二次回归的旋转中心组合设计，对 3 个显著因素进行优化，以类胡萝卜素的产量为响应值，对应于因变量 Y。为使拟合响应方程具有旋转性和通用性，选择中心点实验数为 6，星号臂长 $\gamma=1.682$。实验设计及结果见表6－3。

表 6-3　中心组合实验设计及结果

序号	因素/(g/L)			Y
	X_1.蔗糖	X_5.硫酸铵	X_{10}.酵母膏	mg/L
1	40	10	4	13.8
2	40	10	6	12.1
3	40	20	4	12.9
4	40	20	6	11.2
5	60	10	4	15.5
6	60	10	6	13.2
7	60	20	4	14.5
8	60	20	6	13.6
9	33.182 1	15	5	12.8
10	66.817 93	15	5	14.9
11	50	6.591 05	5	14.0
12	50	23.408 965	5	14.3
13	50	15	3.318 21	14.9
14	50	15	6.681 793	11.5
15	50	15	5	14.5
16	50	15	5	14.3
17	50	15	5	13.9
18	50	15	5	15.2
19	50	15	5	14.6
20	50	15	5	15.0

通过 SAS 9.0 软件对表 6-3 数据进行二次多项回归拟合，获得编码水平为(-1,1)的回归方程为：

$$Y = 14.594\,05 + 0.756\,527X_1 - 0.138\,792X_5 - 0.901\,971X_{10} - 0.329\,285X_1^{5} + 0.15X_1X_5 + 0.025X_1X_{10} - 0.223\,218X_5^{2} + 0.175X_5X_{10} - 0.559\,094X_{10}^{2}$$

未编码的回归方程为：

$$Y = -2.980\ 81 + 0.347\ 438X_1 - 0.084\ 896X_5 + 4.038\ 973X_{10} - 0.003\ 293X_1^{5} + 0.003X_1X_5 + 0.002\ 5X_1X_{10} - 0.008\ 929X_5^{2} + 0.035X_5X_{10} - 0.559\ 094X_{10}^{2}$$

分析结果见表 6－4。

表 6－4　中心组合实验设计的模型方差分析结果

回归	自由度	平方和	确定系数	F 值	显著水平
线性项	3	19.189 9	6.396 633	25.689 56	0.000 1
平方项	3	5.895 626	1.965 209	7.892 486	0.005 419
交互作用	3	0.43	0.143 333	0.575 642	0.643 967
总回归	9	25.515 53	2.835 058	11.385 59	0.000 363

模型在 99％的概率水平上非常显著，其确定系数为 0.9116，说明该二次模型能很好地解释实验数据的变异性，模型吻合。此外，回归模型的线性项和平方项对该模型的影响极显著。表明该类胡萝卜素红酵母液体发酵培养基的最合适的模型。根据表 6－4 绘制稳定区域内 Y 值随 X_1、X_5 和 X_{10} 变化关系响应面立体图，如图 6－29 所示。

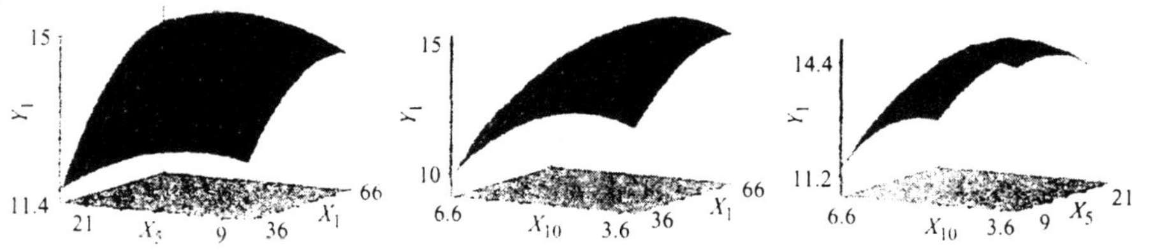

(a) $Y=f(X_1, X_5)$　(b) $Y=f(X_1, X_{10})$　(c) $Y=f(X_{10}, X_5)$

图 6－29　响应面立体图

由图 6－29 可知，Y 值(类胡萝卜素产量)在实验区域具有最大极值。通过回归的模型可以预测，在稳定状态下 Y 的最大值为 15.385 mg/L，与之相对应的编码水平 $X_{10} = 0.827\ 1$、$X_5 = 0.281\ 2$、$X_1 = 1.053\ 3$，其对应的实际值为 $X_{10} = 4.173$ g/L、$X_5 = 13.594$ g/L、$X_1 = 60.533$ g/L 。在发酵培养基组成(g/L)为：酵母膏 4.173、$(NH_4)_2SO_4$ 13.594、蔗糖 60.533、$MgSO_4$0.3、K_2HPO_4 0.10、核黄素 0.004 的条件下进行验证实验，类胡萝卜素的最大产量为 15.291 mg/L，与预计的 15.385 mg/L 十分接近。

综上所述，主要介绍了在发酵工业所用培养基的研究和生产中，筛选和优化培养基设计中常用的几种方法。培养基的优化设计方法还很多，如遗传算法与神经网络等也被用于培养基的优化。

第三节　工业微生物的生产工程实例

一、氨基酸发酵

(一)概述

氨基酸在药品、食品、饲料、化工等行业中都有重要应用。氨基酸的生产始于 1820 年，当时是靠酸解或水解蛋白质生产氨基酸，1850 年利用化学方法成功合成了氨基酸，1956 年分离到谷氨酸棒状杆菌，1957 年生产谷氨酸钠(味精)商业化，从此推动了氨基酸生产的大规模发展。

目前，世界上氨基酸的生产技术主要有四种方法：发酵法、化学合成法、化学合成-酶法和蛋白质水解提取法。

1.发酵法

发酵法生产氨基酸是通过菌株进行诱变等处理，选育出各种缺陷型的变异菌株，从而使其在代谢中的反馈和阻遏得以解除，可以过量地生成某种氨基酸。目前，使用这种方法生产的氨基酸主要是谷氨酸。另外，色氨酸、亮氨酸、丙氨酸等也可以通过这种方式生产，但是由于生产水平较低，目前尚未大规模生产。微生物的内氨基酸的生物合成都是利用能量代谢中衍生出一些中间代谢产物为开始，然后通过一系列能量不可逆的反应来产生各种氨基酸。葡萄糖为碳源细胞内氨基酸的代谢途径如图 6-30 所示。

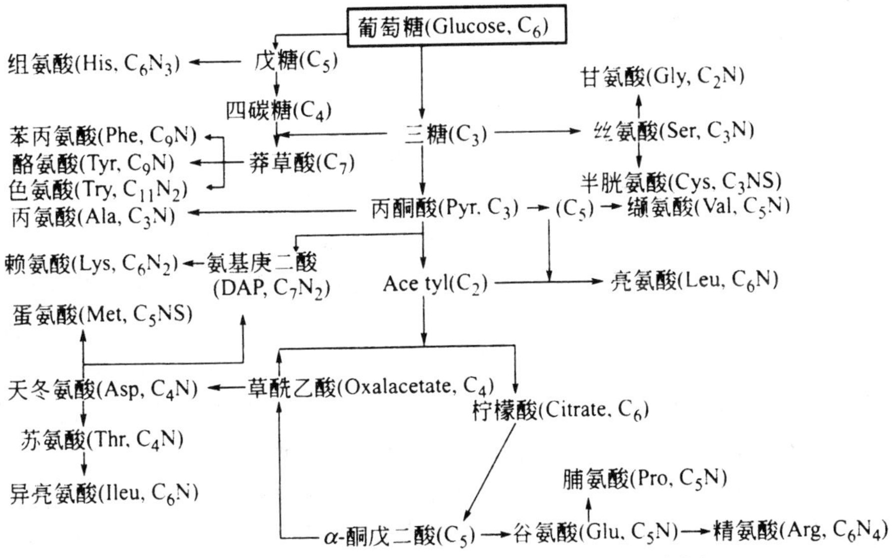

图 6-30　以葡萄糖为碳源细胞内氨基酸的代谢途径

2.化学合成法

化学合成法是借助于有机合成及化学工程相结合的技术生产氨基酸的一种方法。目前在氨基酸工业中应用化学合成法批量生产的氨基酸只有甘氨酸、蛋氨酸和色氨酸等少数几种。

3.化学合成-酶法

这种方式是通过化学合成生成一些中间体，然后再通过酶的催化作用，使某些氨基酸具有不同的旋光异构体。应用这种方法批量生产的有氨基酸赖氨酸、L-胱氨酸等。

4.蛋白质水解法

蛋白质水解法生产氨基酸是传统的氨基酸生产方法。目前应用这一方法生产的氨基酸有半胱氨酸等。

如今，主要的产氨基酸菌种有谷氨酸棒杆菌、黄色短杆菌、乳糖发酵短杆菌、短芽孢杆菌等，一般是生物素缺陷型，有些是氨基酸营养缺陷型，还可以采用基因工程菌进行生产。氨基酸市场中，谷氨酸钠约占氨基酸总量的75%，其次为赖氨酸，约占总产量的10%，其他的约占15%。

（二）谷氨酸发酵

谷氨酸是一种重要的氨基酸，结构式如图6-31所示，常见的是L-谷氨酸，又称为α-氨基戊二酸或麸氨酸，为白色或无色鳞片状晶体，呈微酸性，相对密度1.538，在200 ℃时升华，247～249℃时分解，微溶于冷水，较易溶于沸水，不溶于乙醇、乙醚和丙酮，能治疗肝性昏迷症。

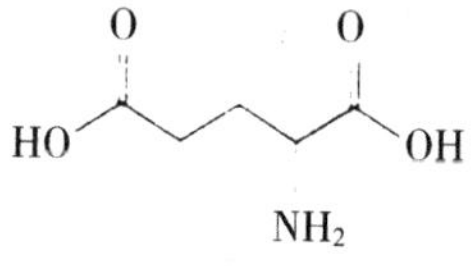

图6-31 **谷氨酸结构式**

味精是以谷氨酸为原料生成的谷氨酸钠的俗称。谷氨酸钠的结构式如图6-32所示。谷氨酸除制造味精外，还可以制成对皮肤无刺激性的洗涤剂——十二烷酚基谷氨酸钠肥皂、能保持皮肤湿润的润肤剂——焦谷氨酸钠、质量接近天然皮革的聚谷氨酸人造革，以及人造纤维和涂料等。1866年，德国人利用H_2SO_4水解小麦面筋，分离出一种酸性氨基酸，命名为谷氨酸。1910年，日本味之素公司首先以面筋水解方法生产谷氨酸。1956年日本协和发酵公司分离选育出一种新的细菌——谷氨酸棒状杆菌，进行工业化生产研究。1957年发酵法生产谷氨酸正式用于商业中。随后其产量连年递增，成为各种氨基酸产量的首位。我国味精的生产开始于1923年，上海天厨味精厂最先用水解法生产。1958年开始筛选生产谷氨酸的菌种。1969年我国分离选育出北京棒状杆菌AS.1.299和钝齿棒杆菌 AS.1.542 两株生产菌，同年在上海建厂，随后全国各地纷纷建厂投产。随着几十年的发展建设，目前味精年产量约 65 万吨，居世界第一。莲花集团谷氨酸钠年生产能力为 30 万吨，超过日本味之素成为世界最大生产企业。

$$NaOOC-CH_2-CH_2-\underset{\displaystyle NH_2}{\underset{|}{CH}}-COOH$$

图 6－32　谷氨酸钠结构式

1.谷氨酸发酵的机理

谷氨酸的生物合成途径是：谷氨酸产生菌将葡萄糖经糖酵解（EMP 途径）和戊糖磷酸支路（HMP 途径）生成丙酮酸，再氧化成乙酰辅酶 A，然后进入三羧酸循环，生成 α－酮戊二酸。α－酮戊二酸在谷氨酸脱氢酶的催化及 NH_4^+ 存在的条件下，生成谷氨酸。当生物素缺乏时，菌种生长十分缓慢；当生物素过量时，则转为乳酸发酵。因此，一般将生物素控制在亚适量条件下，才能得到高产量的谷氨酸。

2.谷氨酸发酵工艺

国外谷氨酸采用甘蔗糖蜜或淀粉水解糖为原料的强制发酵工艺，产酸率为 13%～15%，糖酸转化率为 50%～60%；国内采用淀粉水解糖或甜菜糖蜜为原料、生物素亚适量发酵工艺，产酸率为 11%左右，转化率为 60%左右。

（1）原料处理。谷氨酸发酵生产以淀粉水解糖为原料。淀粉水解糖的制备一般有酶水解法和酸水解法两种。

1）酶解工艺。采用耐高温 α-淀粉酶，最适温度 93～97 ℃，可耐105 ℃，最适 pH 值为 6.2～6.4，加氯化钙调节钙离子的浓度为 0.01 mol/L，酶的用量为5 u/g淀粉，液化程度：DE 值保持在 10～20 之间，终点以碘液显色控制。液化结束后，采用螺旋板降热器降温至 50～60 ℃，加糖化酶，调节 pH 值 4.5～5.5，酶的用量为 80～100 u/g 淀粉，当葡萄糖值达 96%以上时，100 ℃、5 min，灭酶活。

2）淀粉酸水解工艺。干淀粉用水调成 10～11^{6}Bé 的淀粉乳，用盐酸调至 pH 值 1.5 左右；然后直接用蒸汽加热，水解压力 30×10^4 Pa，时间 25 min 左右；冷却糖化液至 80 ℃，用 NaOH 调节 pH 值 4.0～5.0 使糖化液中的蛋白质和其他胶体物质沉淀析出；然后用粉末状活性炭脱色，活性炭用量约为淀粉量的0.6%～0.8%，于 70 ℃、酸性环境下搅拌；最后在 45～60 ℃下过滤得到淀粉水解液。

（2）菌种扩大培养。谷氨酸产生菌扩大培养的工艺流程为：斜面菌种-三角瓶培养-一级种子培养-二级种子培养-发酵罐。

（3）谷氨酸发酵生产。发酵初期，菌体约 2～4 h 后即进入对数生长期，代谢旺盛，糖耗快，须流加尿素以供给氮源并调节培养液的 pH 值至 7.8～

8.0，同时保持温度为30～32 ℃。本阶段主要是菌体生长，几乎不产酸，菌体内生物素含量由丰富转为贫乏，时间约 12 h。随后转入谷氨酸合成阶段，此时菌体浓度基本不变，α-酮戊二酸和由尿素分解后产生的氨合成谷氨酸。这一阶段应及时流加尿素以提供氨及维持谷氨酸合成最适 pH 值 7.2～7.4，需大量通气，并将温度提高到谷氨酸合成最适温度 34～37 ℃。发酵后期，菌体衰老，糖耗慢，残糖低，需减少流加尿素量。当营养物质耗尽、谷氨酸浓度不再增加时，及时放罐，发酵周期约为 30 h。谷氨酸发酵工艺流程如图 6-33 所示。

(4)谷氨酸分离提取。谷氨酸提取有等电点法、离子交换法、金属盐沉淀法、盐酸盐法和电渗析法，以及将上述方法联合使用的方法。国内多采用的是等电点-离子交换法。谷氨酸的等电点为 3.22，这时它的溶解度最小，所以将发酵液用盐酸调节到 pH 值 3.22，谷氨酸就可结晶析出。晶核形成的温度一般为 25～30 ℃，为促进结晶，需加入 α 型晶种育晶 2 h，等电点搅拌之后静置沉降，再用离心法分离得到谷氨酸结晶。等电点法提取了发酵液中的大部分谷氨酸，剩余的谷氨酸可用离子交换法进一步进行分离提纯和浓缩回收。谷氨酸是两性电解质，故与阳性或阴性树脂均能交换。当溶液 pH 低于 3.2 时，谷氨酸带正电，能与阳离子树脂交换。目前国内多用国产 732 型强酸性阳离子交换树脂来提取谷氨酸，然后在 65 ℃左右，用 6%NaOH 溶液洗脱，以 pH 值 3～7的洗脱液作为高流液，返回等电点法提取。谷氨酸的分离与味精的制备流程如图6-34所示。

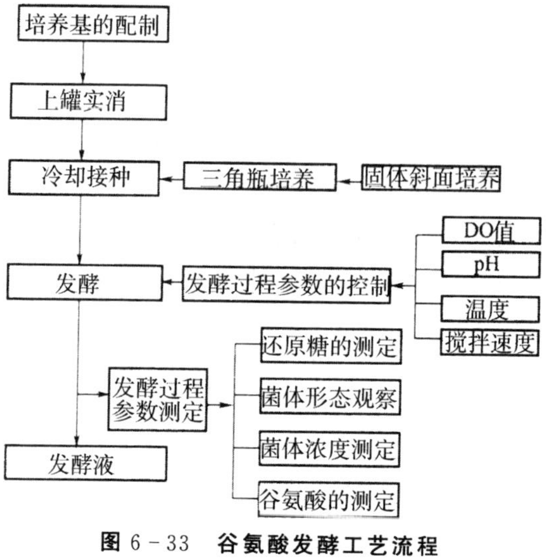

图 6-33 谷氨酸发酵工艺流程

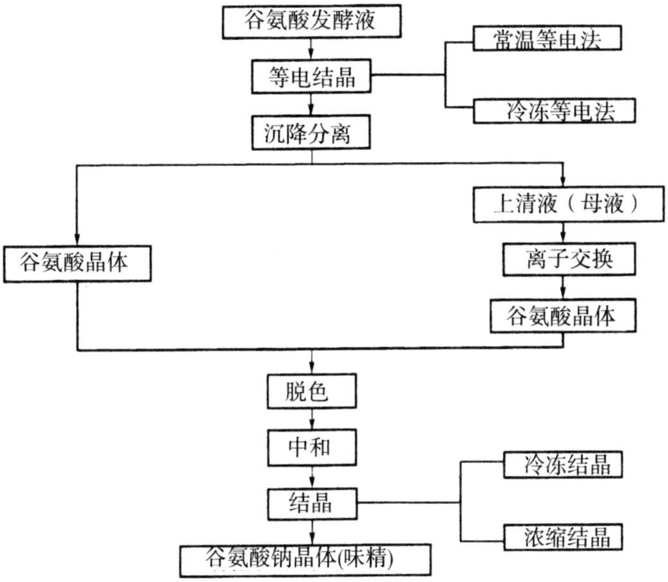

图 6-34 谷氨酸的分离与味精的制备

(三)赖氨酸发酵

赖氨酸又名 L-2,6-二氨基乙酸，赖氨酸(食用级)的分子式为 $C_6H_{14}N_2O_2$，结构式如图 6-35 所示。赖氨酸为碱性必需氨基酸。由于谷物食品中的赖氨酸含量甚低，且在加工过程中易被破坏而缺乏，故称为第一限制性氨基酸。赖氨酸可以调节人体代谢平衡，赖氨酸为合成肉碱提供结构组分，而肉碱会促使细胞中脂肪酸的合成。向食物中添加少量的赖氨酸，可以刺激胃蛋白酶与胃酸的分泌，提高胃液分泌功效，起到增进食欲、促进幼儿生长与发育的作用。赖氨酸还能提高钙的吸收及其在体内的积累，加速骨骼生长。如缺乏赖氨酸，会造成胃液分泌不足而出现厌食、营养性贫血，致使中枢神经受阻、发育不良。赖氨酸在医药上还可作为利尿剂的辅助药物，治疗因血中氯化物减少而引起的铅中毒现象，还可与酸性药物(如水杨酸等)生成盐来减轻不良反应，与蛋氨酸合用则可抑制重症高血压病，1979 年发表的研究表明，补充赖氨酸能加速疱疹感染的康复并抑制其复发。

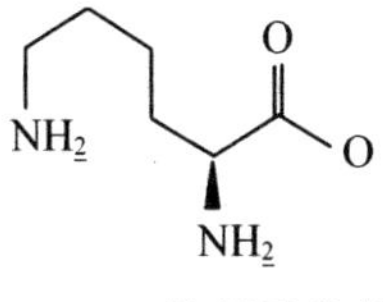

图 6-35 赖氨酸结构式

1.赖氨酸发酵机理

赖氨酸发酵机理如图 6-36 所示。

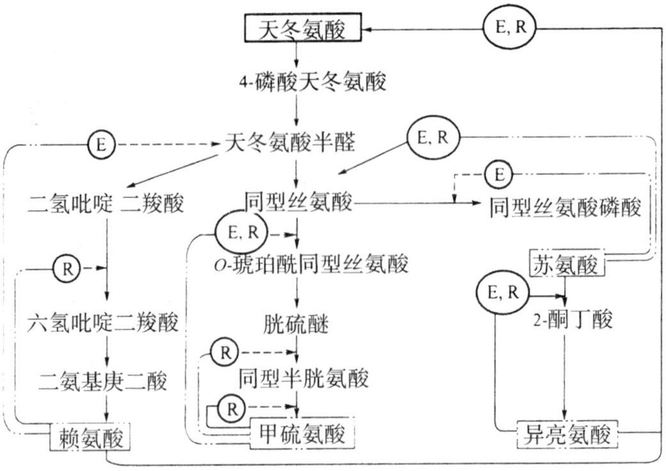

图 6-36　赖氨酸生物合成途径

E-反馈抑制;R-反馈阻遏

2.赖氨酸发酵工艺

赖氨酸发酵法分为二步发酵法(又称前体添加法)和直接发酵法两种。

(1)二步发酵法。二步发酵法以赖氨酸的前体二氨基庚二酸为原料,借助微生物生产的酶,使其脱羧后转变为赖氨酸。由于二氨基庚二酸也是用发酵法生产的,所以称二步发酵法。

(2)直接发酵法。这是广泛采用的赖氨酸生产法。常用的原料为甘蔗或甜菜制糖后的废糖蜜、淀粉水解液等廉价糖质原料。这种方法的最终目的是选育一些具有重要遗传标记的突变体。目前,工业生产中最高产酸率已提高到每升发酵液 100 ～ 120 g,提取率达到 80%～90%。

二、有机酸发酵

(一)概述

有机酸是分子中含有羧基(—COOH)的酸类。柑橘、葡萄、食醋、泡菜等的酸味都是有机酸造成的。许多有机酸广泛存在于动植物和微生物体内。微生物合成的有机酸有 50 多种,其中在国民经济中具有较大用途,现已工业化生产的有:柠檬酸、乳酸、醋酸、葡萄糖酸、苹果酸、曲酸、亚甲基丁二酸、α-酮戊二酸、丙酸、琥珀酸、抗坏血酸、水杨酸、赤霉酸及多种长链二元酸等。

中国古代,人们并不知道有微生物的存在,但已经利用微生物的自然发酵来制造食醋,中国周朝的《礼记》中就有关于醋的记载。1861 年,L.巴斯德证明酒的醋化是由啤酒和葡萄酒表面皮膜内的微生物所致。此后,人们不仅广泛研究了产生醋酸的微生物,而且分离出多种有机酸的产生菌。

1.醋酸产生菌

主要是醋杆菌属和葡萄糖酸杆菌属的许多种。它们能以酒精为原料，在有氧条件下，将乙醇脱氢生成乙醛，再使乙醛加水、脱氢生成醋酸。但从醋酸发酵液中分离醋酸，比起乙炔合成法和木材干馏法，在经济上很不合算，所以醋酸发酵用于纯醋酸的生产十分少见，因而此法多用于食醋生产。

2.乳酸产生菌

1857 年，巴斯德用显微镜观察到牛奶变酸是由微生物所致。此后，人们发现大量能进行乳酸发酵的微生物，仅细菌就有 50 多种，主要有乳杆菌属、明串珠菌属、片球菌属、链球菌属等。另外，根霉属、毛霉属也有很强的产乳酸能力。

3.柠檬酸产生菌

1893 年，韦默尔发现青霉属、毛霉属的真菌能发酵糖液生成柠檬酸，后又陆续分离出很多种产生柠檬酸的真菌和细菌。其中发酵碳水化合物的有黑曲霉、泡盛酒曲霉、斋藤曲霉、温特曲霉、平滑青霉、橘青霉等；发酵碳氢化合物的有解脂假丝酵母、热带假丝酵母、涎沫假丝酵母、石蜡节杆菌、棒杆菌和雅致曲霉等。以糖质为原料的柠檬酸工业生产主要使用黑曲霉，并普遍采用深层发酵工艺。

（二）柠檬酸发酵

柠檬酸（critic acid）又称枸橼酸、2-羟基丙烷-1，2，3-三羧酸、3-羟基-3-羧基戊二酸，分子式为 $C_6H_8O_7$，结构式如图 6-37 所示，相对密度 1.542，熔点 153 ℃（失水），折射率 1.493～1.509，无色半透明的结晶或白色的颗粒，或白色结晶状粉末，无臭，味极酸，溶于水、醇和乙醚。水溶液呈酸性。在干燥空气中微有风化性，在潮湿空气中有潮解性。175 ℃以上分解放出水及二氧化碳。用作实验试剂、色谱分析试剂及生化试剂，也用于缓冲液的配制。用于食品工业酸味剂、医药清凉剂或和其他化合物一同作为保藏剂，在洗涤剂工业，它是磷酸盐理想的代替品，可作为锅炉化学清洗酸洗剂和锅炉化学清洗漂洗剂。天然柠檬酸在自然界中分布很广，在植物如柠檬、柑橘、菠萝等果实和动物的骨骼、肌肉、血液中都含有柠檬酸。

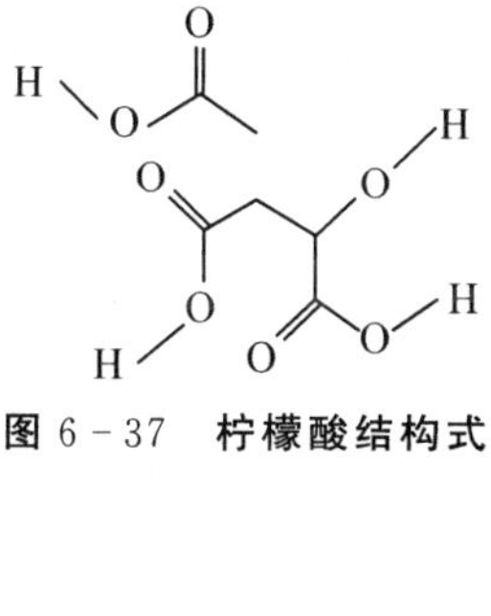

图 6-37　柠檬酸结构式

1.柠檬酸发酵的机理

如图 6－38 所示，柠檬酸是 TCA 循环代谢过程中的中间产物。

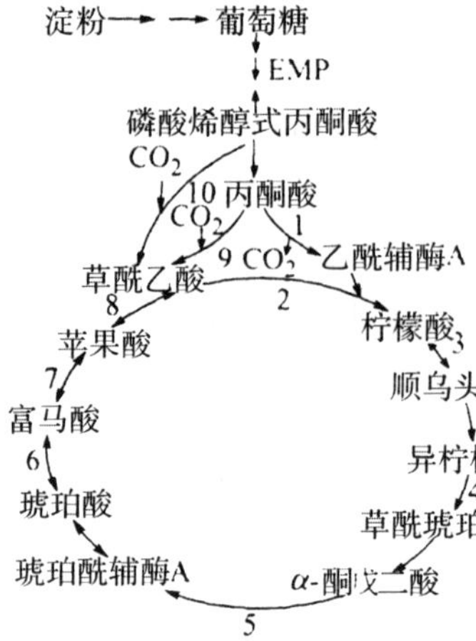

图 6－38　柠檬酸的代谢途径

在发酵过程中，当微生物的乌头酸水合酶和异柠檬酸脱氢酶活性很低，而柠檬酸合成酶活性很高时，才有利于柠檬酸的大量积累。

2.柠檬酸发酵与提取

发酵有固态发酵、液态浅盘发酵和深层发酵 3 种方法。①固态发酵设备简单，操作容易。这种方式是以农副产品为原料，在常压下蒸煮，冷却后接入到种曲中，在一定的温度和湿度下进行发酵。②液态浅盘发酵一般是用糖蜜为原料，将灭菌后的培养液转入到一个个发酵盘中，接入菌种使其发酵。这种发酵要求在无菌空气中。③深层发酵一般是让菌种在发酵罐中进行发酵，使其温度、通风量和 pH 值保持稳度。

(三)乳酸发酵

乳酸(lactic acid)，又名 2－羟基丙酸，或 α-羟基丙酸，乳酸是一种重要的一元羟基羧酸，分子量为 90.08，分子式为 $CH_3CHOHCOOH$，纯无水乳酸为白色晶体，液体乳酸纯品无色，工业品为无色到浅黄色液体，67～133 Pa 真空条件反复蒸馏可得高纯度乳酸，进而可以得到晶体。纯品无气味，具有吸湿性，相对密度 1.206(25/4 ℃)，熔点 18 ℃，沸点 122 ℃(2 kPa)，折射率 n_D(20 ℃)1.4392。能与水、乙醇、乙醚、丙酮、丙二醇、甘油混溶，不溶于氯仿、二硫化碳和石油醚。在常压下加热分解，浓缩至 50％时，部分变成乳酸酐，因此产品中常含有 10％～15％的乳酸酐。乳酸分为工业级、食品级和药典级。乳酸纯品无毒，其盐类只要不是重金属盐也无毒。乳酸可以参与氧化、还原、酯化、缩合等多种反应，L－(＋)-乳酸可充分脱水缩聚成聚 L－乳酸，聚 L－乳酸水解后总酸为125，聚乳酸表示为HO—[CH—COO]$_n$H。乳酸分子含有一个不对称的碳原子，具有旋光性，因此按其旋光性可分为3种：D型（左旋）、L型（右旋）和DL混型。右旋乳酸即L-(+)-乳酸 $[\alpha]_D^{20}$ 为+3.3°（水）；左旋乳酸即D-(-)-乳酸 $[\alpha]_D^{20}$ 是-3.3°（水）（图6-39）。这两种乳酸的性质除旋光性不同（旋光方向相反，比旋光度的绝对值相同）外，其他物理、化学性质都一样。乳酸广泛存在于植物、动物、人体和微生物中，乳酸及其盐类、酯类在医药、农业、环保和印刷、印染、制革等化工领域都有广泛的应用，特别是食品工业中重要的酸味剂、稳定剂和防腐剂。尤其是通过活性乳酸菌发酵生产而富含乳酸的发酵酸奶、发酵蔬菜、发酵谷物等更是不可替代的现代食品。

L-(+)-乳酸　　　　D-(-)-乳酸

图6-39　乳酸分子结构式

由于人体只含有L-乳酸脱氢酶，不含D-乳酸脱氢酶，因此D-(-)-乳酸基本上不代谢。若食用过多的D-(-)-乳酸可导致D-乳酸在血液中积累，引起疲劳、代谢紊乱甚至酸中毒。

1.乳酸发酵机理

由如图6-40至图6-42所示的各个途径可知，乳酸菌将葡萄糖转化生成丙酮酸，丙酮酸除在乳酸脱氢酶的作用下生成乳酸外，还会在丙酮酸脱羧酶和乙醇脱氢酶的作用下生成乙醇；经丙酮酸脱氢酶系进入TCA循环产生能量和中间代谢产物。因此，高产乳酸的菌株应有较高的乳酸脱氢酶活性和弱化的丙酮酸脱氢酶活性及丙酮酸脱羧酶活性，而且不以乳酸为唯一碳源。丙酮酸在相应的L-(+)-乳酸脱氢酶或D-(-)-乳酸脱氢酶的作用下，分别生成L-(+)-乳酸和D-(-)-乳酸，90%～96%旋光性的乳酸，称为D-或L-乳酸；DL乳酸是指乳酸含量的25%～75%是L型或D型。

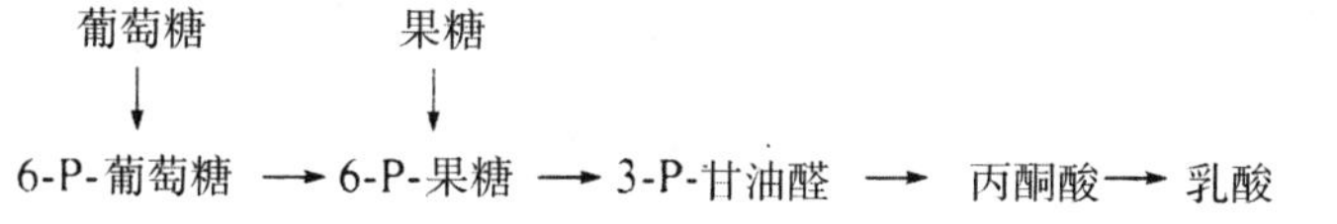

$$C_6H_{12}O_6+2ADP \longrightarrow 2CH_3CHOHCOOH+2ATP$$

图6-40　同型乳酸菌的果糖和葡萄糖发酵

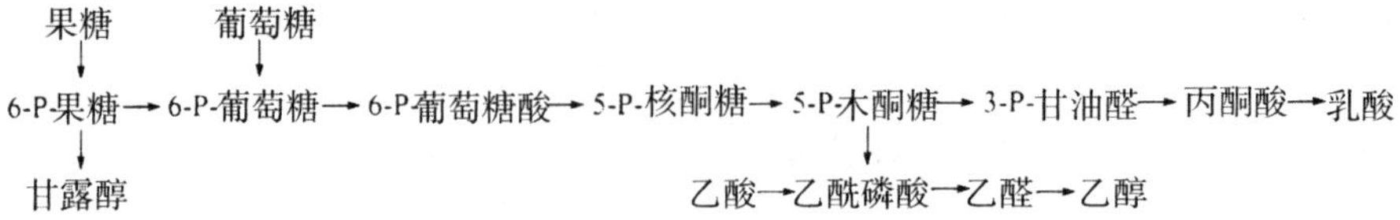

(葡萄糖) $C_6H_{12}O_6 + ADP \longrightarrow CH_3CHOHCOOH + C_2H_5OH + CO_2 + ATP$

(果糖) $3C_6H_{12}O_6 + H_2O + 2ADP \longrightarrow CH_3CHOHCOOH + 2C_6H_{14}O_6 + CH_3COOH + CO_2 + 2ATP$

图 6-41　异型乳酸菌的果糖和葡萄糖发酵

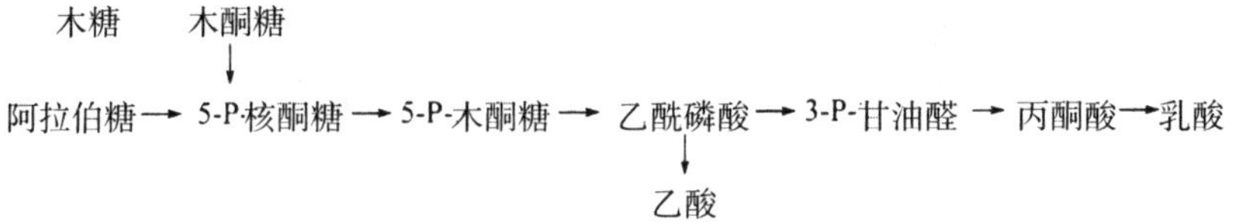

$C_5H_{10}O_5 + 2ADP \longrightarrow CH_3CHOHCOOH + CH_3COOH + 2ATP$

图 6-42　乳酸菌的戊糖发酵

2.乳酸发酵工艺

发酵乳酸的生产历史较长，自然发酵开始于 1841 年，纯种发酵开始于 1881 年美国阿伏利公司，大规模发酵开始于 20 世纪 90 年代初期。一般采用两类微生物为发酵菌株。一种以 Lactobacillus 为生产菌株，产物为 DL 型乳酸，多为厌氧发酵，对糖的转化率理论值为 100%，产物以 D-乳酸、L-乳酸为主；国内多以根霉 Rhizopus lactics 为菌种发酵生产乳酸，生产的乳酸以 L-型居多，但根霉为异型乳酸发酵，产物复杂，产率较低，产物除乳酸外，还有酒精、乙酸和富马酸等副产物。

(1)分批发酵。最广泛使用的乳酸发酵方法，适当的控制工艺参数可以保证每一批乳酸发酵的最大成功率，糖类或薯类原料经液化、糖化后，使含糖量达到 8%～10%，糖液经过滤除渣后进入发酵罐，根据菌种的特点控制适宜的温度，并进行适当的搅拌，pH 值保持在 5.5～6.0，传统 pH 值调节采用 $CaCO_3$ 中和，然后从乳酸钙中提取乳酸，此工艺复杂，而且乳酸钙对细胞代谢也有抑制作用。乳酸在发酵罐中积累到高峰时应及时排出。由于是分批发酵，可以及时发现发酵过程中出现的各种问题，并找到适当的解决方案，减少发酵损失，但间歇发酵会受到产物的抑制作用、发酵周期长，总体发酵效率不高。

(2)一步法发酵。淀粉的糖化作用和糖液发酵生成乳酸在同一个发酵容器内进行，又称为 SSF 法。糖化产生的葡萄糖可随即被发酵成乳酸，克服糖化酶的产物抑制作用和高浓度葡萄糖对乳酸发酵的抑制，由于糖化和发酵同时进行，可以加快整个工艺周期。

(3)半连续发酵。在分批发酵过程中间歇或连续地补加一种或多种营养成分的发酵方法,多以补充葡萄糖为主。同传统的分批发酵相比,可以克服高浓度葡萄糖对乳酸发酵的抑制、避免一次投料细胞大量的生长,可以得到比分批发酵更高的乳酸得率和产量。

(4)连续发酵。连续发酵法生产乳酸是指在发酵罐中连续添加培养基,同时连续收获乳酸的生产方法,发酵罐中的菌体细胞浓度和底物浓度保持不变,微生物在恒定状态下生长,有效地延长了对数生长期,可以有效地解除乳酸对发酵的抑制。连续发酵产酸效率和设备利用率高,易于实现自动化控制。Bowmans 公司利用连续发酵工艺,在 2 L 的连续发酵装置上,每天置换 1.5 倍体积的培养液,连续发酵了 64 天。连续发酵主要缺点是在杂菌污染多的状态下难以长期操作、乳酸不易分离,目前尚未实现大规模的工业生产。

(5)固定化细胞发酵。在固定化细胞颗粒和生物颗粒中,细胞被固定在载体上而保留了较高的生物活性,菌体生长的表面积大,固定化细胞可以反复使用,转化率和产量高,易于产物分离,为实现连续发酵奠定了基础。由于乳酸菌是兼性厌氧菌,发酵过程中不需要通氧,乳酸菌对营养要求高、易受产物抑制和 pH 值抑制,固定化发酵能及时更新培养液和产物,为菌体繁殖和乳酸生产创造了有利的条件。常见的固定化方法包括包埋法和中空纤维固定法。

三、酒精发酵

酒精,化学名称乙醇,是具有一个羟基的饱和一元醇,分子式为 C_2H_5OH,能与醇、醚等有机溶剂良好混合,是一种重要的有机溶剂,广泛用于食品、医药和化工等领域。

(一)酒精发酵机理

酵母菌的酒精发酵过程包括葡萄糖酵解(EMP 途径)和丙酮酸的无氧降解两大生化反应过程。整个过程是由 1 mol 葡萄糖生成 2 mol 丙酮酸;丙酮酸先由脱羧酶脱羧生成乙醛,再由乙醇脱氢酶还原成乙醇。总反应式为:

$$\underset{\text{葡萄酶}}{C_6H_{12}O_6} + 2ADP + 2H_8PO_4 \xrightarrow{\text{酒化酶}} 2\underset{\text{酒精}}{C_2H_2OH} + 2CO_2 + 2ATP + 10.6kJ$$

酒化酶是从葡萄糖到酒精的一系列生化反应中各种酶及辅酶的总称。这些酶均为酵母的胞内酶。酒精的代谢途径如图 6-43 所示。

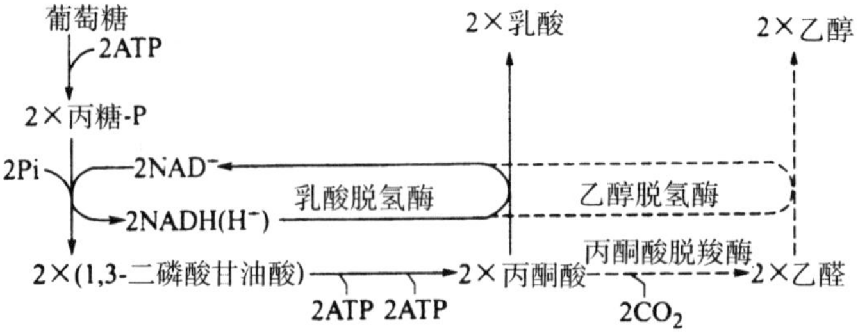

图 6-43 酒精的代谢途径

(二)发酵法生产酒精及其工艺流程

酒精的生产方法可分为微生物发酵法和化学合成法两大类。其中微生物发酵法最常用且简单。

微生物发酵法是指利用淀粉质、糖质或纤维质原料,通过微生物发酵作用生成酒精的方法,简称发酵法。制得的酒精称为发酵酒精,目前普遍采用酵母菌作为发酵菌。此外,亦可用运用发酵单胞菌(*Zymomonas mobilis*)和乙醇高温厌氧菌(*Thermoanaerobacter ethanolicus*)作为酒精发酵菌种。根据其原料不同,发酵酒精可分为淀粉质原料酒精、糖质原料酒精、纤维质原料酒精等。它们的生产工艺流程分别如图 6-44 至图 6-46 所示。

1.淀粉质原料制造酒精

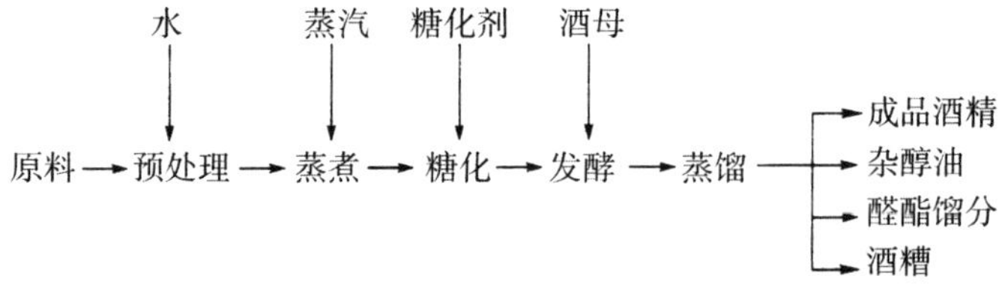

图 6-44 淀粉质原料制造酒精工艺流程

2.糖质原料(糖蜜)制造酒精

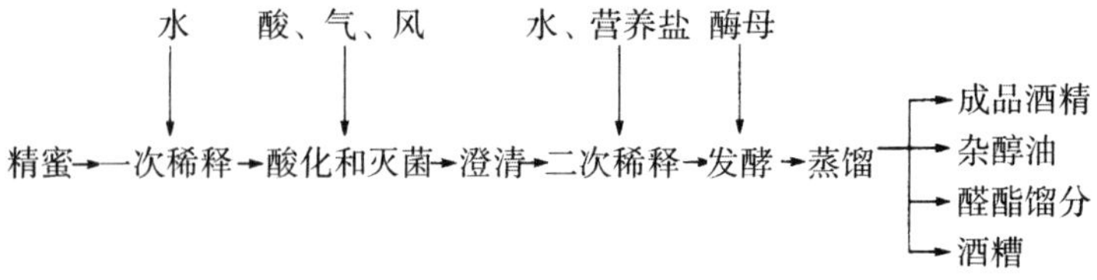

图 6-45 糖质原料制造酒精工艺流程

3.纤维质原料制造酒精

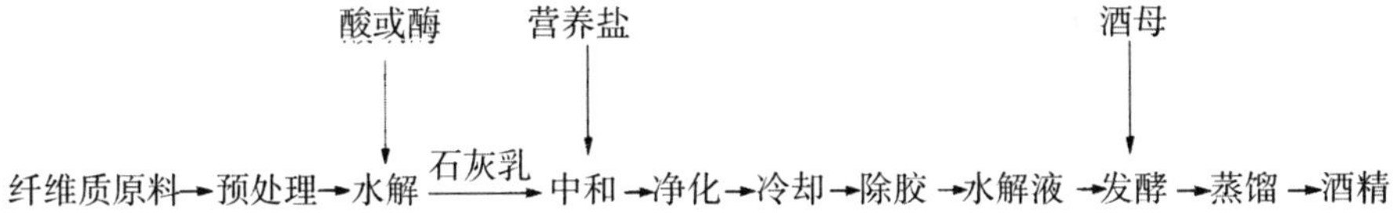

图 6-46　纤维质原料制造酒精工艺流程

四、其他产品发酵

(一)甾体化合物的发酵

甾族化合物也叫类固醇化合物，它们广泛存在于动植物体内，对动植物的生命活动起着极其重要的调节作用。

1.结构特点

甾体化合物在结构上的共同特点是都含有环戊烷(D环)多氢菲甾核，并且在甾核上一般还含有三个侧链。4个环分别用A、B、C、D标明。C10、C13上常连有甲基，称为角甲基，它们都位于环平面的前方，用实线表示。C17上常连有不同的烃基、含氧基团或其他基团。C_3H上一般有羟基。甾体化合物母核的基本结构如图6-47所示。甾体激素根据来源及生理作用的不同，可以分为性激素和肾上腺皮质激素两类。

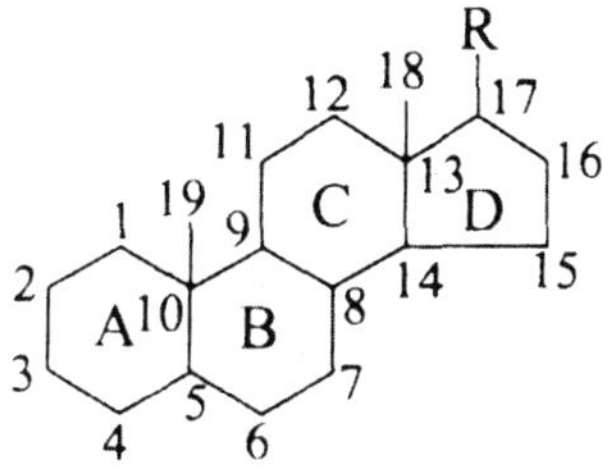

图 6-47　甾体化合物母核的基本结构

2.性激素

性激素有雄性激素和雌性激素之分，它们分别是睾酮和雌甾醇，有促进动物的发育、生长及维持性特征的作用。

口服避孕药主要是甾体化合物，它们可以阻碍或干扰女性的排卵周期。目前，研究出效果比较好而作用时间又比较长的避孕药有炔雌醇、炔诺酮、甲地孕酮等，其结构式如图6-48所示。

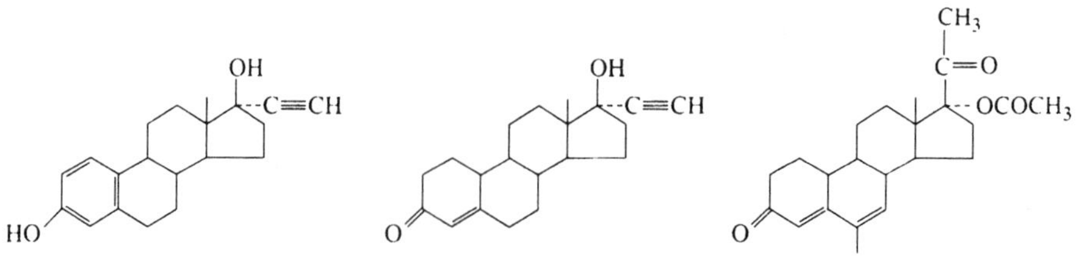

炔雌醇　　炔诺酮　　甲地孕酮

图 6-48　主要性激素结构式

3.肾上腺皮质激素

它是哺乳动物肾上腺皮质的分泌物。到目前为止，用人工的方法已从肾上腺皮质中提取出三十多种甾体化合物，但具有显著生理活性的只有下列七种：可的松、氢化可的松、皮质酮、11-脱氢皮质酮、17α-羟基-11-脱皮质酮、11-去氧皮质酮和甲醛皮质酮，其结构式如图 6-49 所示。它们的结构特征是 C3 都为酮基，C4 和 C5 间为双键，C17 上连有 $COCH_2OH$ 基团。它们的区别仅在于 C11、C17、C18 上氧化的程度不同。C11 位有含氧官能团的对促进糖代谢有强大的作用。临床上多用于控制严重中毒感染和风湿病等。

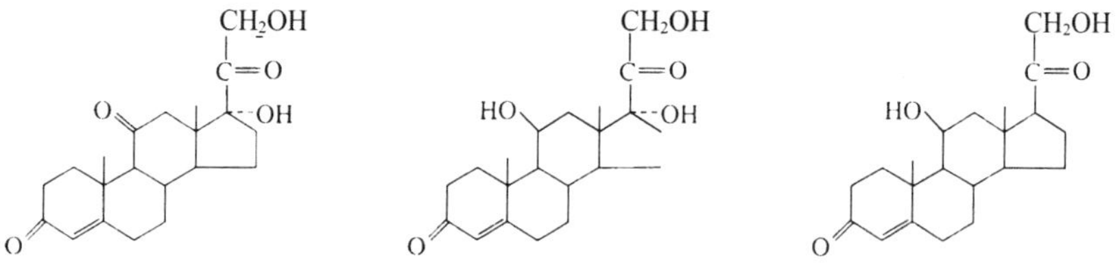

可的松　　氢化可的松　　皮质酮

图 6-49　主要肾上腺皮质激素结构式

可的松和氢化可的松等主要影响糖、脂肪和蛋白质的代谢，能将蛋白质分解变为肝糖以增加肝糖原，增强抵抗力，因此称为糖代谢皮质激素或促进糖皮质激素，由于它们还有抗风湿和抗炎作用，所以也称为抗炎激素。

(二)微生物多糖发酵

1.黄原胶

黄原胶是由引起植物细菌性病害——甘蓝黑腐病的黄单胞菌生产的一种杂多糖，是由 D-葡萄糖、D-甘露糖、D-葡萄糖酸、乙酸和丙酮酸组成的“五糖重复单元”聚合体。一般分子量大于 10^6 D，其结构如图 6-50 所示。

黄原胶广泛应用于食品、化妆品、药品工业中，而且还可以和其他食品胶共同作用，是理想的增稠剂，有电解质存在时，100 ℃以上也不会破坏，因具有抗氧化性可使一些油质食品保质期增长。

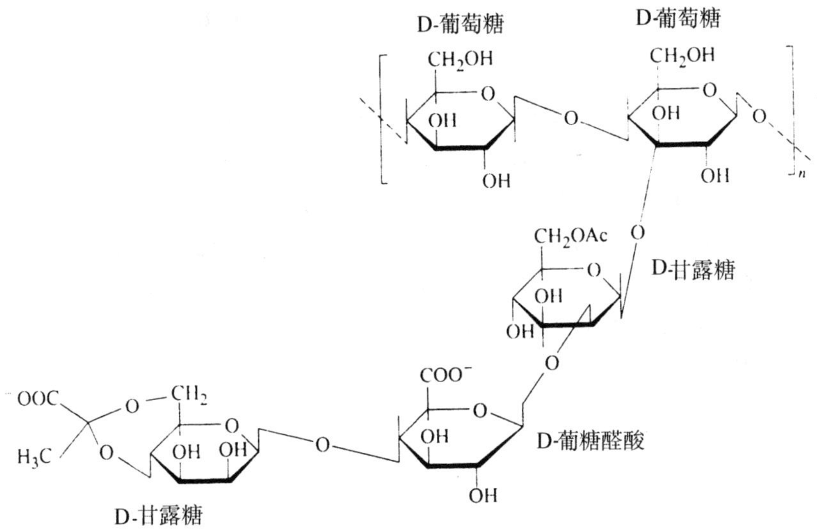

图 6－50　黄原胶的结构式

据估计，世界黄原胶产量接近 40 000 t，国内现在使用的高质量黄原胶很多为进口。发酵生产一般采用搅拌式发酵罐，体积为 100 ～ 250 m^3，发酵生产使用高 C/N 培养基，一般组成如下：

葡萄糖：25.0 ～ 40.0 g/L；

谷氨酸盐(硫酸铵)：3.5 ～ 7.0 g/L；

磷酸二氢钾：0.68 g/L；

$MgSO_4 \cdot 7H_2O$　0.40 g/L；

$CaCl_2 \cdot 2H_2O$　0.012 g/L；

$FeSO_4 \cdot 7H_2O$　0.011 g/L。

黄原胶的提取用异丙醇沉淀，然后浓缩至使用浓度，溶剂沉淀成本很高，因此对沉淀剂的有效回收十分重要，黄原胶用于食品中，微生物的数量要少于 1 000 个/g，最好少于 250 个/g，因此要采用化学和热处理的方法来处理产品。目前黄原胶生产的主要问题不是无菌操作和发酵工艺，主要是化学成分达到标准以及微生物含量和成分的稳定性。

2.乳酸菌的胞外多糖

由德氏乳杆菌和乳酸乳球菌、瑞士乳杆菌和米酒乳杆菌产生的胞外多糖已得到确认，这种生物聚合体由 D-半乳糖通过 α-1，3 和 α-1，4 糖苷键连接而成。乳酸菌胞外多糖的结构式如图 6－51 所示。乳酸菌胞外多糖在牛奶发酵食品中可赋予产品良好的流变特性，使其在酸奶食品生产过程中减少增稠剂和稳定剂的添加。

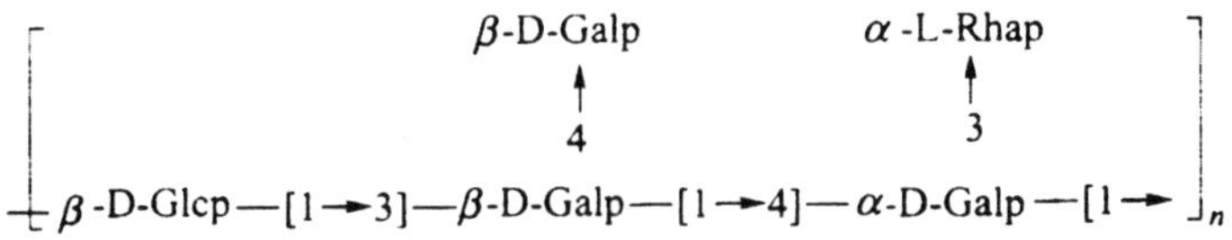

图 6－51　乳酸菌胞外多糖的结构式

3. 普鲁兰多糖

普鲁兰多糖是出芽短梗霉生成的胞外多糖，其结构式如图 6－52 所示，由吡喃型葡萄糖以 α-1,4 键和 α-1,6 键组成或由麦芽三糖通过 α-1,6 键连接而成，普鲁兰多糖主要用于可食用薄膜以及保鲜等。

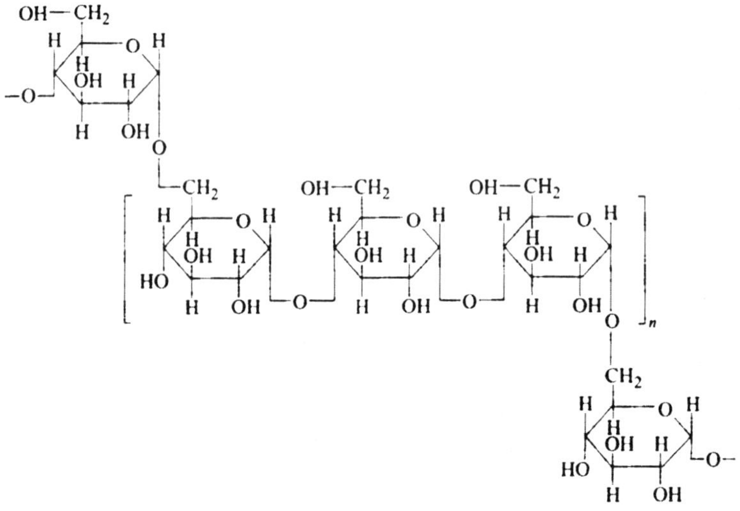

图 6－52　普鲁兰的结构式

(三)甘油发酵

甘油(glycerin)别名丙三醇，无色、透明、无臭、味甜，具有吸湿性，是基本的有机化工原料，广泛用于医药、食品、日用化学、纺织、造纸、油漆等行业。

甘油的生产方法有皂化法(油脂水解)、化学合成法和发酵法。随着石油能源的日渐紧张，化学合成法生产甘油产量逐年降低，皂化法生产甘油受油脂工业的影响，发酵法生产甘油因原料来源广泛成为后起之秀。发酵法生产甘油有以下两种途径。

1.厌氧发酵法生产甘油

厌氧发酵法的机理是酵母对蔗糖和葡萄糖等进行厌氧酵解，在碱性条件下把 EMP 途径中己糖产生的丙糖作为主要的氢受体还原为甘油。

在工业化生产中，因亚硫酸钠的使用量有限制，甘油的转化率在 20%～25%(理论产率是 51%)。用糖蜜作为底物，用蒸馏、溶剂萃取等传统的方法提取甘油时，产品回收率、产率、转化率较低，在经济上显得不合算。

2.耐渗透压环境的发酵法生产甘油

在高渗透压环境下，甘油是丝状真菌、藻类、昆虫、甲壳动物、脊椎动物的主要渗透压调节剂，这是生物体细胞内积累低分子量溶质以适应高渗透压环境，调节细胞内外渗透压，维持生命的自然选择结果。当酵母细胞处于高渗透压环境时，甘油被诱导合成以提高胞内渗透压，这一过程受高渗甘油应答途径（HOG）的调控。在渗透压允许的条件下，甘油可以对细胞中的酶和生物大分子的结构进行较大程度的保护，而且甘油的溶解性和黏度几乎不随其浓度的增加而变化。基于这种生物适应环境的生理机制，筛选高产甘油的耐渗透压酵母和藻类等，可以进行甘油的生产开发。

耐渗透压酵母与一般酵母生产甘油的基本差别在于：①在需氧而不是微氧或厌氧条件下生长；②不需要加入转向剂；③耐渗透压酵母可在较高的糖浓度生长发酵；④可得到较高的糖转化率及甘油产率。

耐渗透压酵母通过 EMP 和 HMP 途径生产甘油及其他多元醇，其产率受生长条件的影响，如培养基的组成、供氧水平、温度等。

（四）丙酮-丁醇发酵

丙酮（propanone 或 ace－tone），也称二甲基酮（dimethylketone），分子式为 C_3H_6O，分子量为 58.079，是最简单、重要的脂肪酮。熔点－94.6 ℃，沸点 56.5 ℃，相对密度（H_2O）0.80，相对饱和蒸汽压（39.5 ℃）53.32 kPa，引燃温度 465 ℃，最大爆炸压力 0.870 MPa，爆炸下限 2.5%，爆炸上限 13.0%。

丙酮可用作醋酸纤维素和硝基纤维素的溶剂、乙炔的吸收剂，也是有机合成的原料。如可合成甲基丙烯酸甲酯（MMA）、双酚 A、丙酮氰醇、甲基异丁基酮、己烯二醇（2-甲基-2，4-戊二醇）、异佛尔酮，还可热解为乙烯酮。

利用丙酮-丁醇梭菌（*Clostridium aceto－butylicum*）在严格嫌气条件下进行发酵，其生成途径由葡萄糖发酵生成乙酸、丁酸、二氧化碳和氢气，当 pH 值下降至 4～4.5 时，还原生成丙酮、正丁醇和乙醇。丙酮-丁醇发酵可用分批或连续发酵法进行，大规模工业生产可采用连续发酵。将菌种试管斜面接入种子瓶，于（38±1）℃培养 18～22 h，然后接入种子罐，于 40～41 ℃培养 24 h 后接种于活化罐 40～41 ℃培养 4 h，再从活化罐上部连续添加蒸煮醪，经活化的种子液不断从活化罐底部放入发酵罐，若干个发酵罐相互串联，发酵醪流向是下进上出，从进入第一级罐到最后一级罐流出需时 24～36 h 左右。成熟发酵醪经多塔精馏，分别得到丙酮、正丁醇、乙醇和杂醇油。丙酮、正丁醇、乙醇质量比约为 3∶6∶1，每吨总溶剂可得 CO_2、H_2 等气体 1.7 t，其质量比为氢气占 2.7%、CO_2 占 97.3%，因原料、菌种不同，溶剂比和废气比有所变化。

参考文献

[1] 周燚，王中康，喻子牛. 微生物农药研发与应用 [M]. 北京：化学工业出版社，2006.

[2] 刘爱民. 微生物资源与应用 [M]. 南京：东南大学出版社，2008.

[3] 尹衍升，董丽华，刘涛，等. 海洋材料的微生物附着腐蚀 [M]. 北京：科学出版社，2012.

[4] 吴向华，刘五星. 土壤微生物生态工程 [M]. 北京：化学工业出版社，2012.

[5] 韩德权，王莘. 微生物发酵工艺学原理 [M]. 北京：化学工业出版社，2013.

[6] 乌载新，王毓洪，张硕. 生态农业链：复合微生物肥料 [M]. 北京：中国农业科学技术出版社，2012.

[7] 孙佳杰，尹建道，谢玉红，杨永利，舒晓武，刘保东. 天津滨海盐碱土壤微生物生态特性研究 [J]. 南京林业大学学报：自然科学版，2010，34 (3)：57－61.

[8] 滕应，骆永明，李振高. 污染土壤的微生物多样性研究 [J]. 土壤学报，2006，43 (6)：1018－1026.

[9] 王凤花，罗小三，林爱军，李晓亮. 土壤铬（Ⅵ）污染及微生物修复研究进展 [J]. 生态毒理学报，2010，5 (2)：153－161.

[10] 高蓝，李浩明. 表面展示技术在污染环境生物修复中的应用 [J]. 应用与环境生物学报，2005，11 (2)：256－259.

[11] 黄英明，高振，黄和，等. 生物炼制——实现可持续发展的新型工业模式 [J]. 生物加工过程，2006，4 (3)：1－8.

[12] J. E. 史密斯，著；郑平，胡宝兰，吕镇海，等译. 生物技术概论（原书第四版）[M]. 北京：科学出版社，2006.

[13] 姜成林，徐丽华. 微生物资源开发利用 [M]. 北京：中国轻工业出版社，2001.

[14] 孔健. 农业微生物技术 [M]. 北京：化学工业出版社，2005.

[15] 葛绍荣等. 发酵工程原理与实践 [M]. 上海：华东理工大学出版社，2011.

[16] 张卉. 微生物工程 [M]. 北京：中国轻工业出版社，2010.

[17] 严希康. 生物物质分离工程 [M]. 北京：化学工业出版社，2010.
[18] 杨汝德. 现代工业微生物学教程 [M]. 北京：高等教育出版社，2009.
[19] 贺小贤. 生物工艺原理 [M]. 北京：化学工业出版社，2003.
[20] 程殿林等. 微生物工程技术原理 [M]. 北京：化学工业出版社，2007.
[21] 盛祖嘉. 微生物遗传学 [M]. 北京：科学出版社，2007.
[22] 肖冬光. 微生物工程原理 [M]. 北京：中国轻工业出版社，2006.